中国近代科普和科学教育研究丛书

霍益萍　金忠明　王伦信　主编

中国近代科学教育思想研究

金忠明　廖军和　张　燕　代洪臣　著

科学普及出版社

·北　京·

图书在版编目(CIP)数据

中国近代科学教育思想研究/金忠明等著. —北京:科学普及出版社,2007.9
(中国近代科普和科学教育研究丛书/霍益萍等主编)
ISBN 978-7-110-06671-3

Ⅰ.中… Ⅱ.金… Ⅲ.科学教育学-教育思想-思想史-中国
Ⅳ.G40-092

中国版本图书馆CIP数据核字(2007)第129973号

自2006年4月起本社图书封面均贴有防伪标志,未贴防伪标志的为盗版图书。

科学普及出版社出版
北京市海淀区中关村南大街16号 邮政编码:100081
电话:010-62103210 传真:010-62183872
http://www.kjpbooks.com.cn
北京正道印刷厂印刷
*
开本:787毫米×960毫米 1/16 印张:14 字数:259千字
2007年9月第1版 2009年1月第2次印刷
印数:3801—7800册 定价:25.00元
ISBN 978-7-110-06671-3/G·2961

(凡购买本社的图书,如有缺页、倒页、
脱页者,本社发行部负责调换)

本书为《全民科学素质行动计划纲要》起草阶段试点项目——"中国科协青少年科技创新人才培养项目"的终期研究成果。

策划编辑：徐扬科
责任编辑：黄爱群
责任印制：李春利
封面设计：耕者设计工作室

科教联手的丰硕成果
（序一）

在世界科学技术迅猛发展、知识经济日益勃兴的今天，国家实力的增强、国民财富的增长和人民生活的改善无一不与科技的发展息息相关；科技竞争已成为国与国之间综合国力竞争的焦点。科技竞争关键在人才。它不仅需要数以千万计的专门人才和一大批拔尖创新人才，还需要具备基本科学素质的广大公民作为基础和支撑。在这种大趋势下，重视和强调创新，呼唤和凸显创新人才的价值，关注和着力提高全民科学素养，就成为政府、科技界和教育界乃至社会各界的重要任务。2003 年，经国务院批复同意，中国科协会同中组部、中宣部、教育部、科技部等单位正式启动了《全民科学素质行动计划纲要》（以下简称《纲要》）的制定工作。"科技教育、传播与普及"、"创新人才"、"全民科学素质"这三个有着密切联系的关键词，勾勒出这部《纲要》的中心内容。

作为一项建设创新型国家的基础性社会工程，《纲要》以尽快在整体上大幅度提高全民科学素质，促进经济社会和人的全面发展，为提升自主创新能力和综合国力打下雄厚的人力资源基础为目标，强调了提高未成年人科学素质在创新型国家发展战略中的重要性，突出了中小学科学教育发展的迫切性，特别提出"建立科技界和教育界合作推动科学教育发展的有效机制，动员高等学校、科研院所的科技专家参与中小学科学课程教材建设、教学方法改革和科学教师培训"，强调通过建立"科教合作"的有效机制，从制度上为科学教师的专业发展及中小学科学教育改革的实施提供保障。

俗话说，十年树木，百年树人，国民科学素质的养成是一个滴水穿石、涵养化育的长期任务。它既非三年五载可以完成，又需要从小抓起，从未成年人开始。随着义务教育的普及，未成年人主要的活动时间和地点在学校，负有教书育人职责的教师自然就成为决定未成年人科学素质的关键因素。对于广大教师来说，按照《纲要》的要求，从以往单纯围绕着教材、教参和习题的释疑解惑转向帮助学生"了解必要的科学技术知识，掌握基本的科学方法，树立科学思想，崇尚科学精神，并具有一定的应用它们处理实际问题、参与公共事务的能力"，是一个根本性的转变和有相当难度的自我跨越。科学教师亟须来自方方面面的帮助。那些创造并掌握了大量的科学知识，理解科学教育的本质，以科学方法的应用为职业习惯，其工作本身就崇尚、分享和体现着科学精神的科技专家，无疑是科学教师天然的、最好的合作伙伴。

中国科协青少年科技中心长期以来以组织开展青少年科技活动、提高青少年科学素质为己任，在链接青少年科技创新学习活动和社会丰富资源的平台上，一直是一个输送传递有效资源的二传手。在以往 30 年的时间里，中国科协与教育部、科技部等相关部门共同开展了"全国青少年科技创新大赛"、"明天小小科学家奖励活动"、"大手拉小手青少年科技传播行动"等一系列品牌活动。随着时代的变化和全社会对创新人才的呼唤，这样的品牌活动如何从单纯的选拔拓展到从培养到选拔的全程跟进，这是摆在我们面前的重大课题。恰逢《纲要》的起草把"科教合作"作为非常重要的举措提出，中国科协青少年科技中心结合多年的实际工作，在进行了比较广泛的调查研究基础上，试图在科技创新人才培育方面有一些新的突破。2002 年 7 月，开始设计"中国科协青少年科技创新人才培养项目"，2003 年 1 月项目正式启动。

创新人才培养项目的规划和实施凝聚了项目组人员的心血。它的构架是立体的、多方位的、可持续的，具有很大的拓展空间。从首席专家的聘任到实验学校的选定，从参与项目的科学家、大学教师、科研人员团队的组成到项目的阶段性规划，每推进一步都是一次新的尝试。期间，项目组完成了"全国青少年科技创新服务平台"（www.xiaoxiaotong.org）的建设，并在服务平台上专门开辟了为项目服务的"创新研究院"（www.xiaoxiaotong.net）。项目实现了从理论到实践、从实践再到理论的螺旋式发展，服务平台进行了全程跟进服务。

把科技专家引进培训高中科学教师的课堂，看似简单，实非易事。科技专家需要实现从研究人员向培训师角色的转变，科学教师则要经历由一般意义上的教师到做好带领学生实践科技创新的导师的转变。这是两个比较大的转变，仅凭这两个群体自己的力量显然较难完成。作为二传手的中国科协青少年科技中心协调各方力量，发挥各方的优势，建立起科技专家和科学教师之间的纽带和桥梁。"科教合作"从单纯的科学家和科学教师两者之间的合作扩大为科学界和教育界多个相关部门和力量的整合，变成了一个全新的运作系统建构和运作机制的探索。所谓"科教合作"，关键在"合作"，即哪些合作方、多大合作面、什么合作内容和怎样合作等。"中国科协青少年科技创新人才培养项目"用五年的成功实践表明，科技界可以寻找更多与教育界合作的内容，在中小学科技教育改革、青少年科技人才的培养中扮演更重要的角色，发挥更大的作用。这正是这个项目的意义和价值所在。

一个项目的质量完全取决于一支好的团队。"中国科协青少年科技创新人才培养项目"由中国科协青少年科技中心和华东师范大学教育学系、河北大学网络中心、中科之源教育发展有限公司等单位共同合作完成。项目组由务实能干、富有培训经验、充满事业心和责任感的华东师大教育学系霍益萍教授担任执行组长（首席专家），来自不同地区和单位的几十位同志参与。五年中，项目组的同志团结协作、开拓创新，在各实验学校的大力支持下，做了大量开拓性的工作，很好地完成了既定的目标和任务。通过项目的实施，不仅形成了一个胜任高中教师培训的科技专家和学科教学专家团队，推动了学校科技创新活动的蓬勃开展，而且在理论研究方面也有一些新的突破。呈现给读者的这两套丛书就是项目组成员对相关领域内容思考、探索和研究的结果。

《"中国科协青少年科技创新人才培养项目"实验丛书》由《科教合作——高中科学教师培训新探索》、《在项目研究中和学生一起成长——十位教师及其学生的成长日记》两书组成。前者对项目实施情况及成效进行了总结和分析，后者展示了十位教师及其学生成长的心路历程。丛书从整体和个案两个方面将项目提升到一定的高度，展开了讨论和研究，用具体而实在的事例诠释了"科教合作"的意义和作用，具有很大的现实意义和理论价值。

《中国近代科普和科学教育研究丛书》由《中国近代民众科普史》、《中国近代中小学科学教育史》、《中国近代科学教育思想研究》和《科学家与中国近代科普和科学教育——以中国科学社为例》四本书组成。这是结合项目的实施，从历史角度所做的全新的挖掘和研究。它为从事科普事业的同志提供了弥足珍贵的历史借鉴，填补了这方面的一些空白。

　　特别值得提出的是：这两套丛书的作者，不仅有专家教授，有参与过培训的科学教师，还有因跟随霍益萍教授到培训现场实习而愿意从事科普和科学教育研究的研究生。这是项目的额外收获，由此组织起来的队伍无疑将进一步壮大"科教合作"、培育科技创新人才的阵容。

　　"中国科协青少年科技创新人才培养项目"作为《纲要》起草阶段的试点项目已经完成了它的使命。借此机会，向所有参加项目工作的单位、专家和同志，向各实验学校的校长和老师表示诚挚的谢意！在建设国家的进程中，全面落实《纲要》精神和完成"未成年人科学素质行动"的各项任务，仍是我们未来相当长时间的艰巨任务。我深信，"中国科协青少年科技创新人才培养项目"提供的经验和打下的基础，将有助于我们充满信心地走向未来！

牛灵江

2007 年 5 月

科技与教育：中国社会现代化的双子星座
（序二）

　　教育和科技是当今世界发展的两大基本力量。尤其是进入以知识经济为时代特征的 21 世纪，一个国家的综合实力越来越多地取决于科学技术的创新程度和全体国民的文化素质，换言之，一个国家的腾飞无一例外的需要插上科学和教育的翅膀。中国的科教兴国战略就是基于这样的背景提出的，因此，科学与教育犹如难以分离的双子星座，牵引着中国社会的现代化进程。

　　尽管如此，这一双子座在中国历史的星空中并非预示着完美的婚姻，常常呈现出对峙的状态，使其投射的光芒忽明忽暗。中国古代科学技术的发展曾取得辉煌的成果，但由于受传统价值观念的影响，科技在官方的正统学校教育中始终难占有一席之地。传统中国推崇教育，基本国策就是教育立国（建国君民，教学为先；化民成俗，其必有学），然而学校教育的内涵则主要包含伦理（修身）和政治（安国）两方面。

　　从中国的文化传统来看，治理社会的主流思想是儒家学说。儒家学者向来"重义轻利"，推崇"天人合一"，在其认识中不存在一个与主体无关的客观的自然界，这样人们的认识对象自然而然地就指向了作为主体的"人"自身。儒家学者通常进行的认知活动是自我反思而不是对客观事物的认识，强调正心、诚意，由此达于修身齐家乃至治国平天下。荀子说："错人而思天，则失万物之情。"主张要"敬其在己者"而不要"谋其在天者"，明确反对舍弃具体的人事去思考抽象的形上之道。凡此等等，表现出对人文精神和实用理性的浓厚兴趣。在认识客观对象时，儒家要求一切以对人实用为标准，难以为现实政治服务的科学理论和技术被斥为"屠龙之术"。这种倾向体现在教育活动中则表现出强烈的功利主义色彩，也就是"务实"精神，其所务之"实"却只有"治国平天下"而已。

　　因此即使到了 18～19 世纪，当西方国家以科学技术为先导开始其工业化进程的时候，古老而骄傲的中华民族还自我封闭地沉浸在天朝大国的美梦之中。19 世纪中叶两次鸦片战争的隆隆炮火开始将中国人震醒。此时知识界的少数精英才逐渐认识到：中国落后了！中国与西方列强的主要差距不仅仅在于后者拥有坚船利炮，更重要的是中国缺少那些隐藏在先进军事武器背后的近代科学与技术。于是 17 世纪来华耶稣会士所带来的"远西奇器"和天文数学知识，才被国人以近代的眼光加以理解，并与国运兴衰的思考结合起来，逐步汇聚成引进西学的呐喊，发展为联袂出国学习先进科技的留学潮，孕育了席卷全国的批判中国传统思想和构建新的民族精神的思想启蒙运动。从这个意义上说，一部中国近代史就是一部西方近代科学技术在中国被接纳、解读、传播和落户的历史。

伴随着西方近代科学知识的传入，在"教育救国"、"科学救国"等社会思潮的影响下，科学与教育（包括学校和社会两方面）逐渐结合起来。中国社会现代化的主题之一即为科学与教育的联姻。在此过程中，科学借助学校教育和社会教育，极大地丰富了中国人的知识观、价值观、人生观和世界观，改变了人们的思想方法；而教育借助科学，使知识传授的内容、形式和方法得到更新。

历史上，不同的科学观或教育观曾经对科学教育产生过不同的影响；对科学本质的不同理解，决定了为什么教、谁来教、教什么、在何处教、如何教、教的结果为何、有何保障措施等问题。中国社会现代化的过程也可视为走出传统的科学与教育分离的歧途，使科技与教育这两股力量整合为一的过程。在这一整合的过程中，科学教育的价值、主体、场所、内容、对象、方式、制度等都发生着巨大的变化。

一、科学教育的价值

中国古代的本土学术中，自然科学并未占有重要地位，科学技术发明总是被视为"形而下"的末流，乃至被贬为"奇技淫巧"而难登大雅之堂。中国古代也没有鼓励科学发展的制度和环境；尽收天下英才的知识分子选拔机制——科举制度也主要以"四书五经"等儒家经典知识或诗赋写作才能为主要标准，不涉及自然科学的内容。明清之际西方传教士利玛窦等人传来的西方文化事实上对中国文化的影响非常有限，而且很快就由于教皇的错误决策及清政府的外交政策而停滞。所以，自明末以来，中国知识分子对在西方兴起的近代科学几乎一无所知。直至清末，官员和知识分子对西方近代科学的认识才体现出由浅及深、由表及里、由现象到本质的渐进过程。对近代科学的认识由"技"上升到"学"的层面，一方面有利于打破中国士绅和各阶层人心中传统的中国中心观；另一方面有助于纠正国人心中对科学长期存在的误解，提升了科学在国人心目中的地位，转变对科学这种"泰西之学"的态度，有利于科学的进一步传播、启蒙。这个过程中，国人逐渐了解西学格致的真实面目，对科学的理解从肤浅外显的"器技"发展到"格致之学"；国人对来自于西方的科学技术的态度也逐渐从轻视、拒斥转向接受和学习。虽然在"夷夏之防"下科学教育和科学传播阻碍重重，科学教育和科学传播的

思想还是得到了较大发展，

维新时期的知识分子在前辈思想家认识的基础上，对近代科学的理解已大大加深，开始超越格致之学外在表现的作用，进而把握其内含的深层"命脉"，即严复所言：扼要而谈，不外"于学术则黜伪而崇真，于刑政则屈私以为公"而已。格致之学的命脉是"黜伪而崇真"，即"真"的原则。作为命脉，这个原则已不仅仅与那些"形而下之粗迹"相联系，同时具有了某种普遍的价值观意义。这种趋向普遍价值观意义的格致之学已不仅被视为器技之源，而且可以决定社会的安危，"格致之学不先，偏僻之情未去，束教拘虚，生心害政，固无往而不误人家国者"（严复）。清末引入的科学进化论，在被严复等人形而上化为贯穿天人、宰制万物的普遍之道的同时，赋予了它以自然哲学和政治哲学的双重涵义。

中日甲午战争后，国人在反思失败的原因时，再次把教育强国作为一项重要政策提出。在维新变法各项政策中，教育占了相当重要的地位。虽然戊戌变法在形式上失败了，但是不久，清政府迫于内外交困的压力而推行"新政"，其在教育方面的举措实际上延续了戊戌维新时所提出的思想和做法。这一时期，通过维新变法和清末"新政"在制度上的改革，如废科举以广学校、颁布新学制等，初步构建了促进科学教育发展的制度环境；已经接受和了解近代科学的新式知识分子所输入的知识和思想也进一步促进了科学教育在学校中的发展；教育学、心理学作为科学知识在学校教育中的引入和引用，也为教育科学化的兴起种下根苗。

晚清时期伴随西方舰炮而入的近代科学文化相对于中国延续了几千年的传统文化而言，具有鲜明的异质性。自甲午战争以后，近代科学在中国的传播过程中，中西文化彼此的浸渗与排斥、抵牾与融合一直没有停歇。对中国科学教育的发展和科学普及的进程来说，近代科学与中国文化融合的过程十分艰难。

在现代化过程中，人们对科学及科学教育价值的认识也在不断深化：科学具有双重价值——既有外在的实用价值，又有内在的精神价值，科学教育于国家，可以救亡图存，促进国家的繁荣富强；于个人，则可以改善生活，使个人获得幸福。科学教育于社会，可以转换人们的思维方式，改变社会思想观念；于个人，可以发达人的精神，促进个体精神的发展。

对科学精神的内涵，科学教育家作了深入探讨。任鸿隽一言以蔽之：科学精神者何？求真理是矣。在任鸿隽看来，科学精神主要就是求真精神，除此以外，他认为最显著的科学精神至少还有五大特征：①崇实。即"凡立一说，当根据事实，归纳群像，而不以称诵陈言，凭虚构造为能。"②贵确。即于事物之观察，当容其真相，"尽其详细底蕴，而不以模棱无畔岸之言自了是也。"③察微。所谓"微",有两个意思:一是微小的事物,常人所不注意的;一是微渺的地方,常人所忽略的。科学家于此,都要明辨密察,不肯以轻心掉过。④慎断。即不轻于下论断,"科学家的态度,是事实不完备,决不轻下断语;迅率得到结论,无论他是如何妥协可爱,决不轻易信奉。"⑤存疑。"慎断的消极方面——或者可以说积极方面——就是存疑。慎断是把最后的判断暂时留着,以待证据的充足,存疑是把所有不可解决的问题,搁置起来,不去曲为解说,或妄费研究。"这五种科学精神"虽不是科学家所独有的,但缺少这五种精神,决不能成科学家。"①

科学知识、科学方法特别是科学精神的传播,使近代意义上的科学观在中国得到确立。新的世界观改变了近代以来中国人视科学为制造器用的技术或为一种新型的社会哲学的片面认识。科学开始影响和支配人们的世界观与人生观。

五四新文化运动催生了近代科学家的集体亮相,促进了科学家自身社会角色意识的群体觉醒。在当时社会的大舞台上,自然科学家们与陈独秀、李大钊等人文、政治学者一道发起了一场伟大的思想启蒙运动,将"赛先生"作为与"德先生"并提的救国良方请进中国。相对于人文学者较多地集中于对中国传统文化和纲常名教的猛烈批判,科学家们则更侧重于对科学真谛的阐述。我国第一代科学家是在纯粹欧美模式的科学教育体制中完成他们的科学家角色化过程的。多年的留学生涯,使他们对建立在资本主义市场体制和西方理性文化传统基础之上的近代科学有着比常人更为深刻和真切的了解,因而也比其他人更能洞见科学的本质。围绕着"什么是真正的科学"这个主题,他们著书立说、唱和阐发,系统地回答了科学的本质,科学的社会功能,科学知识、科学方法和科学精神的关系以及科学的文化意蕴和文化影响等问题。

五四新文化运动以科学与民主为号召,广泛而深远地影响着中国社会历史进程。"民主"是一个与"专制"相对立的概念,中国社会政治传统的本质是专制,而儒家礼教(特别是经汉儒董仲舒改造后的礼教)的特点是"纲常名教",是君对臣、父对子、夫对妻的绝对权威。在这种政治传统和礼教下,处于被统治地位的人没有独立的人格,不允许有独立的认识和见解,不允许对权威有丝毫的怀疑,对事对物只讲"服从"和"接受",而这一切都恰好与科学精神——"探究"与"怀疑"背道而驰。新文化运动呼唤民主,折射到科学教育中就是要求教师和学生都要有独立平等的人格,教师和学生

① 任鸿隽.科学智识与科学精神.见:科学救国之梦——任鸿隽文存.上海:上海科技教育出版社,2002.359

都可以对专家、对权威提出质疑，教师应该允许学生通过实验、探究获得真知。如果说专制时代的礼教是禁锢思想的"牢笼"的话，新文化运动提倡"民主"的功绩正在于打破这个无形的"牢笼"，解放师生的思想，让师生不再被权威束缚手脚，敢于"探究"、敢于"怀疑"，而这恰与科学教育的精神相契合。

科学教育家强调的科学教育，包括科学知识的获得、科学方法的掌握、科学精神的养成三部分，其中科学方法的掌握重于科学知识的获得，而其目的又是为了养成科学精神。可以说新文化运动中对"科学"的呐喊，究其实质是对科学教育内涵的深化，这一深化正触及了科学教育的实质。

新文化运动呼唤的"民主"与"科学"解放了科学教育工作者的思想，深化了他们对科学教育内涵的认识，促使他们将关注的焦点转向对科学教育方法的研究和改良，对科学教育中动手和实验的作用——养成探究习惯、培养科学精神的高度重视。中国人接触、认识、了解、传播近代科学的过程，既是一个由"技"向"道"转化的过程，也是不断强化并彰显科学教育价值的过程。从作为近代文化内容的科学在中国传播的过程来看，正体现了这样的特征和发展轨迹。

二、科学教育的主体

在和西方传教士合作翻译"西书"的过程中，涌现出徐寿、徐建寅、华蘅芳、李善兰、管嗣复、张福僖等若干自学成材的科学先驱；在清政府派遣的留美幼童和留欧学生中，成长起日后活跃在工程、电信、制造诸领域的詹天佑、周万鹏、朱宝奎、蔡绍基、郑廷襄、魏翰、郑清廉、林怡游、罗臻禄、林庆升等一群科技新秀；1896 年开始的"留日"大潮则哺育了一批更为年轻懂得"西艺"的学生。这三个层次的新人才构成了中国近代科学家的早期群体，也初步构成了中国近代科学教育及传播事业的主体力量。

与其他国家的科学家一样，中国科学家从一开始出现，就承担着科学世界的探索者，高校科学教育的主事者和科学普及传播潮中的领航者角色，可以说集研究、教学、服务三者于一身。不同的是，中国科学家在担纲上述三种角色时，始终让人感到充溢在其内心的强烈的爱国热情和矢志不渝的科学救国理想。这是中国近代科学家（包括科学教育家）特有的群体特征。这个特征的形成，既是"国家兴亡，匹夫有责"等中国传统文化熏陶的结果，也与内忧外患、国破家穷等民族危机的刺激有关，还得益于他们对科学技术对经济发展和社会进步的作用的认识。因此，近代科学家群体从它形成的那天起，在关注科学发展的同时，也特别关注科学与社会进步的关系、科学与民族素质提高的关系。他们把向国人传播科学和进行科学文化启蒙视为自己的责任，自觉地用自己的学术专长报效祖国。

人，既是科学知识和科学教育的创新者，也是传播者或接受者。科学教育思想的产生和发展同样离不开人的因素。所谓"思想"，即："客观存在反映在人的意识中经过思维活动而产生的结果或形成的观点。"（《汉语大词典》）可见，科学和科学教育的主张必须被人接受，并经过人的大脑思维活动，内化成为自身的观点才可称其为这个（种）人的思想。当持有某种共同思想的人的数量达到一定社会规模时，这种思想就会发展成为一种社会思潮——在一定时期内反映一定数量人的社会政治愿望的思想潮流。

清末科学教育思想的发展，与持有和主张科学教育思想的人的数量增加是密不可分的。甲午战争以前，倡导、接受和传播近代科学的新知识分子群体在人数和力量上十分有限。在清末科学教育发展过程中，新旧知识分子的人数比例在不断变化之中，前者不断增加，后者逐渐减少。尤其在科举制度被废除以后，新式学校教育得到空前发展，传统旧学教育不断萎缩，两个群体在力量对比上出现了根本的转化。到 1909 年，光是新式学堂在校学生的数量就已经达到 1639641 人[①]。这种人员力量的对比转化，为形成科学教育的主体力量打下了坚实的基础。

近代意义上的科学教育是从西方传入中国的，也就是说，在近代以前中国没有正式的科学教育，也没有科学教师，儒士和"八股取士"制度下的文人都不能担当起科学学科教师的重任。普通中小学的科学教育正式诞生以前，中国的教会学校和洋务学堂虽然培养了一批略通西学的新式知识分子，但只是杯水车薪，无法满足当时社会对科学教师的庞大需求。当时举办新式教育的人物几乎都持有一种看法，那就是欲多设学堂，难处有二，一是"经费巨"，二是"教员少"，而"求师之难，尤甚于筹费"。[②] 所以从兴学之始，清政府就比较关心科学各学科门类教师的引进和培养。所谓"引进"，是指延聘外籍教师。当时各级各类学校曾聘请过多国科学学科教习来我国任教，其中尤以日本教习为多。中日甲午战争后，中国教育取法日本模式，一些新式教育机构几乎都聘请过日本教习。直到 20 世纪初，其时主办新式教育的政要们大多认为"教习尤以日本为最善"。因此日本教习来华者日益增多，以致高峰期达到五六百人。从整体上看，来华的日籍教师所担任的课程，几乎是中国学堂内全部的"西学"内容。

日本教习在新式学堂中所占比例在 1906 年后逐年下降。日本教习在中国新式学堂中所占比例下降的原因与他们自身素质和日本国的相关政策有关，

---

① 陈景磐著. 中国近代教育史. 北京：人民教育出版社，1983，271
② 张之洞，刘坤一. 江楚会奏变法第一折. 教育世界第 10 号，1901.10

但中国各种师范学堂的迅速发展培养了许多新式人才，留学学生特别是留日学生回国投入新式教育事业也是其中的重要原因。近代中国留学教育的兴起是近代中国政治、经济、文化等方面发展的必然结果，对近代中国产生了深刻的影响。它是中国近代开明知识分子谋求进步、振兴民族的重要体现，极大地推动了中国近代化进程。近代留学教育对中国近代社会走向近代化所起的推动作用是巨大的，如近代教育家舒新城所说："戊戌以后的中国政治，无时不与留学生发生关系，尤以军事、教育、外交为甚"。① 其中尤其是留学归来的科技人才。他们归国后，对中国的科学研究、科学教育、科学传播、科学文化事业起了巨大的推动作用。这些科技人才是中国近代科学事业的发起者和推进者，无论在科学思想还是在科学研究、科技进步、科学传播方面，他们都建立了不可磨灭的功勋。舒新城在论及留学生对近代中国的影响时说："留学生在近世中国文化上确有不可磨灭的贡献。最大者为科学，次为文学，次为哲学。"②

"五四"以后大批留学生回国，科学家逐渐成为我国高等学校科技教师队伍的主要来源和基本力量。如 1921 年时的东南大学共有 222 名教授，其中外籍教授仅 16 人，留学归来任教者为 127 人，占 57% 多。③ 再如上海交通大学 1917 年时有教员 37 人，其中外籍教师 10 人；1928 年时学校有教员 54 人，其中无一名外国教习，留学生占 29 人。④ 自此我国高校科技师资匮乏和教师队伍结构不合理的历史难题终于得以解决。高等学校科学教育彻底结束了长期以来不得不"借材外域"和受外人操纵的局面。

同时，科学家承担着译介和传播科学知识的职责。参与英国科学家汤姆生（John Arthur Thomson，1861~1933）著作的科普读物《汉译科学大纲》的 22 位译者都是科学家。他们是：胡明复、秉志、竺可桢、任鸿隽、张巨伯、胡先骕、钱崇澍、陈桢、过探先、陆志韦、胡刚复、唐钺、王琎、孙洪芬、杨肇燫、熊正理、杨铨、徐韦曼、段育华、朱经农、俞凤宾、王岫庐。其中，胡明复、胡先骕、钱崇澍、陆志韦、胡刚复、秉志、任鸿隽、王琎、竺可桢、唐钺、杨铨均为中国科学社社员，大部分都曾留学欧美，在"科学救国"的感召下回国从事科学研究和科学传播工作。与初期科普读物作者以传教士为主体不同，这一时期科普读物作者以科学家和教育家为主。中国出现了第一代科普作家，他们创作了不少优秀的、适合广大青少年和工农大众阅读的科

① 舒新城. 近代中国留学史. 上海：上海文化出版社，1989 年影印本. 212
② 舒新城. 近代中国留学史. 上海：上海文化出版社，1989 年影印本. 212
③ 东南大学史（第一卷）. 南京：东南大学出版社，1991. 127。
④ 交通大学校史资料汇编第一卷. 西安：西安交通大学出版社，1986. 194~200

普读物。

科学教育主体力量的不断增长，不仅表现在从事科学教育的人数增多，还表现为科学家队伍的凝聚集结。从国内来说，1913 年詹天佑任会长的中华工程师会成立；1915 年中华医学会成立；1917 年中华农学会成立。而在国外，1915 年，一批富有爱国热忱的美国康奈尔大学中国留学生发起成立了"中国科学社"。1918 年后随着中国科学社搬迁国内和大批留学生陆续学成归国，近代科学家队伍开始形成。[①]

近代科学家通过科学社团来集合科学家的群体力量，从而大大扩展了科学教育的规模和影响力。20 世纪 20 年代以后，随着国内新专业、新学科的建立和科学家人数的增加，各个专业领域科技团体的数量也不断增加。据何志平等人编辑的《中国科学技术团体》一书显示，民国时期（不含革命根据地）共有科学技术团体 117 个，其中 1922～1929 年成立的有 23 个，1930～1939 年成立的有 64 个。[②] 和西方学术团体主要承担"指导、联络、奖励"的学术评议功能不同，中国科技社团的设立宗旨一般为提倡科学研究、开展科学普及和促进科学应用三方面，科普构成了近代科学社团活动的重要组成部分。当时各社团的科普活动一般通过这样一些途径和方式来进行：发行科技刊物；编写科普读物；在报纸上编辑"科学副刊"；举办科学讲演和科学展览；放映科学电影；开展科学调查、考察等。

在我国近代科技期刊中，由科学团体创办的期刊也很多，如中国科学社、中国农学会、中国工程师学会、中国气象学会等都创办了多种期刊，成为我国近代科技期刊的主要创办群体。此外，政府机关也创办了一些科技期刊，但这些期刊的数量相对较少。从时间上来看，1910 年之前，我国的科技期刊大多由出版社、译书局和学堂承办，甚至有些期刊是由个人创办和经营的。1910 年之后，科技期刊的创办者越来越专业化，专业性的学术团体成为科技期刊的主要力量。从创办团体来看，由高校承办的期刊达 100 余种，高校知识分子和科研团体成为我国近代科技期刊的主要创办者。我国科技期刊在 20 世纪 20 年代之后逐渐增加，一个重要的推动因素便是我国高等学校的数量在不断扩充，相应的研究机构在不断增加。

三、科学教育的场所

近代科学教育的核心场所是学校，尤其是高等学校，此外还包括科技馆、图书馆、博物馆、民众教育馆等。学校在推进科学教育方面起着引领作用。

① 路甬祥.中国近现代科学的回顾与展望.自然辩证法研究.2002,（8）
② 何志平,等.中国科学技术团体.上海：上海科学普及出版社，1990.3～11

早期教会学校的教学内容中包含了西学课程，天文、物理、动物学、植物学等自然科学等是大多数教会学校课程的组成部分。同时，传教士还编译了许多科学教科书，如狄考文的《笔算数学》、《形学备旨》、《代数备旨》，傅兰雅的《三角数理》、《数理学》、《格致须知》等，1877 年还成立了基督教学校教科书编纂委员会为教会学校编写教科书。可见，教会学校把科学科目列为学校的正式课程，并采用当时相对比较先进的班级授课制组织教学，无疑为中国人自己创办新式学校、开设科学课程并组织教学提供了一个可供模仿的对象。而传教士们为进行科学教育而编纂的科学教科书，则无疑为以后国人编纂教科书提供了参照，甚至被不少学校直接采用作为教科书。

近代中国的高等学校则在科学教育中发挥着中流砥柱的作用。科学家任职高校以后，给高校科学教育的发展带来了极大的活力和蓬勃的生机。由于他们在国外就读名校、师出名门，所学专业分布面很广，接受的又是学科前沿训练，绝大多数人获得了硕士、博士学位，具备了很强的科研能力，因此回国后他们在高校科学教育各领域做了许多开创性的工作：①开出大量新课、创建新兴专业、增设新学科、推动学校系科建设，使高校科技类专业的课程得以充实，学科体系趋于完善；②创建实验室、编写新教材、出版学术刊物，将国外先进的理念、学说、观点、方法和实验手段引进高校；③设置研究机构、培养研究生、瞄准国际先进水平积极开展科学研究，使得各高校科学研究的整体水平大大提高，并引领着近代中国科学教育的发展方向。

近代中小学对科学教育也发挥着重要作用。1878～1902 年近代学制颁布前的这 24 年是中国近代普通中小学科学教育的起步阶段。这一阶段普通中小学科学教育的特点是非制度化、各自为政，也就是说没有一个统一的学制体系来规范它的运行与发展。尽管如此，这一阶段的科学教育在中国教育发展史上却也具有非凡的意义——它使得中国的科学教育跳出了专业技术教育的窠臼而正式成为普通学校教育的一个重要组成部分。

从 1902 年《壬寅学制》颁布起到 1915 年新文化运动爆发止，中国近代的普通中小学科学教育走过了制度化的发展历程。《癸卯学制》与《壬子癸丑学制》以及一系列学制修订章程的颁布与施行，使中国近代的普通中小学科学教育逐步走上了规范化的发展道路，数学、物理、化学、生物（时称博物）、地理（时称舆地）、手工等课程名正言顺地成了中小学教学的主要内容。科学家们虽然不在中小学任职，但他们对科学教育在中小学生思维、素质和人格培养方面的重要性有着深刻的认识。明确提出科学家应该参与到中学科学教育中去，为中学科学教师提供帮助。具体表现在：科学教育课程的开设、内容的选择、实验的设计、教科书的编撰、教师的培养等方方面面。

从 1915 年新文化运动爆发起，"民主"与"科学"开始成为引领教育变革的两面旗帜。中国近代的普通中小学科学教育作为"科学教育"的一个重要组成部分更是深受影响：科学家、教育家反思以往科学教育中存在的弊端和不足，开始把关注的焦点放在了学生在科学教育中的动手与参与上，开始重视培养学生在科学教育中的主动精神；并提出了科学教育要关注"科学精神"的培养，将中国近代的普通中小学科学教育向前推进了一大步。这一阶段的普通中小学科学教育的另一个显著特点是深受美国科学教育的影响，设计教学法和道尔顿制等在当时来说较为先进的教学方法传入中国，孟禄、推士等美国教育家来华考察科学教育。他们指出了中国科学教育中存在的问题并提出解决的方法，将中国近代普通中小学科学教育的发展推向了一个阶段性的高潮。

科学家在中小学科学教育建设方面所起的作用与其在高等学校有所不同。他们服务于中小学科学教育的经常性工作主要有四种：一是领衔翻译和编写中小学科学教材。当时国内几家著名的教材出版机构，像商务印书馆和中华书局等都聘请了很多科学家领衔编写中小学科学教科书；二是到中小学举行科学讲演和实验表演；三是培训和帮助中小学科学教师；四是积极创办与中学科学学科教学相关的刊物，组织编写各学科"参考书目"和"科学实验目录及其所需之仪器与价目单"，介绍和研讨教学法等。

图书馆、博物馆、民众教育馆和科学馆都是近代出现的重要的公共文化教育场馆，它的出现既促进了科学教育事业的发展，也是这种发展的必然结果。其中科学馆更以向民众普及科学知识作为其常规工作，表现出更高的专业性。近代除了这四类场馆外，讲演所、民众学校、展览室等也与科学教育和科学传播事业有一定的关系。

近代图书馆的诞生和发展显然对推动科普教育（科学教育）事业有积极的影响。图书馆的内在特点决定了它对科普教育的影响，主要表现为购置相关书籍提供读者阅览。此外，近代图书馆也有办图片展览、巡回书库、邮寄借书等尝试，尽管不是专门为科普而举办，但不失为图书馆推行科普的有效方式。

博物院通过备购自然科学和应用技术的各类图书、器具以及矿质、动植物标本等，与科普教育事业发生了紧密联系。如张謇的南通博物苑设有自然和教育两部，展出各种动植物和矿石，带有科普的功能。在近代博物馆中有不少博物馆特意设置"科学部"、"物理、化学、生物组"之类的部门，收藏相应的图书、器具和标本加以陈列、展示和宣传。

民众教育馆是南京国民政府成立后才出现的新兴事业，其前身可以追溯到北洋政府时期的通俗教育馆。恰如其名称，民众教育馆是实施各种民众教育的基础设施，是社会教育的机构之一。和博物馆一样，科普教育（科学教育）是其职能的一部分。

科学馆作为社会教育机构的专门的科学馆，则有别于各地涌现的通俗教育馆、民众教育馆、民众学校及中心国民学校内设立的科学馆、科学陈列室、展览室等场馆。科学馆的出现最早在 20 世纪 30 年代初，直到 1941 年，教育部开始注重民众科学教育的推行后，才通令各省市筹建。与博物馆、图书馆和民众教育馆相比，科学馆的推行工作起步最晚，加之抗战结束继之解放战争，科学馆事业发展缓慢，到 1948 年，全国省立科学馆仅有 15 座。尽管如此，科学馆的出现是追求科学大众化的结果，代表着科普工作的专业化发展趋向，对今天的科学馆事业和科普事业有着筚路蓝缕的开创意义。

四、科学教育的内容

"理科"最早是作为一门科目出现在清末的《奏定学堂章程》里，当时它主要是指一般的物理、化学知识。到 1916 年颁布《高等小学校令施行细则》，其中关于理科的内容已经包含了有关动物、植物、自然现象及人体生理卫生等方面的知识，但仍沿用"理科"这一名称。直至 1923 年《新学制小学课程纲要》颁布，才将"理科"改为"自然"。而 1932 年《小学课程标准总纲》的颁布，将社会、自然、卫生三科在初级小学合并为"常识"一科，"常识"才作为课程名称在小学课程设置中正式出现。这些课程名称的变化，反映了近代中国人对科学课程理解的变化。总的来说，这一时期普通中小学科学课程大致包括了算学和自然科学两类。前者主要包括了近代西方数学教育的几大框架，以及结合中国实际在小学开设的珠算。而后者涉及的内容极为广泛，涵盖了物理学、化学、生物学、矿物学、地学等各方面的知识，其内涵较之前有所拓展和延伸。

任鸿隽在 1939 年 6 月发表《科学教育与抗战建国》一文，对科学教育的内容有较为明确的分析。他认为科学教育内容应该包括三种，前两种是学校里的科学教育："第一种是普通理科教程，如数学、物理、化学、生物之类，这些是基本科学知识，每个学生，无论学政治、经济、文学、美术、史地、哲学，都应该学习的。尤其是中小学的理科教程，必须认真教授。"[1] "第二种是技术科目。这里包括农、工、医、水产、水利、蚕桑、交通、无线电等专门学校，以及医院所设之护士学校等言。……其他如工、矿、农、水产等，和医学一般，皆为科学教育之主要内容，非但不可片刻中断，并要随时尽可能加以扩充。"[2] 在专门学校里，培育专门人才的技术科目也是科学教育的内

① 任鸿隽. 科学教育与抗战建国. 教育通讯. 1939；（2）：22
② 任鸿隽. 科学教育与抗战建国. 教育通讯. 1939；（2）：22

容。第三种是"社会教育中之科学宣传"。因而,任鸿隽把科学教育的内容归结为中小学的理科教育、专门学校的应用科学教育及"一般科学常识教育"的民众科学教育。可见,科学教育的内容主要指普通学校里的理科教育、专门学校里的应用科学教育以及一般民众的科学常识教育,并不包括广义上的人文社会科学方面的知识内容。

掌握自然科学知识的新兴知识分子开出大量新课、创建新兴专业、增设新学科、推动学校系科建设,使高校科技类专业的课程得以充实,学科体系趋于完善。据统计,1936年各大学所开课程门类:国立大学中,最少者为同济大学57种,最多者为中央大学579种;省立大学中,最少者为东北交通大学74种,最多者为东北大学403种;私立大学中,最少者为南开大学76种,最多者为燕京大学381种①。从历史来看,长期以来在中国大学占主导地位的一直是以儒家经典为代表的经学体系。从洋务运动开始,这一经学体系随着近代文化的变革而逐渐式微,但其真正的终结则是在近代大学大量开设专业水准和训练方法与世界接轨的新课程之后。

学校之外,其他传播知识的载体涉及的科学内容也相当广泛。如我国近代科技期刊几乎反映了当时西方各国所有相关的科技知识,无论是科技发明、发现的实用知识,还是基础理论,均大量登载。西方重大的科技发明如地圆说、地球中心论、电的发明、达尔文的进化论、相对论、铁路、电报、火的研究、照相、电话、飞机、无线电、电视、原子能和原子弹、电子理论、维生素、原子论、细胞、橡皮等都被当时的科技期刊介绍或研究过。世界各洲介绍、地理基础知识(含地貌、地表和地况的研究和介绍)、数学基础知识、彗星、日食、月食、星球、潮汐、微生物、力学、火山、土壤、地震、天体研究、动植物进化阶段论、神经系统、蛋白质、营养知识等的最新发展也为近代科技期刊所瞩目。

电的发明是近代最重要的科技发明之一,对人类的生活产生了深远的影响,我国近代科技期刊对电的介绍和研究前后持续了80多年,是我国近代科技期刊中一个延续最久、介绍最为彻底的主题。从这些论文的内容来看,涉及电的理论和应用等多个层面,包括静电学和静磁学的基本理论、恒温电流的基本规律、电磁感应现象、电磁理论、直流电机、交流电机、发电厂等内容。

从科技知识传播深度来看,专刊和连载无疑是最重要的传播形式,因为连载和专刊可以拓展和扩充问题的范围,留有更多发挥的余地,在知识的传播上更具系统性和完整性,更易引起读者的重视,所以传播的效果就更明显。

---

① 丁编.第一次中国教育年鉴·学校教育统计.上海:开明书店,1934.35

我国近代科技期刊中出现了许多连载的主题，而集中刊载某些专题的专刊也极为常见。作为中国近代深具社会影响力的《科学》杂志，曾出版过大量专刊，在近代科技期刊中可谓是独立不群，体现了编者的独特眼界。其专刊有些还附有编者按语，用简短而浅显的语言阐述专题的时代背景和我国学术界对这些问题的掌握程度，以及这些问题对我国社会发展的实际意义。这些附语成为吸引读者阅读的一个重要提示。

从科技期刊的主题分布来看，我国近代科技期刊较为及时地传播了西方重要的科技成果，而且一些期刊从我国的实际需要出发，适当地刊载一些对我国民众有实际用途的科技知识，体现了我国近代科技期刊在传播科技知识方面的独特作用。

五、科学教育的对象

由于受"德成而上，艺成而下"传统观念的影响，在废除科举制度前，中国知识分子基本都埋头走在科举考试的道路上，几乎没有任何西学根底。到了中国近代，一部分"开眼看世界"的知识分子、西学爱好者接触到科普读物以后，逐渐了解并接受其中所介绍的西方近代基础科学知识。因此，在西方近代科学知识传入中国之初，科学知识读物的受众主要是知识分子精英阶层，如魏源、徐寿、华蘅芳等，且读者极其有限。

随着科举的废除和大量新式学堂的建立，科学知识教育纳入中国的教育体制。传统思想开始有了松动，中国知识阶层逐步建立起科学的观念。学习西学、学习西方科学知识逐渐成为时人新的追求。特别是随着日译本教科书在各级各类学堂的使用，科学读物的受众范围由知识分子精英阶层向学生扩展。从西学东渐的历史进程来看，日本译书的翻译出版基本上完成了近代科学的知识引进阶段[①]。这一时期学校的科学教育及社会上流行的科普读物给予国人基础的科学知识，孕育了五四新文化运动的参与者，并为20世纪初出国的留学生奠定了初步的科学教育基础。

中国初期接受科学启蒙的人士主要是西学爱好者、留学生、新式学堂学生等部分知识分子精英，他们以各种不同的方式接受、理解和传播西方近代科学。在"唤起民众"的呼吁下，一些教育家、开明企业家及有志于科普事业的青年科普作家，积极参与和大力支持科普读物创作。这样，就使科学教育的对象从知识分子、青年学生慢慢扩展到普通民众。如在科普读物传播对象方面，突破了前一阶段的精英知识分子阶层，下移到社会基层，开始面向儿童和民众，而且以民众为最主要对象。

---

① 樊洪业，王扬宗.西学东渐：科学在中国的传播.长沙：湖南科学技术出版社，2000.189

对民众科学教育的关注，是中国社会近代化过程中科学与教育整合的新趋势。自从中国有了新式学堂，科学和教育只是少数人的特权，很少惠及一般民众。五四新文化运动以后，这一问题开始引起了社会的关注。先是出现了一些面向工友、农民的平民学校和通俗演讲，随着 1925 年孙中山"唤起民众"的遗训，将人的近代化，尤其是广大民众的教育问题提高到关系革命成败的高度，进一步突出了民众问题的重要性。1929 年以后，国民政府连续颁布了一系列关于举办民众教育馆和民众学校的规程，将民众教育问题纳入政府视野。与此同时，很多知识分子也认识到：中国要实现现代化，首先要使国民成为现代人；而做一个现代人就必须懂得现代科学技术知识。相当一部分知识分子"脱下西装换上长袍"，由"学术象牙塔"相继沉入乡村和城镇的底层，逐步形成了持续多年的普及科学和职业技术知识的浪潮。如 1931 年夏，著名教育家陶行知联络了一批从英、法、德、美等国留学回国的科学家及部分晓庄师范学校的师生，掀起了"科学下嫁运动"。

30 年代兴起的科学化运动，一个很响亮的口号是"科学大众化"，其目标在科学的普及。与之对应，民众科学教育得到充分重视。因而，在科学教育的分类上就有了学校科学教育与民众科学教育之分。民众科学教育是社会教育的内容。它的对象是工、农、商等界的广大劳动者，与学校中的受教育者不同，他们有其自身的特点。在 1948 年 7 月寿子野所著的《民众科学教育》一书中，对此有比较详细的讨论。他认为，民众科学教育材料（即实施过程中的内容）应该包括三大类，一是自然知识，具体包括日月和地球的运行、星的位置、地球的昼夜、四季的由来、天空中"电象"，等等；二是生活需要类的，包括植物的生长和繁殖、稻麦虫害的防治、家畜的饲养和管理等；三是卫生知能类，包括食物的营养和成分、改进烹饪的方法、住的卫生和保健方法等。①

以"民众"、"平民"和"儿童"、"少年"命名的丛书大量出现是最突出的表现。此时期以"少年"或"儿童"命名的丛书共有 23 种，以"民众"或"平民"命名的丛书有 94 种。另外，属于"科学常识/常识丛书"的 13 种科普读物的出现，也是此时期关注民众、提高民众常识性科学知识的重要表现。从万有文库的出版可以看出此时期的科普读物出版呈现出平民化的特点。万有文库"自然科学小丛书"包含全面和丰富的内容，覆盖自然科学各个学科，分成 10 类：科学总论、天文气象、物理学、化学、生物学、动物及人类学、植物学、地质矿物基地理学、其他、科学名人传记。如此丰富的内容以小册子的形式分册出版，而且每本小册子都非常便宜。这样一来，普通的学

---

① 寿子野. 民众科学教育. 上海：商务印书馆，1948

生和一般社会上的读者，以极其便宜的价格就可以买到一本小册子，学习到丰富的科学知识。所以，后人称"《万有文库》的出版，开创了我国图书出版平民化的新纪元①"。这种平民化的图书出版，无疑极为有利于科学知识更为迅速和更大范围的普及。

民众科学教育表面上与学校科学教育存在迥然相异之处。它不像学校科学教育那样注重自然科学的学科知识分类以及传授，也不同于专门学校的技术科目，更不同于大学校园里科学的基础研究或应用研究；它着眼于广大民众自身特点的与民众生活密切相关的常识性教育，使民众生活更趋科学合理。但是，也应看到，这些科学常识对于学校科学教育来说，又是各学科的基础，两者并无本质差别。

从知识精英、科技读物与青年学生、普通民众的互动中，不难看出科学与教育紧密结合的过程以及新兴知识阶层在传播科技知识、引导学生和民众科学观念方面所发挥的积极作用，正是在这种互动过程中，民众与科技知识之间的距离在缩短，科技的神秘面纱才逐渐被揭开，从而进入到普通民众中间。

六、科学教育的方式

科学教育的方式是科学教育的主体和对象为完成一定知识的传播任务在其共同活动中所采用的各种途径和载体、方法和手段。

近代传播科学知识的载体，主要有新式教科书、科学期刊、科普杂志等。

新式教育兴起后，以求仕入仕为目的而使用的传统经文类教材已不符合时代发展的要求，社会迫切需要"新式教科书"来适应、促进新教育的发展。在这种情况下，学部曾成立编纂处编译教科书，但是由于官僚气息过于浓厚，而且缺乏真正了解新式教科书编纂体例和发展规律的人才，教科书缺乏的问题并没有得到解决。此后，民间各书局已经开始探索编译、出版新式教科书，在科学教科书方面，以商务印书馆、文明书局和几个译书社的成绩较为卓著。

科技期刊是各科技社团进行科普宣传的重要阵地。据统计，1910～1949年我国由各科技社团和高等学校创办的科技期刊达 369 种，其中 1927～1937年间创办的为 190 种。近代科技期刊以破除迷信、普及科学知识和传播科学精神为主旨，所载内容非常广泛，涉及几乎所有的学科，西方近代重大的新发明、新进展——被介绍进中国。我国近代科技期刊正以其独特的视角，在传播科技知识的过程中培育着科学精神，这也使得近代科技期刊在广义上承担着科学教育的责任。

---

① 商务印书馆一百年（1897—1997）.北京：商务印书馆，1998.334

　　科普读物是近代各科技团体实施科普教育的又一个重要载体。所谓科普读物，指以广大民众和未成年人为主要受众，以让其了解科学、掌握科学文化知识、改善生活和提高科学素养为目的，以出版社正式出版且独立成册为呈现方式的各种书籍。内容主要与自然知识（包括日月和地球的运行、星的位置、地球的昼夜、四季的由来、天空中的"电象"等），日常生活（包括植物的生长和繁殖、稻麦虫害的防治、家畜的饲养和管理等），卫生知识（包括食物的营养和成分，改进烹饪的方法、住的卫生和保健方法等）有关。

　　此外，近代还有多种面向民众进行科学知识的推广辅导方式。常见的有：

　　科学讲演——以浅近的语言，向民众讲解或说明日常生活中的科学知识。按不同的标准，可分为定期讲演（定时间）和临时讲演、固定讲演（定地点）和巡回讲演、室内讲演和露天讲演，以及化装讲演（戏剧表演的形式）。讲演的主要优势是以语言为媒介，让不认识字的民众也可以获得教育。

　　科学训练班——目的在于养成民众或在校学生初步的科学知识。比如，标本制作班、无线电班、科学游戏班、养蚕班、养蜂班、化学工艺制造班等。

　　巡回施教——成立巡回施教工作队，到不同的地方、以多样的方式推行民众科学教育。施教地点不固定，水陆交通工具并用，深入乡镇和村庄。施教方式常常选择幻灯、电影、科学游戏等具有"冲击力"的方式。

　　办理民众学校——原是社会教育事业之一，在实施民众科学教育下的民众学校更侧重通俗科学知识的灌输。

　　张贴科学画报——针对不识字的民众太多的现状，张贴色彩丰富、线条简单、内容易懂的科学画报，以激发民众对科学的兴趣，灌输科学知识。画报常常要求张贴在民众聚集之地，地方固定，定期张贴和更换。

　　放映科学电影——以放映科学教育电影的方式向民众灌输科学知识或生产技能。电影的突出优势在于：民众兴趣浓厚，印象深刻、不易遗忘；以视听感观接受信息，不受文字的限制；施教范围广泛，一场电影可供千人观看。

　　科学广播——以广播的形式推行民众科学教育。广播将受众的听觉范围扩大，受场地、设备、电源的限制相对较小，是最有效的科学宣传工具。科学广播的实施往往与地方电台合作，每星期举行若干次。

　　设立科学书报阅览处——提供科学报刊、研究报告、科学专著乃至百科全书供人阅览。巡回施教中也会在民众比较集中的小市镇设立临时的科学书报阅览处。

　　示范表演——这里的"表演"一词相当于今天的"演示"，举办各项"科学表演竞赛"，注重的则是竞赛的示范功能。当时中小学自然科的教学理化生实验仪器的缺少是一个普遍现象，因此，将有限的设备集中起来供学校和民众使用，不失为明智之举。

科学座谈会——旨在集思广益，交换办理科学教育的经验和心得并商讨共同推进科学教育的方法等。办理民众科学教育的人在会上各抒己见，提出研究报告，形成研究结论。

训练实施民众科学教育的人员——招收中学程度的学生及其他合适的人员，通过举办短期培训班或讲习所，使这些学生在学识上、技能上、理想上都受到训练，从而可以投入到实施民众科学教育的工作中。

至于学校中科学教育方法的引入和更新，也是科学家和教育家非常关注的。在教学内容确定的情况下，如何有效地达到教学目标，确保教学内容的完成，科学的教学方法无疑是极为重要的。俞子夷曾指出："教材与教法，仿佛是车上的两轮，飞鸟的双翼，相辅而行，缺一不可。"近代颁布的各个学制都对科学科目的教授方法作过具体的规定，要求格致、理科、博物、理化教学应开设一定的实验课，并配备相应的、合于章程的实验仪器、标本模型图画、专用教室或器具室。

七、科教制度的变革

中国近代科学教育的发展，是与相应的体制变革及构建分不开的。从戊戌变法开始，中国教育界出现了如下一系列重大改革：1898 年创办京师大学堂，中国的国立大学开始了从官吏养成所到为社会各项新事业（包括科技在内）培养高层次人才的转变；1896 年起，政府制定一系列政策鼓励学生到日本和欧美等国留学；1902～1904 年，中国模仿西方正式建立起新式学校制度，西方科学知识合法地进入学校、成为课堂教学的主要内容；1905 年中国宣布废除科举制度，拦腰砍断了知识分子读书做官的传统进身之路。1909 年中国政府接受美国政府退回的"庚子赔款"多余部分，将其用于资助中国青年学生去美国留学，根据双方约定，其中 80％ 的学生必须学习自然科学和应用科学，等等。

任何一种思想只有落实到制度层面上才具有更广泛的社会推广效果。中国 20 世纪前半叶，科学教育思想在学制的推动下渐次深入正是一个有力的证明。自近代学制形成以来，"癸卯学制"作为我国近代第一个颁布并实行了的学制，将近代科学规定为重要的学习内容，科学教育于制度上初步确立。《癸卯学制》的颁行既是普通中小学科学教育进入制度化的标志，也是科学学科教师教育进入制度化的标志。在《癸卯学制》中与中学堂平行的初级师范学堂以培养初等、高等小学堂教员为宗旨，与高等学堂平行的优级师范学堂以造就初级师范学堂及中学堂之教员和管理人员为宗旨。在初级和优级师范学堂中都开设了各类科学课程和教学法，特别是优级师范学堂分类科的第三类和第四类特别重视科学教育，几乎是专为培养科学学科教师而开设的。第三类学科开设的科学课程有算学、物理学、化学，除算学外，仅物理学、化学教学时数占全部学科总学时数的比例就达 22.22%，第四类学科开设的科学课程以算学、植物、动物、矿物、生理学为主，除算学外，仅后面四门学科教学时数占全部学科总学时数的比例就达 35.42%。① 1906 年 6 月学部又颁布优级师范选科简章，将本科分为通习本科、数学本科、理化本科和博物本科，后三科是为培养专门的科学学科教师而开设的。民国成立后所颁布的《壬子癸丑学制》将师范类分为师范学校和高等师范学校两级，并专为女子设立女子师范学校，其中高等师范学校本科开设了数学物理、物理化学、博物等部。可以说，师范学校特别是师范学校中专门的科学教育门类的设立，为培养科学学科教师提供了基本保障。

民国建立后制定的新学制——"壬子癸丑学制"与清末学制相比，进步显而易见，其教育宗旨体现了对科学教育的强调。这说明在科学教育方面，民初的学制与清末学制相比，变化是实质性的，科学教育进一步得到落实。当然，民国初年的教育改革仍存在不少问题。在改革旧学制的呼声中诞生的 1922 年"新学制"，对辛亥革命以来科学教育改革的理论和实践进行了总结："一个与中国传统知识体系完全不同的，以驾驭自然力为归旨的充分外向的西方近代知识体系，在中国各级各类的课程设置及课程标准中，完全占了主干地位"②，这句话真切道出了 1922 年"新学制"颁布后普通中小学科学教育制度得到了进一步完善。以 1922 年"新学制"颁布为标志，中国逐步确立起科学在学校教育中的地位。这一时期学校科学教育最大的特点是科学教育制度和科学教育法令的完善，给当时的中小学实施科学教育提供了一个良好的制度环境。

1927 年南京国民政府成立后全国趋于统一，教育、科技和文化等领域开始走向制度化和正规化。在文化教育等方面颁布了一系列的政策与法规，这些政策与法规为科学教育的发展进一步创造了政策环境与制度保证。之后的十年是近代各项建设事业蓬勃开展、近代科学和教育事业发展进步最大的历史时期。一系列扶植发展科学技术和科学教育、关注民众教育的政策法规的相继出台，以中央研究院为代表的各类研究机构的先后设立，高等教育事业规模的发展与水平的不断提高，各种科学专业学术社团的竞相设立……这就为科学家贡献其智识以推进科学与社会的发展提供了机会和必备的条件。

如在 1929 年 4 月国民政府公布的《中华民国教育宗旨及其实施方针》中

---

① 郭长江. 中国近现代科学教育变革的文化反思. 华东师范大学教育学系 2003 年博士论文. 58~59

② 李华兴主编. 民国教育史. 上海：上海教育出版社，1997. 168

就有"大学及专门教育，必须注重实用科学，充实学科内容，养成专门知识技能，并切实陶融为国家社会服务之健全品格。""师范教育……必须以最适宜之科学教育及最严格之身心训练，养成一般国民道德，学术上最健全之师资为主要任务"[①] 的规定。这一时期的中小学科学教育的发展则具有很明显的现代教育意味，与南京国民政府统治下的现代教育制度的基本定型相关。南京国民政府改变了 20 年代美国式的管理模式和教学模式，建立中央集权的教育体制和严格训练的教学模式，构建了一个比较系统、完备的教育法律法规体系。因此，二三十年代教育部重新颁布的中小学各科课程标准，是我国第一次由政府法定的教学大纲，对理化生等课程的设置，教学目标、时间支配、教材大纲和实验均有具体的要求，从形式和内容来看，都比较强调正规和系统。

课程设置是教育变动的"晴雨表"，科学课程设置的变化，比较突出地反映了科学教育的某些倾向。这一阶段，普通中小学课程设置先后经历了 1929 年、1932 年、1936 年三次正式调整：1929 年的《中小学课程暂行标准》与科学课程的设置、1932 年的《中小学正式课程标准》与科学课程的设置和 1936 年的《修正中小学课程标准》与科学课程的设置。这些调整有利于科学教育在中小学的深入和推进。

国民政府教育部颁布的一系列法规章程中，还包括了《民众教育馆章程》、《科学馆规则》等，从而为科普读物在这一时期的传播和发展提供了制度和组织结构的有力保障。正是上述这些社会变化和教育改革措施，从制度、文化、师资、社会环境等方面，为中国科学家及科学教师队伍的形成和崛起，为科学知识、科学方法乃至科学精神的广泛传播提供了必不可少的条件。

八、科学教育的反思

反思中国近代科学教育的历史，不难看到，它涉及科学教育价值、科学教育家、科学教育对象、科学教育内容、科学传播媒介及手段、教育场所及机构、科学教育的制度保障及社会环境等，呈现的是一个彼此铰接、连环互动的复杂状态。其中，价值观念、科学教师、体制保障是科学教育的核心三要素。

近代中国在引进科学的过程中，国人"仅从工具价值的角度认识科学的意义"，把科学作为一种富国强兵的工具，首先关注的是科学与技术的实用价值。从维新运动时期开始，严复等认识到，科学除救亡价值外，对人的思想

---

① 宋恩荣，章咸主编. 中国民国教育法规选编（1912—1949）. 南京：江苏教育出版社，1990. 46

方面也有塑造价值，到"五四"以后，某些知识分子对科学的精神价值则深信不疑，甚至达到信仰的地步。这两种倾向都有偏颇。

科学史家认为，科学具有三重目的——心理目的、理性目的和社会目的，相应体现为：使科学家得到乐趣并满足其天生的好奇心；发现外面的世界并对它有全面的了解；通过这种了解来增进人类的福利。也许科学的效率很难由科学的心理目的来估量，但心理上的快慰确实在科研过程中起着重要作用。中国的传统科技教育本身具有致命的弱点，它要求科技教育的实用性和功利性（他为性），在一定意义上忽略了理论性，在绝对意义上排斥了娱乐性（自为性）。而理论性和娱乐性（心理目的）是科技教育发展的重要基本条件。就科学教育的价值而言：一方面是实用价值，具有发展生产、满足人们生活需要的作用，而且这种作用会越来越大；另一方面是精神价值，能激发人的情感和想象，在心智的培养上，既可以训练人的独立判断思考能力，又可以促进良好个性品质的形成与发展，影响到人生观。长期以来，科学教育地位的提升是与科学及其现代技术所产生的巨大经济效益相关联。科学从教育的边缘走向教育的中心，其主要推动力在于科学的功利性价值。作为科学成果的表现形式——科学知识成为科学教育传授和学习的重心，而科学活动中所内含的理性精神、求真意识、批判精神、创新意识等精神价值在巨大的功利性价值光环映射之下往往被人们忽视。同时，人们对待科学的非科学态度也是科学教育的精神资源长期被隐蔽的原因之一。近代科学在中国起初是遭到无知的拒斥，被贬为"奇技淫巧"，继而被急功近利地接纳和学习，到了新文化运动前后，在对传统体制及文化的全面批判中，科学又被过度尊崇，甚至被奉为信仰。科学精神所蕴涵的怀疑意识和批判理性就这样在科学艰难的发展过程中难免失落，致使在相当长的一段时间里教育界采用了非科学的态度来对待科学及科学教育。

中国共产党十六届三中全会提出了"坚持以人为本，树立全面、协调、可持续的发展观，促进经济社会和人的全面发展"的科学发展观。科学发展观的提出绝不仅仅针对经济发展中的问题，教育领域的问题也包括在内。教育既有为社会建设服务的义务，也有促进学生身心健康发展的责任。因此，科学教育的改革既要考虑到社会的生产发展的需要，也要重视学生精神世界的发展，这是科学教育改革的必然趋势。可见，树立健全的科学教育价值观是当务之急。

确立科学家和科学教育家的重要社会地位，充分发挥其主体作用，是科学教育能否取得实效的关键所在。学校的科学教师担负着传播科学知识、训练科学方法、培育科学精神的重要职责，需要超越传统的教学观念，去探索新的教学原则，在相互对立的教学观念中求得一种动态的平衡。在教学程序的设计上应遵循计划性与非计划性相结合的原则。科学教育的改革对教师提出了更高的要求，要想成为一名合格的科学教师，就必须具有研究的精神，不仅研究本学科的知识内容，还应研究如何将科学知识、科学方法、科学精神三个维度的内容关联到一起。在有限的教育资源的情况下，还要善于利用课堂以外的科学资源：如充分发挥社会科研人员对科学教育的参谋和指导作用；广泛利用校外自然界的资源，去做实地的研究，了解科学应用的实际，因为校内的科学资源远远满足不了学生探索自然界奥秘的需要；通过多媒体获取必要的信息资源等。

求新、创造是科学的特征之一，同样也是科学教育的重要原则之一。中国传统的教育中一方面主要以伦理道德为着眼点，主要强调自我的学习和修身，一贯主张向古人学习，缺乏重视科学创新的传统；另一方面由于明清以后八股取士在结构和内容上的程式化和空疏无用，导致中国传统教育必然忽视学生的创造性培养。如果作为科学教师，本身缺乏创新精神和创新能力，又如何能培养出富有创造力的新人？社会应整合各种力量，通过职前和职后的各类培训，增强教师的科学素养和教育能力，使之胜任当今教育改革对教师提出的更高要求。

法规和制度建设是科学教育稳定、健康、持久发展的根本保证。历史发展证明，科学教育要受所处时代社会政治力量的影响。政府的政策及实际行动无疑是影响其发展的重要手段，它们是构成科学人才培养和科学知识传播的制度环境与实践土壤。中国近代社会科学教育之所以取得了一定的成效，相当重要的原因是得到了新学校制度的支撑和相应政策法规的保障。反观当前我国普通中小学科学教育，在中西部地区依然存在着经费严重不足、师资与设备缺乏等种种不尽如人意的地方，说到底还是制度设计的盲点和政策法规的薄弱所造成。

领先全球科技教育的美国，为了在 21 世纪继续保持科技和教育强国的地位，最近又有重大举措——美国国家科学院所属科学委员会、工程学委员会和医学委员会这三个最具权威性的学术组织联合成立了特别委员会。该委员会由科技界、工业界、教育界和政界的重量级人士组成，它向美国国会提交了一份名为《超越风暴》的政策建议，主要包含四个方面的行动计划：第一是人才培养，强化从小学到高中教育的目标和措施，建设中小学优秀教师队伍，视 12 年制的中小学教育为国家竞争力的根本；第二是加强基础研究，从根本上保证经济长期发展的驱动力；第三是注重高等教育中大学生和研究生的培养，同时建议为在国际上吸引人才而可能采取的移民政策倾向；第四是有关鼓励创新的行动计划，包括政府可在财税方面给予的优惠①。可以预见，《超越风暴》政策建议将通过美国国会的立法程序，最终成为有行政约束力的法案或法规，然后再由美国政府的行政部门以及各地方政府予以实施和推动。号称"最自由的市场经济国家"的美国，在关系国家发展命运的大事上，也要有所作为，但它不能靠行政指令，而是依靠法律行政，这项重大建议可能就是其立法的前奏。事实上，纵观西方发达国家的教育现代化之路，几乎没有不依靠法律制度建设这一根本性举措的，如此的"路径依赖"足为发展中国家借鉴。

2006 年 3 月，我国政府颁布了《全民科学素质行动计划纲要》。这是一个关乎国家长远发展的战略计划，一项建设创新型国家的基础性社会工程。它根据全面建设小康社会和到本世纪中叶达到发达国家水平的发展目标对国民科学素质的要求，立足中国国情，着眼未来，通过政府引导和社会的广泛参与，分阶段、有步骤、滚动式推进，以期尽快在整体上大幅度提高全民科学素质，促进经济社会和人的全面发展，为提升自主创新能力和综合国力、全面建设小康社会和实现现代化建设第三步战略目标打下雄厚的人力资源基础。《纲要》的颁布表明，我们国家也正在走向通过法规和制度建设来保证科学教育和科学传播事业稳定、健康、持久发展的道路。

今天，我们对历史的关注并非要"发思古之幽情"，也不是要在故纸堆中"寻章摘句"聊发"老雕虫"的"技痒"，而是要为当前的科学普及和科学教育发展提供一个历史的视角。本套丛书试图从上述的若干重要方面，透视科学教育发展的历史进程中时人留下的宝贵经验和教训，以便让科学和教育这一双子星座，在中国现代化的伟大征程中，真正散发出迷人的光芒！

霍益萍
2007 年 5 月

---

① 袁传宽. 十年行动，四大方向. 文汇报. 2007 - 3 - 18

目　录

绪　论

美国俄亥俄州有一座地理位置非常独特的房子。下雨时，落在屋顶北侧的雨水与下面的小溪汇合后，流进附近的安大略湖，然后汇入位于加拿大东南部的圣劳伦斯湾。而落在屋顶南侧的雨水则经过密西西比河，最终流入位于美国南部的墨西哥湾。在这座房子屋脊的最高处，两边雨水的落点常常变幻不定。许多该落在南侧的雨水落在了北侧，或者应该落在北侧的雨水落在了南侧。这些看似近在咫尺的南北侧，却决定了将来它们彼此之间的距离达到了 2000 多英里。令人惊讶的是，决定这些雨水最终去向的不过是雨天从屋顶轻拂而过的一缕微风。① 或许，当人们探究中国的文化教育为何在近代落后于（或不同于）世界发达国家时，会吃惊地发现，它正源于先人如何对待"科学"这"一缕微风"。

一

在中国社会由传统走向近代（现代）的历史进程中，也许没有一个词汇比"科学"更富魅力了，有学者甚而认为，"科学"作为一个抽象、笼统的"词"，是"20 世纪以来被引入的诸多西方思想中，与中国文化整合得最成功的观念"②。

实际上，在 19 世纪的中叶，中国的先知先觉者已察觉到了科学的力量。当然，对这种力量的认识，是伴随着洋枪洋炮这一外化的科学形式即军事技术的威力对中国社会的长驱直入。自此以后，科学在中国教育发展的历程中就居于突出的地位，"五四"新文化运动揭橥的两面大旗，即塞先生（科学）与德先生（民主），尽管其后有瑞先生（革命）的时代主旋律（特别在革命战争年代），但科学及其科学教育始终是一代又一代知识分子梦牵魂绕、挥之不去的现代化主题。

应该看到，中国自身有着古老而悠久的实学教育传统，从先秦墨子的功利教育，到南宋事功学派的实践，再到明清之际功利教育（实利教育）的流行，或多或少都能看到科学（包括技术）教育的潜在影响。在中国传统的文化教育背景中，一方面有着"明其道不计其功"的儒家义利观，另一方面也

① 薛峰.一滴水的命运.知识窗，2006，6
② 严搏非.思想的歧途.文汇报，1988－09－13

有着"合其志功而观之"的墨家义利观，而在经世致用的价值观制导下，儒家也并非绝对排斥实利（包括科学技术）对国计民生及其文化教育的作用及意义。

但不得不承认，中国近代以来对科学及科学教育的推崇，是一种被动式的对外来军事、经济、文化强势力量的应对，这种应对随着时代、社会变迁发挥着不同的功能。从国外引进的教育思想和模式，无论是在帮助中国人挣脱传统精神枷锁的"解放"过程中，还是因受外来利益的支配从而不自觉地被"奴化"中，都起着举足轻重的作用。"如果说在某些历史阶段和某些情况下，移植进来的教育模式被认为是对华进行奴化的象征，那么在另一些阶段和场合下它们是为从传统束缚中解放出来、动员全社会走向经济和政治现代化的有效工具。这所有情况下的决定因素是中国内部条件。"①

中国教育变革所面对的内部条件是历史和现实的双重纠葛，就历史传统而言，儒家教育自汉代取得正统地位后，就占据了正规学校教育的中心地位，课程知识内容也由先秦的"六艺"一变而为"五经"，再变而为"四书"，也就是由政治的、社会的、伦理的、艺术的、军事的、文学的、算术的等综合性学问修养渐趋于儒家经典知识乃至个体伦理修身的单一化途径发展。所谓汉代教人"做官"，宋代教人"做人"，就是对中国传统教育高度"政治化"、"伦理化"的形象描述。于是，科学（技术）的文化价值地位在不断降低，"政之教大夫，官之教士，技之教庶人"②，形而上者谓之道，形而下者谓之器，"君子不器"、道高于器的思想在传统读书人心中形成了根深蒂固的价值趋向模式，科学往往与"奇技淫巧"相连系被打入另册。清代实学派代表人物颜元说："今世为学，须不见一奇异之书，但读孔门所有经传，即从之学其所学，习其所习，庶几不远于道"（《存学编》卷三），连倡导并实践"六德"、"六艺"之实学的颜元对儒学之外的其他学说都抱如此鄙薄排斥的心态，更遑论传统学校中的一般读书人。明代的张燧早就指出，秦朝时焚书之令未禁医药、卜筮、种树等书，所焚毁的主要是《诗》、《书》、百家语等，然而，"六籍虽厄于煨烬，而得之口耳相传，屋壁所藏者，犹足以垂世，立教千载"；"医药、卜筮、种树之书，当时虽未尝废锢，而并未尝有一卷流传于后世者。以此见圣经贤传，千古不朽，而小道异端，虽存必亡，初不以世主之好恶而为之兴废也。"认为现世的强权难敌人心的向背，文化知识的兴衰系于人心的好恶，某种文化的经久不衰取决于贤能之士的传播以及教化的力量，他进而

---

① 露丝·海霍（许美德）.中国和工业化世界之间教育关系的历史和现状.中外比较教育史，上海：上海人民出版社，1990
② 大戴礼记·虞戴德第七十.北京：中华书局，1983

判断："自汉以来书籍至于今日，百不存一，非秦人亡之耳，学者自亡之耳。"① 我们从先秦两大显学儒学和墨学的历史命运中，不也可以得到印证吗？

为什么自然科学（包括技术）知识难以吸引中国传统读书人？清初学者潘耒认为一者是其知识深奥难明，二者是无功名利禄的刺激，久而久之，其命运之式微是必然的。② 明代宋应星的《天工开物》一传到国外，立即引起全球震动。日本纷纷传阅，一刊再刊，广为流传，兴起"开物之学"；传到欧洲，又引起欧洲人的惊叹仰慕，法国汉学家称之为"技术的百科全书"，英国博物学家称之为"权威著作"，翻译成法、英、德、西班牙、俄等国文字，将之作为蕴藏丰富的宝库。而可笑的是中国直到1926年才由一位留日学生从日本带回日译本的《天工开物》。此书问世才二百多年，这部引起全球震动的著作却在国内再也找不到。

同样，1843年魏源编撰的《海国图志》出版，该书试图向人们传递域外的信息，让人们看到外面的世界，来适应现实的挑战。结果是魏源的雄心壮志变成了无人欣赏的怪物，据估算，该书20年间5次印刷，仅印了1000册左右。当时全国的绅士有150万左右，而有读书能力的人有350万左右。没有人愿意读此书，没有人愿意了解西方的风土人情。《海国图志》在中国无人问津，在日本却广为流传，成为促进明治维新的启蒙书。③

中国的传统教育是为了确保某种社会秩序，承担的是政府的职能，维护的是政府的权威。17世纪以来，传教士传播科技知识的活动曾被肯定，然而当西方的宗教教义引发诸多民间纠纷时，统治者出于对社会安定可能被破坏的忧虑，从而将西方宗教与科技一起打入冷宫。科学技术因自身蕴涵的稳定或动荡的双重功能，与不同社会历史时期统治者的考量重点或契合或冲突，从而使其具有了不同的历史命运。到了五四时期，基于挽救国家危亡的最强有力武器的价值选择，科学主义观念盛行，科学社会主义自然成为流行的思潮，"对旧社会必须进行武器的批判而不能满足于有了批判的武器。这种实干精神使斗争很快从思想领域转移到政治领域，乃至诉诸武力，演变为长期的革命战争"。④ 科学启蒙运动很快演化为社会革命运动，其深层动因或许还在于中国知识分子视科学为经世致用的工具？

---

① 张燧.千百年眼.石家庄：河北人民出版社，1987.57

② 潘耒.遂初堂集·宣城游学记序："学士中唯历数最难明。儒者言其理而不习其数，畴人子弟守其法而不明立法之故。明三百年，言历者仅三、四家，迄于今，遂成绝学。盖其数至赜，而其故甚深，非聪颖名异之士，殚毕生之力以求之，莫能洞晓。又无爵禄名利以劝诱之，故从事焉者绝希。"

③ 毕延何.一本书的命运.报刊文摘，2004－10－29

④ 黎澍.关于五四运动的几个问题.纪念五四运动六十周年学术讨论会论文选（一），北京：中国社会科学出版社，1980

二

中国的技术发明更多属于经验的科学，而不是西方近代意义上的理论科学，李约瑟的 SCC（中国科学技术史）计划有个中心目标，就是解释为什么近代科学首先在西方兴起，与此有关的是，为什么在中世纪西方处于黑暗时期，中国却发出灿烂的科技之光，而后来中国又为什么没有自然地出现近代科学？中国社会未能发展出近代科学与中国近代社会商业及工业资本主义的薄弱是互为因果的，相反，欧洲 15 世纪后科学的充分发展与文艺复兴和宗教改革运动也彼此关联，这正如李约瑟所言属于"一种有机整体的系列变化"。科学传统有三个要素：第一为经验因素；第二为怀疑主义因素；第三是形成以数学方式来表达并可由实验加以证实的成熟假说。李约瑟认为，在中国传统思想中，存在着前两个因素，但第三个因素却始终未能形成。实际上，怀疑主义的因素在中国的文化教育传统中几乎同样是难觅影踪的，在以德教为中心的学校教育中怎么可能鼓动学生的怀疑精神呢？东汉的王充因敢于"问孔"、"刺孟"，其思想行为与儒家礼教精神相去甚远，至清代还被正统史学家认为"名教罪人"。可见怀疑、反叛正统的思想意识要在中国社会特别是学校教育中占有一席之地是如何艰难。

儒家思想把注意力倾注于人类社会生活，而无视非人类的现象，只研究"事"（affairs），而不研究"物"（things）。对于科学发展而言，这种实用理性反而不如道家的神秘哲学更为有利。当然，道家虽然对自然界深感兴趣，却不相信理性和逻辑；墨家和名家尽管推崇理性和逻辑，但并非真正对自然界发生兴趣而只是为达到实利的目的；至于法家和儒家则对自然界根本不感兴趣，这种文化旨趣和价值取向决定了中国科学发展缺乏内在的深厚动力。同时，由印度传入并中国化的佛教，更对科学起着强烈的阻碍作用，因为"科学发展所绝对必须的先决条件之一，就是承认自然，而不是躲避自然。……出世式的否认现世，似乎在形式上和心理上都是与科学的发展格格不入的。"①

近代科学的作用不外两种：一是求认识自然界的知识，一是求统治自然界的权利。笛卡儿说："知识是确切"，培根说："知识是权力"，正好分别说明了科学的两大作用。冯友兰《中国为何无科学——对于中国哲学之历史及其结果之一解释》提出：中国所以没有近代自然科学，是因为中国的哲学向来认为，人应该求幸福于内心，不应该向外界寻求幸福。当然，"如果有人仅

---

① 李约瑟. 中国科学技术史（第二卷）. 科学思想史，北京：科学出版社，上海：上海古籍出版社，1990. 459

只是求幸福于内心，也就用不着控制自然界的权力，也用不着认识自然界的确切的知识。"[1] 这里要问的是：求幸福于内心是否必然与探究自然奥秘的科学相对立？实质上，追究西方自然科学发达的深层动因，恰恰也是源于西方人求幸福于内心的自觉，也就是说，西方人视了解和掌握自然为人的生命最大的乐趣和最高的享受。诚如罗素所言，科学具有两项功能，一是使人们能够了解事物，二是使人们能够做出事情。绝大多数希腊人仅仅对第一项功能感兴趣（即纯科学的探索），但对于技术并不感兴趣，也就是说他们旨在了解事物（科学）而不是做出事情（技术）。"对于科学在实用上的兴趣，最初是出自迷信和巫术。阿拉伯人……发现了许多化学上的事实，但是他们并没有达到任何有效的和重要的普遍规律，他们的技术始终是初级的"。[2]

　　科学史家认为，科学具有三个目的——心理目的、理性目的和社会目的，相应体现为：使科学家得到乐趣并满足其天生的好奇心；发现外面的世界并对它有全面的了解；通过这种了解来增进人类的福利。也许科学的效率很难由科学的心理目的来估量，但心理上的快慰确实在科研过程中起着重要作用。在西方科学发展的历史上，人们也用科学是对上帝的赞颂或科学可以造福人类的说法来为科学的价值辩护，因为神和功利往往被认为是人类总的社会目的，同时，科学的心理目的一直是西方自古希腊以后科学知识增长的一个重要源泉。科学在西方具有悠久的历史传统，但这并不意味着它在教育中占有重要地位，因为在18世纪末，"提供若干充分的科学训练的教育机构只有普里斯特利和道尔顿所任教的英国几所非国教派研究院和拿破仑在那里当过学生的法国炮兵学校"，[3] 科学的充分发展离不开科学家对其的特殊爱好，在19世纪中叶以前，所有伟大的科学家就其科学知识而言都是自学出来的。"科学是一种最有趣和最惬意的消遣，因此它才以不同的方式吸引着不同类型的人。……科学具有字谜游戏或侦探小说所具有的使千百万人入迷的一切特点，唯一的不同之处是：科学中的难题是大自然或偶然性提出来的"。[4] 解答"近代科学为何没有在中国产生"这一李约瑟难题也许可以有多种视角，但其中很重要的一点，是因为中国的传统科技教育本身具有致命的弱点，它要求科技教育的实用性和功利性（他为性），在一定意义上忽略了理论性，在绝对意义上排斥了娱乐性（自为性）。而理论性和娱乐性（心理目的）是科技教育发展的重要基本条件，尤其是科技的自为性、娱乐性更是西方文化教育的重要

　　① 金青峰."月令"图式与中国古代思维方式的特点及其对科学、哲学的影响.中国文化与中国哲学，东方出版社，1986.127
　　② 罗素.论历史.北京：三联书店，1991.130～131
　　③ J·D·贝尔纳.科学的社会功能.陈体芳译.桂林：广西师范大学出版社，2003.84
　　④ 同③，第116页

特征之一。①

西方科学教育学的奠基者赫尔巴特对兴趣在人的学习和成长中的作用给予高度的肯定,研究赫尔巴特的权威专家甚而认为"兴趣"是赫尔巴特的中心思想,是"教育性教学理论的基本概念",是"教育中最伟大的词汇","兴趣是一盏明灯,赫尔巴特以它一劳永逸地给教学理论扫清了模糊黑暗的和错综复杂的道路,而照耀得如同白昼"。② 与此相比,中国的科学家以及科学教育家有谁公然将兴趣(娱乐)作为传播科学的大旗揭橥于世呢?

陈寅恪在《冯友兰中国哲学史下册审查报告》中指出,佛教学说因经过吸收、改造,故能对中国思想发生重大久远影响,"而玄奘唯识之学,虽震动一时人心,而卒归消沉歇绝,是因其性质与环境相互方圆凿枘"。扎根于趣味娱乐的闲暇教育,正是西方自然科学发生和发展的丰厚土壤,引入中国后,嫁接的恰恰是反娱乐化、非趣味化的经世致用的实利教育传统,这一"方圆凿枘"的窘境也许预示着中国近代引进传播西方科技知识的路途为何如此曲折多难。

三

当今中国要实现经济增长的三个"转向",即从资本投入拉动为主,转向技术创新推动为主;从依靠廉价要素成本为主,转向依靠科技进步和提高劳动者素质为主;从以市场换技术为主,转向以自主创新为主,就亟需科技教育这一巨大的推动力量。中国工程院院长徐匡迪认为,在一个发展中国家,一个新兴发展的国家,科技教育的作用比自然资源更加重要。"世界银行排出世界十大富国,比如瑞士、瑞典等国家,这些国家基本上没有什么自然资源,但它们是最富的一些国家,因为它们的教育水平高,科技水平高。反过来说,世界上最贫困的十个国家,自然资源拥有量非常大,但是为什么会非常穷?因为教育不发达。"③

教育的发达与否是否必然与国家的强盛衰微有着高度的相关性,这是一个尚待深究的问题。至少,中国历史上是一个注重文教的国家,中华文明成为现今世界没有中断的唯一文明,其中一个重要原因,是源于中国自三代(夏、商、周)就形成的深厚教化传统。然而,以德教为中心的学校教育内容并非有利于科技的发展。可见什么样的教育能推动科技的发展和国家的强盛,这才是问题的核心。同样值得思考的是,中国的教育由传统向现代转化的历

---

① 参见张惠芬,金忠明.中国教育简史(修订版).上海:华东师范大学出版社,2001.126~128
② W·F·康内尔.二十世纪世界教育史.张法琨等译.北京:人民教育出版社,1990.130
③ 徐匡迪.科技教育的作用比自然资源更重要.文汇报,2007-03-26

史过程中，德教（政教）中心的趋向并未发生根本转变，只是形式上似有变化而已。"20 世纪中国是以'革命'为主潮的世纪。学术研究与政治革命的关系特别密切，故批判性研究常常烙上激进的政治革命的烙印，超出学术研究的范围"，① 这一影响，不仅广泛见之于文学、历史、艺术等人文学科领域，就连自然科学技术也不例外。"在这个最缺乏'科学'的国度，科学成了新知识分子宣传新文化并与封建旧文化斗争的强大武器，而且，从它步入中国之日起，对于科学的召唤就一直与'科学救国'思潮并行"。② 换言之，科学的价值是在于它的政治效用（救国），"教育救国"的内涵实质是"科学的教育方能救国"，对科学及教育的实用准则成为贯穿近代中国历史的基本线索。在"科教兴国"战略思想深入人心，"科学技术是第一生产力"观念广泛流行的当今时代，科学（包括科学的教育）依然是政治、经济、社会诸领域最有力的工具。

然而，构成反讽的似乎是公众对科学以及科学教育的冷漠及生疏。中国科协自 1990 年起采用国际标准对我国公众的科学素养进行全国性的抽样问卷调查，从调查结果看，我国公众的科学素养是相当低的。与美、英和欧共体 12 国相比，在科学知识方面相差并不太远，中国公众、美国公众、欧共体 12 国公众对于了解科学知识的比率分别是：30.1%、35.7%、37.0%。但在理解科学研究过程和科学方法方面则差距很大，对于理解科学过程和方法的比例分别是：2.6%、13.3%、9.0%。对于科学研究方法的理解程度，据 1996 年对我国公众的测试，很了解的只有 1%，了解一些的有 3.3%，不理解或理解错误的占 95.3%。③ 根据中国科协 2003 年进行的第五次中国公众科学素养调查，我国公众达到科学素养标准的比例为 1.98%，这与 2001 年调查结果（1.4%）相比略有提高，但与欧盟 15 国、日本、美国在 2001 年进行的对公众科学素养的调查结果（以美国为例，2000 年美国公众科学素养水平已达到 17%）相比，显然处于相当落后的地位。④ 应该指出，科学知识往往涉及具体的实用层面，而科学方法、态度、素养、精神则具有更广泛而内在的意蕴，它折射出民族文化教育的传统乃至民族的心理特征。

与之相印证，有学者统计了中国人大复印资料 1978～1995 年期间教育论文光盘索引，在收入中国人大复印资料的教育论文中，凡标题中含有"科学教育"字样的论文共计 146 篇，除去少数会议报道和非自然科学教育的论文

① 傅永聚,韩钟文主编.儒学与实学.北京:中华书局,2003.3
② 杜成宪,丁钢主编.20 世纪中国教育的现代化研究.上海:上海教育出版社,2004.193
③ 孙小礼.文理交融——奔向 21 世纪的科学潮流.北京:北京大学出版社,2003.31
④ 中国科学技术协会,中国公众科学素养调查课题组编.2003 年中国公众科学素养调查报告.北京:科学普及出版社,2004

（计26篇），实际仅有120篇科学教育论文。① 也有学者以"科学教育"为关键词检索了中国期刊全文数据库（1994.1～2005.10），计698篇；另以"艺术教育"为关键词则检索到1679篇。②

在科学成为当代中国最强符号之一的社会背景下，为何民众内心深处并未真正扎下科学之根苗呢？这恐怕仍然不得不去中国传统文化教育的深处探寻。中国"既没有西方古代的原子论，也没有西方近代的机械论，这二者是一脉相承，其实是一而二、二而一的。它们是西方近代科学和科学思维的发展最根本的、最具有决定意义的思想因素。而中国自然思想之没有（或不可能有）原子论和机械论，则是和中国传统社会思想中之没有（也不可能有）个人或个人主义的地位是互为表里的。"③ 以儒家为代表的社会和谐的德化教育、以道家为代表的个体自适的艺术教育以及以墨家为代表的生产劳动的实利教育，都不利于甚至压抑了科学以及科学教育的发展。到了近代，严复针对"中体西用"说，强调体、用不可分割，指出科学与自由才是西学的根基，也就是"西体"，他认为民主政治还不是西学的根本，因为"民主"仅是"自由"在政治上的一种表现，"自由"是体，"民主"是用。西学的精神实质是"自由"，这正与中国传统专制政治相悖，严复"黜伪崇真"、"屈私为公"的主张，内蕴着将自然科学的方法及民主政治制度推广的目的，其实质是构建以自由竞争为特色的资本主义生产方式及其文化教育模式。④ 但严复的努力在中国近代化的过程中似乎未见掀起多大的浪花，即使到了"五四"新文化运动时期，尽管新文学以其全新的内容（个体自由和个性解放）和全新的形式（白话文）对青年一代的教育起了空前的影响和作用，但个性从传统伦理道德下解放的自由，很快为社会的政治革命所范制，换言之，个体自由未能与科学求真发生内在的关联，而科学转而与政治结缘，科学、教育都成为政治的有力工具。如果说，在"五四"时期"科学"（"赛先生"）一词曾经取得过"至高无上的地位"（胡适语），那么到后来，"革命"一词则取得了更为神圣不可动摇的地位。"瑞先生"（Revolution）几乎取"赛先生"和"德先生"而代之了。⑤ 自然科学这一近代世界社会发展史上的重要力量，长久以来在中国的发展却步履维艰，在科学为政治服务、科学为经济服务的巨大现实压力下，科学的求真、娱乐功能被遮蔽不彰，从而对个体爱好科学的兴趣、动力机制造成了种种羁绊。

---

① 丁邦平. 国际科学教育导轮. 太原：山西教育出版社，2002.38
② 廖军和. 晚清科学教育思想研究（1840～1911）. 上海：华东师范大学，2006届硕士论文
③ 何兆武. 中国传统思维与近代科学. 文汇报，1992－03－10
④ 张惠芬，金忠明. 中国教育简史（修订版）. 上海：华东师范大学出版社，2001.424
⑤ 刘佛年. 回顾与探索——论若干教育理论问题. 上海：华东师范大学出版社，1991.23

中国自晚清至民国的历史进程，恰是西方工业国家凭借自然科学及其技术应用在世界各地尽逞其能的时代。中国社会在历经磨难中不断蜕变，向西方学习的过程中，科学成为一代又一代知识分子必须面对的时代命题。在这一特定时期里，国人对源于西方的近代科学的理解经历着由表入里，由浅入深，由"技术"、"知识"到"方法"、"精神"的过程，科学教育成为一股强大的社会思潮，它从学校课程、教学方式、社会科普乃至日常生活等各方面影响着人们的认知模式、行为特征以及价值取向，它在中国教育近代化的过程中起了深远而广泛的影响，对这一历史阶段科学教育思想的回顾和反思，能为今天的科学教育提供丰富的实践经验和思想资源。

美国一次大型科学展览会上，一名高中生的方案获得了一等奖。在他的方案中，他力劝人们签署一份要求严格控制或完全销毁"氢氧化物"的文件。这有充足的理由，因为，这种物质会造成流汗过多和呕吐，它是酸雨的主要成分，在气态时它会导致严重的烫伤，它是腐蚀的帮凶，它会降低汽车的刹车效率，人们在晚期癌症病人的肿瘤里发现了它。他问了 50 个人是否支持禁止这种物质。其中，43 个人表示支持，6 个人没有表态，只有一个人知道这种物质就是水。这个获奖方案的题目是："我们有多容易受骗！"[1]

我们有多容易受骗？为了让当今的社会生活更和谐美好，人们必须时时警惕自身的心理误区，而走出误区的方法，也许还是要回归清明的理性：了解科学，懂得教育，反思历史。

---

[1]　邵俊源编译. 我们有多容易受骗. 报刊文摘,2007 - 03 - 21

第一部分

晚清科学教育思想研究（1840～1911）

一、鸦片战争和洋务运动时期科学教育思想的萌芽（1840～1894）

有着悠久历史的中华文明，到了明清时期，逐渐被西方近代文明赶上并超越。尽管明末清初时期有许多开明的士绅如徐光启、顾炎武等人通过西方传教士接触了近代科学，并试图吸纳和传播，但是由于他们自身对西方近代科学的认识程度，以及当时占统治地位且仍不可动摇的儒学文化，加上后来明清政府的禁海闭关政策，西方近代文明的这次"东渐"很快就偃旗息鼓了。到了清朝晚期，虽然有开眼看世界的龚自珍、林则徐、魏源等人的主张，但是长期形成的中华文明的优越感和自信心，以及自闭的政策蒙住了朝野上下大多数人的眼睛，对西方文明抱着排斥与蔑视的心理。

从文化传播的角度看，先进的优势文化向外扩张，融合、吸纳甚至消化后进的弱势文化是客观趋势。当处于先进地位的西方近代文化以"文明"的形式在中国传播受到重重阻碍时，不可避免的将会以一种激烈的方式来进行它的扩张。"在一切关于民族'优劣'的争执中，最后的断语就在武器，它是最后的一着。"[1] 这句表面上看起来有强烈种族主义色彩的论断，放在文化传播的历史中却具备极有说服力的解释价值。默顿在《十七世纪英格兰的科学、技术与社会》一书中也以专门的一章阐明军事技术的发展需要对科学进步的影响[2]。近代科学最终打通在中国的传播渠道，也正是借助了让国人倍感屈辱的战争最终实现的。从1840年爆发的鸦片战争开始（一些小规模的战争不计），第二次鸦片战争、太平天国运动、中法战争、中日战争、义和团运动和

① ［英］马凌诺夫斯基. 文化论. 费孝通译，北京：华夏出版社，2001.4
② ［美］罗伯特·金·默顿. 十七世纪英格兰的科学、技术与社会. 范岱年等译. 北京：商务印书馆2000年版。默顿在第九章"科学与军事技术"中认为，17世纪的战争使火器对刀剑的优势变得明显，对火器的需要"或许不仅促进了早期资本主义的卫兵其提供原料的炼铜、炼锡和炼铁工业的发展，而且也是'对改进铸造技术的一个巨大刺激'。不仅如此，增进了大炮的效能就迫使人们改进防御工程技术，这又进一步提出了吸引工程师与科学家注意的技术问题"（第237页）。他还列举了许多事实说明科学家的科学研究与军事技术紧密联系，并认为"看起来情况有可能是，军事技术所产生的需要在客观的程度上影响了科学兴趣的聚焦"（第251页）。

八国联军进入北京，近代科学文化伴随着这一系列的内外战争，逐渐被国人所接触、认识，并在其威力不断显现的过程中接受和传播。

从作为近代文化内容的科学在中国传播的过程来看，也体现了这样的特征和发展轨迹。在中国人接触、认识、了解和传播近代科学的过程中，体现了一个由"技"向"道"转化的过程，虽然这个过程总体来说是渐进的、逐步转变的，但是从其发展的大势和便于研究的角度来考察，爆发于1894年的中日甲午战争是一个临界点。在中日甲午战争之前后，科学在中国的传播在形式和特点上都体现了很大的不同。本章主要考察中日甲午战争前的晚清时期科学在中国传播的思想及其特征。

（一）对近代科学的认识

中国虽然创造了辉煌的古代文明，并在科学发明上对世界发展做出了巨大贡献，但是，中国古代的本土学术中，现代意义上的科学并未占有一席之地，科学技术发明总是被视为"形而下"的末流，被视为"奇技淫巧"而难登大雅之堂。中国古代也没有鼓励科学发展的制度和环境；尽收天下英才的知识分子选拔机制——科举制度也主要以"四书五经"等儒家经典为主要内容，不涉及自然科学的内容。明清之际西方传教士利玛窦等人传来的西方文化事实上对中国文化的影响非常有限，而且很快就由于教皇的错误决策及清政府的外交政策而结束。所以，自明末以来，中国知识分子对在西方兴起的近代科学几乎一无所知。清末，官员和知识分子对近代科学的认识自然也就体现了人类认识的一般规律——由浅及深、由表及里、由现象到本质。

1. 从"器技"到"格致之学"

在中文里，"科学"这个词古已有之，如陈亮在《送叔祖主筠州高要簿序》中曾这样写道："自科学之兴，世之为士者往往困于一日之程文，甚至于老死而或不遇。"[1] 这里"科学"指的是"科举之学"。这种用法一直延续到清代末期，当时的士人学者都熟悉"科学"乃为"科举"。故国人刚一接触西人先进的近代科学技术时，并未一下子准备好用什么合适的名词来称谓。

（1）对"科学"的称谓 鸦片战争以后，面对以崭新形式出现在国人面前的西方近代科学文明成果，清朝士绅并不知道该用何种相应的名词来指称，一时之间出现了多种可以看作是指代"科学"一词的称谓。在两次鸦片战争期间和洋务运动时期，尤为如此。

从19世纪40年代到90年代，可以看作"科学"代名词的称谓主要有以下几类：

---

① 汉语大词典编辑委员会汉语大词典编纂处编. 汉语大词典（第8卷）. 上海：汉语大词典出版社，1991.57

1）"夷技"或"奇技"：魏源在其《海国图志·序》中就写道："是书何以作？曰：为以夷攻夷而作，为以夷款夷而作，为师夷长技以制夷而作。"[①]一方面由于传统的夷夏之辨，魏源仍蔑称西方为"夷"，另一方面他又看到了鸦片战争前后西方科技的显性表现形式"坚船利炮"所代表的先进科技成果。由于时人对当时处于先进地位的近代科学了解有限，而魏源已代表了国人最前沿的认识水平，所以，他在这里所称的"夷技"应可视为近代科学。另有当时一些保守士绅，更是蔑称近代科技为"奇技淫巧"，如管同《禁洋货议》，徐子苓《与邵位西拟言时事书》等篇均认为洋人以"奇技淫巧""坏我心"或"愚中国人"。[②]

早期的洋务官员拘于眼界，还常视"制器"为近代科技，如曾国藩曾说："若我国欲求自强之法，需以改革吏治及选拔聪颖子弟为急务，以可造炸药，火轮乃至其他制器之技艺为首要"；"洋人制器，出于算学，其中奥妙，皆有图说可循。"[③]

就科学而言，较之科学的原理、科学的方法等等，"技"与"器"显然具有较为外在的性质。鸦片战争后一段时期内，国人甫一接触近代科学，对其认识仅限于此也是很正常的。

2）"西学"或"洋学"：随着对以西方为代表的近代科学认识程度的加深，国人逐渐意识到以"技"或"器"这样的称谓并不能准确指代西方科学技术。因此，洋务运动时期，清朝士绅逐渐寻找新的名词来替代"夷技"的叫法。虽然"西学"这个名词是一个很笼统、很宽泛的概念[④]，但它在清末刚出现时，所指称的主要还是近代自然科学和技术，如冯桂芬于1861年完成的《校邠庐抗议·采西学议》中所提倡的应"采"之"西学"大都是近代科学技术。当时的洋务派领袖之一奕䜣在其总理衙门奏折中也这样写道："臣等伏查此次招考天文、算学之义议，并非矜奇好异，震于西人术数之学也。"[⑤]

此外，当时还有人称近代科学技术为"洋学"的，如大理寺少卿王家璧在奏折付片中说："今欲弃经史章句之学，而尽趋向洋学，试问电学、算学、化学、技艺学，果足以御敌乎？"[⑥] 他在这里所说的"洋学"，明显是在指代"电学、算学、化学、技艺学"等近代科学技术。

用"西学"或"洋学"的叫法来指称科学，在后人看来显然不是那么恰

---

① 陈学恂主编.中国近代教育文选.北京:人民教育出版社,2001.2

② 郑振铎编.晚清文选(卷上·卷中).北京:中国社会科学出版社,2002.40、74

③ 转引自[美]乔纳森·斯潘塞著.改变中国.曹德骏等译,北京:中华书局,1990.147

④ 栗洪武著.西学东渐与中国近代教育思潮.北京:高等教育出版社,2002.3

⑤ 中国史学会主编.洋务运动(二).上海:上海人民出版社,1961.26

⑥ 同⑤,第129页

当，但从近代社会"西学东渐"的进程来看，这种称谓无疑是合乎认识发展逻辑的，也体现了清末知识分子逐渐意识到在西人显性的"奇技"与"利器"背后，还有一种"学"为之基础，体现了国人对近代科学认识程度的加深。

3）"格致之学"：用"格致"一词来指称兴起于西方的近代科学，最早始于晚明知识分子。徐光启认为西学中有"格物穷理之学"，将之纳入中国儒学框架中，突破了当时保守士大夫因"夷夏之防"而设的文化阻障，在观念上为引入西学架起一座桥梁。① 清末知识分子在没有找到更合适的指称近代科学的名词之前，接受并沿用了"格致"一词来概括西方的先进知识与技艺。

据学者金观涛和刘青峰的研究，清末大量使用"格致"一词来指称近代科学是在 1870 年以后。② 但当时不同人在"格致"一词的使用上，意义是有区别的，有时就是指近代自然科学，有时则可能是指更狭义的物理学。如，《清会典》记录同文馆课程，分"外国语言文字、天文、舆图、算学、化学和格致"，表明"格致"和其他学科是并列的。虽然动植物学也归为格致类，但严格说来，格致由七门课组成，它们是"力学、水学、声学、气学、火学、光学、电学"。③ 这七门课均是属于制造基础的物理学（包括部分化学原理）。也就是说，在某些场合下，某些人所说的"格致"差不多等同于物理学，如李鸿章在"筹议海防折"中奏称：

"拟请嗣后凡有海防省份，均宜设立洋务局，择通晓时务大员主持其事。分为格致、测算、舆图、火轮、机器、兵法、炮法、化学、电气等数门，皆有切于民生日用军器制作之原。"④

这里的"格致"与"测算、舆图、火轮、机器、兵法、炮法、化学、电气"等其他学科并列，这和同文馆课程中的"格致"，意思上应该是一样的。而后来在士人口中所说的"格致"，则多指近代自然科学，如王韬在《弢园尺牍·代上苏抚李宫保书》中"六曰考历算、格致以观其通"⑤；郑观应在《盛世危言·西学》中"各国最重格致之学，英国格致会颇多，获益甚大，讲求格致新法者约十万人"⑥ 等语中所言"格致"即是此意；《汉语大词典》中

① 樊洪业."科学"概念与《科学》杂志.科学社网：http://www.kexuemag.com/artdetail.asp? name =79,2005－02－10

② 金观涛、刘青峰.从'格物致知'到'科学'、'生产力'——知识体系和文化关系的思想史研究.载世纪中国网：www.cc.org.cn,2005－01－20

③ 熊月之著.西学东渐与晚清社会.上海：上海人民出版社,1994.306

④ 中国史学会主编.洋务运动（一）.上海：上海人民出版社,1961.54

⑤ 同④，第509页

⑥ 夏东元编.郑观应集（上册）.上海：上海人民出版社,1982.276

"格致"词条也有"清末对物理、化学等自然学科的统称"①之释义。由"格致"指称自然科学的用法，直到"科学"一词引入才逐渐消失。

（2）称谓变化的背后：由"技"到"学"　代表科学称谓的符号变化这一现象，体现了鸦片战争以后国人对近代科学由陌生到初识，再到不断加深了解和认识的过程。这一过程与晚清以降"西学东渐"的大背景相一致，也体现了晚清以来包括一部分有见识的官员在内的社会各界向外部学习，求富求强的奋斗历程。

由于发端于西方的近代科学文明是由"坚船利炮"等激烈的暴力方式展现在中国人面前，并且显示了其强大威力，因此，时人对近代科学的认识最初就是这样直观、外显的。他们慨叹、震慑于泰西技器的威力，并出于"强兵"的考虑，首先对泰西的军事技术产生了浓厚兴趣。此时，他们（尤其是洋务派官员）并没有认识到这"坚船利炮"背后强大、先进的科学力量的支撑，如李鸿章驻师沪上，目击外国军队作战，惊叹其枪炮之精纯，强调说："西人专恃其枪炮、轮船之利，故能横行于中土。……自强之道，在乎师其所能，夺其所恃耳"；曾国藩表示："欲求自强之道，总以修政事、求贤才为急务，以学作炮、学造轮舟等具为下手功夫。但使彼之所长，我皆有之"；左宗棠也说："西洋各国恃其船炮横行海上，每以其有傲我所无，不得不师其长以制之。"②

在向西方学习的过程中，晚清士绅很快发现"坚船利炮"背后有着更精深的自然科学。他们对科学的认识也自然地渐渐摆脱"技器"而上升到"学"的层面。在这个过程中晚清洋务官员和知识分子首先认识到算学的重要作用。曾国藩指出："洋人制器，出于算学，其中奥妙，皆有图说可寻。特以彼此文义，扞格不通。故虽日习其器，究不明夫用器与制器之所以然"③。出于对算学重要性的认识，京师同文馆于 1867 年奏请开设天文算学馆，奕訢在奏折中道"窃臣等前因制造机器、火器必须讲求天文、算学，议于同文馆内添设一馆，招取满汉举人"④。此外，洋务思想家李善兰、冯桂芬等人对此认识更早。冯桂芬在《采西学议》中写道："其述耶稣教者，率猥鄙无足道。此外如算学、重学、视学、光学、化学等，皆得格物至理。舆地书备列百国山

①　汉语大词典编辑委员会汉语大词典编纂处编. 汉语大词典（第 4 卷）. 上海：汉语大词典出版社，1989.995

②　转引自贾小叶："晚清督抚西学观念的演进——以沿江沿海督抚为中心的考察"，中国社会科学院近代史研究所编：《中国社会科学院近代史研究所青年学术论坛 2002 年卷》，北京：社会科学文献出版社，2004.732

③　郑振铎编. 晚清文选（卷上·卷中）. 北京：中国社会科学出版社，2002.732

④　朱有瓛主编. 中国近代学制史料（第一辑上册）. 上海：华东师范大学出版社，1983.14

川厄塞风土物产，多中人所不及。"① 这些都说明当时对近代科学的认知已突破了船炮等利器的拘囿，真正上升到"学"的层面了。19世纪70年代后，随着洋务运动的展开，国人对近代科学的认识由测算之学向声光化电延伸，逐渐认识自然科学的整个体系。如李鸿章指出洋学"分为格致、测算、舆图、火轮、机器、兵法、炮法、化学、电气等数门，皆有切于民生日用军器制作之原"②。张之洞指出："查西学门类繁多，除算学囊多兼通外，有矿学、化学、电学、植物学、公法学五种，皆足以资自强而裨交涉"③。薛福成更是提出了治学术需"专精"的观点："士之所研，则有算学、化学、电学、光学、地学、及一切格致之学，而一学之中，又往往分为数十百种，至累世莫殚其业。工之所习，则有攻金木攻石攻皮攻骨角攻羽毛及设色搏埴，而一艺之中又往往分为数十百种。……各有专业而不相混焉。……各有专家，而不相侵焉"④。可见，到洋务运动后期，中国士绅对近代科学的认识已经有了相当的深度，除了一些杰出的科学家和思想家外，一些洋务官员对科学的认识也达到了相当的水平，如李鸿章在1889至1893每年春季为格致书院所出的课艺命题均为科学题，分别为"中西格致之说含义异同，西方格致学说源流"、"化学原质名称中译问题"、"周髀经与西法平弧三角相近说"、"杨子云难盖天八事以通浑天说"、"以月离测经度解"⑤，如果不是对科学有相当程度的认识，很难想象他会出这样难度的科学课艺命题。

19世纪70年代以后，由于国内各种新式学堂的开办，这些新式学堂中的学生通过学习，在一定程度上对近代科学有所了解和掌握。虽然这些学堂所授科学课程的深度和难度只相当于泰西各国中小学程度⑥，但是这些学生对近代科学的认识、了解和掌握已经大大加深，熟悉程度已经超越了他们的前辈。这些从《格致书院课艺》中的学生答卷内容就可以看出来⑦。

对近代科学的认识由"技"上升到"学"的层面，一方面有利于打破中国士绅和各阶层人心中传统的中国中心观；另一方面有助于纠正国人心中对科学长期存在的误解，提升科学在国人心目中的地位，转变对科学这种"泰西之学"的态度，有利于科学的进一步传播、启蒙。

---

① 冯桂芬.校邠庐抗议.郑州：中州古籍出版社,1998.209
② 中国史学会主编.洋务运动（一）.上海：上海人民出版社,1961.54
③ 苑书义、孙华峰、李秉新主编.张之洞全集（第一册）.石家庄：河北人民出版社,1998.342
④ 郑振铎编.晚清文选（卷上·卷中）.北京：中国社会科学出版社,2002.297
⑤ 熊月之.西学东渐与晚清社会.上海：上海人民出版社,1994.373～386
⑥ 夏东元.郑观应集（上册）.上海：上海人民出版社,1982.295
⑦ 熊月之在《西学东渐与晚清社会》一书第八章"格致书院：科学之家"中引用了一些书院学生的课艺答卷内容；《申报》第44册，第641、655页还专门全文刊载了格致书院学生杨史彬的课艺答卷"论采炼钢铁织纺纱布"，并称其"观察、原评、考究西书颇窥门径。"

2. 国人对近代科学心态的转变：从拒斥到接受

晚清时期，国人对近代科学技术的态度并不是一开始就采取开放的接受和学习姿态的，从一开始的轻蔑、拒斥，到逐渐接受、学习，经历了一个很长的时期。

（1）形而下的"雕虫小技"、"奇技淫巧" 由于长期的封闭，当时的中国官员和知识分子对西方文化一无所知或知之甚少，他们对包括文化在内的西方事物大都持有一种不屑一顾和拒斥的态度。如著名的禁烟英雄林则徐也曾持此态度，他在《拟谕英咭利国王檄》中写道：

"中国曾有一物危害外国否？况如茶叶大黄，外国所不可一日无也。中国若靳其利而不恤其害，则夷人何以为生？又外国之呢羽哔叽，非得中国丝斤不能成织。若中国亦靳其利，夷人何利可图？其余食物，自糖料姜桂而外，用物自绸缎磁器而外，外国所必需者，曷可胜数。而外来之物，皆不过以供玩好，可有可无。既非中国要需，何难闭关绝市。"①

即认为外来之物只不过是"以供玩好，可有可无"，他对西方的认识也是在到广州以后逐渐清晰的。在鸦片战争前后，清朝士绅的这种将西方近代科学成果视作"雕虫小技"、"奇技淫巧"而不屑一顾的心态，从这一时期的文献中可以看出较为普遍。②

虽然两次鸦片战争和镇压太平天国运动使一些满清官员如林则徐、奕訢、曾国藩、左宗棠、李鸿章等看到了泰西"坚船利炮"的威力，并极力主张学习西方之长技，但是举国士绅大多数仍严守"夷夏之辨"，以井蛙心态排斥泰西各国发达的近代科学技术。更有人以此种心态强烈反对洋务派开办洋务学堂、兴办洋务企业、译西书等举措。如光绪元年（公元 1875 年）于凌辰奏折中强烈反对师"夷技"：

"立国贵善用所长，制敌要先知所畏。洋人之所长在机器，中国之所长在人心。……其畏我人心，更甚于我之畏彼利器。……复不可购买洋器、洋船，为敌人所饵取。又不可仿照制造，暗销我中国有数之帑项，掷之汪洋也。"③

当奕訢等人奏请皇帝在同文馆添设天文算学馆时，还遭到了张盛藻、倭仁、杨廷熙等为代表的守旧派的强烈反对，并进行了激烈的论争。在论争过程中，士大夫们多站在守旧派一边，以公开和不公开的形式予以声援。当时有人写对联云：

"鬼计本多端，使小朝廷设同文之馆；

---

① 郑振铎编. 晚清文选（卷上·卷中）. 北京：中国社会科学出版社，2002.5
② 如管同. 禁洋货议，徐子苓. 与邵位西拟言时事书
③ 中国史学会主编. 洋务运动（一）. 上海：上海人民出版社，1961. 121～122

军机无远略，诱佳弟子拜异类为师。"①

这场论争最后虽然在朝廷的干预下，形式上以守旧派失败而告终，但是它在当时士人中的影响却是非常负面的。以致于1867年天文算学馆招生的标准不得不放宽，而且招收的生员在数量和质量上都不尽如人意，致使天文算学馆处于名存实亡的状态。

即使不抱拒斥的心理，在一些士绅眼中，近代科学技术也不过是一些"以供玩好，可有可无"的"奇技淫巧"罢了。京师同文馆总教习丁韪良为电报班教学，自己花钱从美国买来两套电报装置，请高级官员们前来观看，他们面对这两套"巧器"玩得十分痛快。他们看着电线之间火花跳跃，钟摆不停摇动，高兴得哈哈大笑。一旦玩够了，竟无一人对仪器的工作原理感兴趣。这些标志着新时代来临的机械装置，最后像一堆烂木头，扔在学校的保管室无人问津②。以致于丁韪良慨叹："在科学方面，他们却仍然是孩子"③。

（2）作为"中学"之"辅"条件下的接受和学习　实际上，鸦片战争前后已经有一批中国知识分子和官员认识到了近代科学技术的力量和作用，并主动积极地学习和接受，比如龚自珍、林则徐、魏源、徐继畬等人以及迟一些的冯桂芬、徐寿、李善兰、王韬、郑观应等思想家或科学家。他们能够以较为冷静、客观的态度对待扑面而来的近代科学技术，并为近代科学技术的传播和启蒙摇旗呐喊或身体力行。

1）从提高军事技术出发的接受和学习：晚清开明知识分子和官员对西方近代科学技术的接受是以富国强兵为出发点的。尤其是几次对外战争的失败和镇压太平天国运动中火枪火炮的威力更使他们认识到这一点，因此最先在军事上接受和学习先进的近代科学技术也就不足为怪了。在这种"自强"、"御夷"的出发点下，魏源等人认为："善师四夷者，能制四夷；不善师外夷者，外夷制之"。故，"有用之物，即奇技而非淫巧"，因此，应"尽收外国之羽翼为中国之羽翼，尽转外国之长技为中国之长技，富国强兵，不在一举乎？"④

在这种思想推动下，当时一些潜心于实学的智巧之士起而研究并仿造西器，如宁波官员龚振麟在鸦片战争期间就仿制蒸气驱动的火轮，福建士人丁拱辰自行设计、制作了机动船模型，科学家徐寿制造了"黄鹄"号轮船，当

①　孙培青主编. 中国教育史. 上海：华东师范大学出版社，2000. 302
②　［美］乔纳森·斯潘塞. 改变中国. 曹德骏等译，北京：中华书局，1990. 139
③　［美］丁韪良. 花甲记忆——一位美国传教士眼中的晚清帝国. 沈弘、恽文捷、郝田虎译，桂林：广西师范大学出版社，2004. 202
④　魏源. 魏源集. 北京：中华书局，1976. 206

时一些士人还编写了制作火器和机器的图书等等①。

洋务派的官员们对军事科学技术的学习更是重视。如李鸿章认为："外国利器强兵，百倍中国，内则狃处辇毂之下，外则布满江海之间，实能持我短长，无以扼其气焰。""惟深以中国军器远逊于外洋为耻，日诚谕将士虚心忍辱，学得西人一二秘法，期有增益而能战之"②。曾国藩表示："欲求自强之道，总以修政事、求贤才为急务，以学作炮、学造轮舟等具为下手功夫。但使彼之所长，我皆有之"；左宗棠也说："西洋各国恃其船炮横行海上，每以其有傲我所无，不得不师其长以制之"③。福建按察使裴荫森在"请拨款制船疏"中也写到："欧洲大局已成连横之势，中国若再拘于成见，情形岌岌可危。除制炮造船，教将练兵，别无自强之道"④。

因此，洋务运动开始时期所设的各制造局、洋务学堂等，基本都是军事性质或为军事服务的。后来，人们越来越认识到仅限于军事学习是不行的，因此，逐渐在民生等其他领域也开始接受和学习近代科学技术。但在 19 世纪 90 年代以前，这种学习大多数还是在军事领域。

2）接受和学习近代科学技术范围的延伸：随着学习西方的展开和深入，中国人观察世界的视野已有所拓宽，对近代科学技术的学习已不仅仅局限于"船坚炮利"的军事领域，而且向民生领域延伸，对工业生产、自然科学知识乃至资本主义国家的若干制度，都有所认识⑤。这个趋势和必然性，洋务官员和先进的知识分子也都已看到了，因而促使中国学习西方近代科学技术的速度和步伐大大加快。

如李鸿章认为洋学"格致、测算、舆图、火轮、机器、兵法、炮法、化学、电气等"，"皆有切于民生日用军器之作之原"⑥。冯桂芬认为"算学、重学、视学、光学、化学等，皆得格物至理"；这些"格致"之学"可资以授时"，"可资以行水"，"可资以治生"，且"其他凡有益于国计民生者，皆是"⑦。王韬认为西学"即实学，如像纬舆图、算测、光学、化学、电学、兵学、医学、制器、炼金、矿物等，均是实用之学，所以有益于世，有裨于

---

① 段治文.中国现代科学文化的兴起 1919～1936.上海：上海人民出版社，2001.19
② 转引自苑书义.李鸿章传.北京：人民出版社，1995.112、67
③ 转引自贾小叶："晚清督抚西学观念的演进——以沿江沿海督抚为中心的考察"，中国社会科学院近代史研究所编.中国社会科学院近代史研究所青年学术论坛 2002 年卷.北京：社会科学文献出版社，2004.732
④ 郑振铎编.晚清文选（卷上·卷中）.北京：中国社会科学出版社，2002.221
⑤ 张惠芬、金忠明编.中国教育简史.上海：华东师范大学出版社，2001.397
⑥ 中国史学会主编.洋务运动（一），上海：上海人民出版社，1961.54
⑦ 冯桂芬.校邠庐抗议.郑州：中州古籍出版社，1998.209～210

人"①。到洋务运动晚期，这种思想在包括科学教育在内的西学传播中就被更多的人所接受和秉持，他们不仅把格致之学视为制器强国的基础，而且将其与礼乐教化联系起来：

"泰西各国学问，亦不一其途，举凡天文、地理、机器、历算、医、化、矿、重、光、热、声、电诸学，实试实验，确有把握，已不如空虚之谈。而自格致之学一出，包罗一切，举古人学问之芜杂一扫而空，直足合中外而一贯。盖格致之学者，事事求其实际，滴滴归其本源，发造化未泄之苞符，寻圣人不传之坠绪，譬如漆室幽暗而忽然一灯，天地晦冥而皎然日出。自有此学而凡兵农、礼乐、政刑、教化，皆以格致为基。是以国无不富而兵无不强，利无不兴而弊无不剔"。②

这段话是格致书院学生王佐才在其课艺答卷中所写，由此可见当时的知识分子对作为格致之学的近代科学在国计民生中的作用已经有了深刻的理解。

3）"以中国之伦常名教为原本，辅以诸国富强之术"：虽然鸦片战争后，学习西方先进科学技术之风渐开，但早期的知识分子以及后来的洋务知识分子，他们对待近代科学技术的认识和态度如前所说是有一个渐进的过程的，而这个过程则是在中国知识分子所死守的"夷夏之防"思想背景下展开的，即"用夏变夷"可，"用夷变夏"则不可。

守旧派与洋务派其实都遵循着这个思想，只不过两者的实际主张恰好背道而驰。守旧派从"夷夏之防"出发，得出的结论是拒斥以先进科学技术为代表的一切"西学"、"洋货"，认为中国之长"贵在人心"，不能用西人的"奇技淫巧"来"坏我心"、"愚中国人"，而要"固我士卒之心，结以忠义，不必洋人机巧也"③。而要使士人皆学近代科学技术，并视其为"正途"，则更是万万不可的，那样只会导致士人"重名利而轻气节，"若无气节则"安望其有事功哉？"④ 学西学有所成就者不过"术数之士"，是不能"起衰振弱"的，故读书人不能为其"所惑"。这样就"适堕其术中耳"⑤。

洋务派知识分子虽然也从"夷夏之防"出发，但是他们却提出了相反的主张，并为之辩护。他们也认为西学、西书"其述耶稣教者，率猥鄙无足道"，但"此外如算学、重学、视学、光学、化学等，皆得格物至理"，"多

① 转引自张惠芬、金忠明编.中国教育简史.上海：华东师范大学出版社,2001.398
② 格致书院学生王佐才的"课艺答卷"，出自1893年《格致书院课艺》(第1册)，转引自杨国荣.技与道之间——近代科学观念的早期变迁,中国哲学史1998,3:16
③ 中国史学会主编.洋务运动(一).上海：上海人民出版社,1961.122
④ 朱有瓛主编.中国近代学制史料(第一辑上册).上海：华东师范大学出版社,1983.551
⑤ 同④，第552~553页

中人所不及"①。况且西学格致"不过艺而已矣，于吾圣贤之学何害乎？况国家之利害所关，即吾人之身心性命所在，亦即圣贤之废兴存亡所系，安可鄙弃而不屑讲求乎？"② 这种思想被知识分子汇入到晚清兴起的"经世致用"思潮中，西方的"格致之学"也被纳入到"实学"里，在"西学中源"的招牌下③，加以提倡和学习。因此，对近代科学技术的接收和学习也是以不违背中国传统伦常纲纪为前提的，即不能"用夷变夏"。如冯桂芬在《制洋器议》中说到："且用其器，非用其礼也"④。沈葆桢在《察看福州海口船坞大概情形疏》中也主张："今日之事，以中国之心思，通外国之技巧可也，以外国之习气，变中国之性情不可也"⑤。这个思想也就是冯桂芬所提出的"以中国之伦常名教为原本，辅以诸国富强之术"⑥ 的思想，被中国知识分子广为接受，并被张之洞发展和总结为"中体西用"思想，在其著名的《劝学篇》中加以阐发。

（二）对科学教育的认识

当代学者何兆武认为，近代科学的发展必须具备两方面的物质条件：首先必须要和某个社会阶级的利益密切结合在一起，也就是说这个阶级本身的利益需要科学；其二是科学必须受到现存政治社会体制的尊重和鼓励，亦即现存的政治社会体制必须能够把大量的聪明才智吸引到科学事业上来。⑦ 只有符合了这两个条件，这个既得利益的阶级才会动用各种资源和手段在现有政治社会体制下自上而下的进行科学推广和传播，缺少了这两个条件，科学的发展就会受到阻碍⑧。到了洋务运动时期以皇帝为代表的皇族人员和洋务派官员逐渐意识到自身利益与先进的科学技术相结合的必要性，并且开始愿意接

---

① 冯桂芬.校邠庐抗议.郑州:中州古籍出版社,1998.209
② 中国史学会主编.洋务运动(一).上海:上海人民出版社,1961.177
③ 当时知识分子大都认同"西学中源"说,如郑观应说:"今天下兢言洋学矣。其实彼之天算地舆数学化学重学光学汽学电学机器兵法诸学,无一非暗袭中法而成。第中国渐失其传,而西域转存其旧"(《盛世危言·藏书》)。罗应旒认为:"机汽之学,西人赖以富强者,其发端皆自吾中国始。如周公之指南,公输之木鸢……惟吾圣贤之道本乎中庸,不尚奇巧,一以正大,不事小道,故机械一发而即遏之"(《洋务运动(一)》,第177页)。当时还有人专门从儒家子学中研究"西学中源"的,如《申报》上海书店影印版第13册第61页有人撰题为《论中国学者将尚子书》(1878年)的文章,认为"子书中有格致之术"。王仁俊所编撰的《格致古微》一书则可说是"西学中源说"之集大成者。
④ 冯桂芬.校邠庐抗议.郑州:中州古籍出版社,1998.200
⑤ 郑振铎编.晚清文选(卷上·卷中).北京:中国社会科学出版社,2002.189
⑥ 同④,p211
⑦ 何兆武.文化漫谈.北京:中国人民大学出版社,2004.73~74
⑧ 如美国学者约翰·劳林逊(John L. Rawlinson)教授在分析鸦片战争后至洋务运动前中国近代化夭折的原因时认为:"并不是中国没有足够的经费来支持试验,纵将相对地说中国没有优秀轮船制造人才的养成,也不是缺乏这方面的技艺。主要的问题还是中国官方的态度阻碍了试验的进行"。转引自戚其章.《南京条约》与中国近代化的启动,民国档案1997,2:61

受近代科学，并逐渐在体制、政策上进行改革以适应和促进科学的传播与发展，这为洋务运动时期科学教育提供了一个较为宽松的外部环境。在推动近代科学在中国的传播和启蒙的过程中，洋务官员和知识分子面对洋务人才的缺乏，在育才储才等方面都作了思考和讨论。

1. 需"精通西学之才"——科学教育的目的

洋务运动之初，洋务派主要是购买"洋器"，依靠聘用洋教官、洋顾问和洋技师，来解决缺乏科技人才和不懂近代科学技术等问题。这样既耗费财政，又导致过分倚重洋人，使中国受制于西方，对以后发展带来不利。中国的洋务官员和知识分子意识到这种做法的潜在危害，认为学习外国利器不如培养制器之人；跟在外国后面仿制新器，不如学会自我制造。如李鸿章认为：

"即使仿询新式，孜孜效法，数年而后，西方制出新奇，中国人又成故步，所谓随人作计，终后人也"①。

而且当时国内确实出现了"有船而无驾驶之人，有炮而无测放之人，有水雷鱼雷而无修造演习之人，有炮台而不谙筑造攻守之法，有枪炮而不知训练修理之方"②，"我都护以下之于彼国，则懵然无所知"③ 的局面，可见当时洋务人才十分缺乏。

造成这种"求练达兵略精通洋法者恒不数觏"情况的原因，乃是"由于不学之过，下不学由于上不教也"④ 以至于没有"咸谙西学，咸精西法，而后可以措置得宜，举动有方，足以服西人"，起到"上下可以联为一心，中外可以毫无间隙"⑤ 之作用的人才。王韬也认为，人才培养是洋务的关键环节，只有培养出明西学、知洋务的人才，洋务才能真正获得实效⑥。可以说，正是基于当时洋务缺人的客观现实，以及洋务官员和知识分子的正确认识，促使他们寻找和采取各种方式促进科学的启蒙和传播，以期达到选材、储才、用才之目的。

2. 关于科学教育（传播）手段的探讨

在鸦片战争和洋务运动时期，科学教育被看成是科学传播和启蒙似乎更为恰当，因为这一时期的中国上下几乎全都是刚接触被包括在"西学"之内的近代科学，社会各阶级和阶层全都可算是传播对象。而且，洋务运动之初，

---

① 转引自韩小林. 洋务派与近代科学技术的传播，广州大学学报（社会科学版），2002，12：13
② 同①
③ 冯桂芬. 校邠庐抗议. 郑州：中州古籍出版社，1998. 211
④ 中国史学会主编. 洋务运动（一）. 上海：上海人民出版社，1961. 52
⑤ 论中国办理洋务宜用精通西学之人. 申报，1884－10－27，上海书店，1983，影印版第，25：949
⑥ 戴建平. 王韬科学形象初探. 江西社会科学，1999，11：42

国内也并没有形成一个能够了解、掌握近代科学的新知识群体①充当科学传播和教育的主体，因此，采取什么方式进行科学传播和教育是当时的洋务派官员和知识分子所探讨的重要问题之一。

从笔者所掌握的文献资料来看，当时洋务派官员和知识分子对科学教育和传播方式的认识还是比较一致的，主要集中在翻译西书、开设学堂、派遣留学生等几个方面。

（1）翻译西书　洋务官员为了防止受制于洋人，十分重视西学书籍的翻译，如曾国藩认为"盖翻译一事，系制造之根本"，所以，必须"另立学馆，以习翻译"②。洋务派设立的比较著名的翻译机构是京师同文馆的译书局和江南制造局的翻译馆。又以江南制造局翻译馆所译科学技术书籍数量为多。随着翻译西书数量的增加，译书的质量也被人所关注。郑观应就曾针对各制造局肄业生"无有成一艺可与西人相颉颃者"，皆因所译之书"皆非精通其艺之人所译"，因此，他认为，"为翻译者，尤须中、西文理俱优，方能融会贯通。"③

（2）开设学堂　为了培养洋务人才，洋务派主张"多设学堂随地教人"乃"储才之要端也"④。而为了军事和制造需要，他们主张在这些新式的洋务学堂课程中开设近代科学技术的内容。如李鸿章认为学校中应开设"格致、测算、舆图、火轮、机器、兵法、炮法、化学、电气学数门"；罗应旒建议"改京师太学及直省书院为经世书院，……院中又延西学师一人以讲求机汽、算学、重学、电学之类"；朱采也建议"设艺院于京师及沿海各省，专讲求造船、简器、测算、制造、海程、舆图、枪炮攻守之法"⑤。

当时的洋务派知识分子还向国人介绍泰西各国的学校，并基于自身对泰西学校的了解，提出建立新式学堂的看法和建议。如郑观应在《学校上》中较为详细介绍了泰西各国学制、教育内容等，并在其后附上《德国学校规则》、《英、法、俄、美、日本学校规则》、《英、德、法、俄、美、日六国学校数目》，作进一步介绍⑥。马建忠在"上李相伯覆议何学士如璋奏设水师书"中也提出了他的建议：

"一曰分设小学以广收罗。……

①　桑兵在《清末新知识界的社团与活动》(生活·读书·新知三联书店 1995.2)中认为，中国近代新知识群体主要由留学生、国内学堂学生以及接受西学的开明士绅三部分人组成。

②　国史学会主编.洋务运动(四).上海：上海人民出版社，1961.79

③　郑观应.西学.引自夏东元编.郑观应集(上册).上海：上海人民出版社，1982.286

④　中国史学会主编.洋务运动(一).上海：上海人民出版社，1961.259

⑤　同④，第53、174、349页

⑥　夏东元编.郑观应集(上册).上海：上海人民出版社，1982.245～264

二曰设立大学院以专造就。……拟仿西国章程，于水师衙门左近设一大书院，定为年限，分立各科。凡小学送入幼童，即教以英国文字，以华语教以几何、八线、审面、重力、流热、光电以致天文、舆图及格致诸学之浅近者，圈读中国史鑑以博其识趣，通览外国史书以广其见闻。……"①

从中可以看出，当时洋务知识分子关于建设新式学堂的设想已经相当细密，在学制、录取标准、学习年限、课程设置等方面都有探讨，而且重视服务于"富国强兵"之鹄的科学技术课程成为共识。

（3）派遣留学生　1868年，中国留学的先行者容闳在交给丁日昌、文祥、曾国藩等洋务大臣的"予之教育计划"中就提出"政府宜选派颖秀青年，送之出洋留学，以为国家储蓄人才"②。这个主张被曾国藩、李鸿章等洋务大臣接受，并上奏朝廷批准。曾国藩在同治十年（公元1871年）的奏折中明确提出了派遣留学生的目的：

"自斌椿及志刚、孙家谷两次奉命游历各国，于海外情形亦已窥其要领，如舆图、算法、步天、测海、造船、制器等事，无一不与用兵相表里。凡游学他邦得有长技者，归即延入书院，分科传授，精益求精，其于军政船政直视为身心性命之学。今中国欲仿其意而精通其法，当此风气既开，似宜亟选聪颖子弟，携往外国肄业，实力讲求，以仰副我徐图日强之至意。"③

这就决定了派遣出去的留学生所要学习的乃是与"徐图日强"紧密结合的"舆图、算法、步天、测海、造船、制器"等以应用为主的科学技术。洋务派其他官员也大都持此认识，如李鸿章在"选派闽厂生徒出洋习艺并酌议章程疏"中说："臣等往返函商，窃谓西洋制造之精，实源本于测算格致之学，奇才迭出，月异日新。……若不前赴西厂观摩考索，终难探制作之源"④，通过留学使中国培养人才，不致"终后人也"。

当时选派留学生赴何国学习也有争议，主要是集中在英、法、美三国，左宗棠以实事求是的客观态度主张"既遣生徒赴西游学，则不必指定三处，尽可随时斟酌资遣"⑤，因为各国制造各有所长，不必拘于一处。

这种派生徒留学后来又扩展到朝廷派官员出国游历和民间的知识分子出国游学，如1878年《申报》登载的一篇题为"游学说略"的文章，作者就称受同乡姚彦嘉随同郭嵩焘出使英国所写的日记所感，并在与西人的交流中获知泰西各国重视和鼓励有专长学问之人出国游学和游历，感慨"毋怪乎各西

---

① 中国史学会主编.洋务运动（一）.上海：上海人民出版社，1961.432
② 陈学恂主编.中国近代教育文选.北京：人民教育出版社，2001.33
③ 中国史学会主编.洋务运动（二）.上海：上海人民出版社，1961.153
④ 郑振铎编.晚清文选（卷上·卷中）.北京：中国社会科学出版社，2002.184
⑤ 朱有瓛主编.中国近代学制史料（第一辑上册）.上海：华东师范大学出版社，1983.390

国之所以日富而日强也"，认为出洋学习是"古人之游学"旨意的继续①。事实也确实证明了，归国的留学生以及出国游历过的开明官员和先进知识分子，在国外亲历了西国政治、经济、社会、科学技术的发达，学得了先进的科学技术之后，对近代中国的科学技术传播起了重要的促进作用。

除了以上三种主要的培养人才、传播科学的途径之外，当时的官员和知识分子也很重视其他传播科学技术的手段，如出版报纸、开设博物院等。19世纪70年代以后清朝出版的较有代表性的报纸有《京报》、《申报》、《Sing Pao》等，《京报》是创办最早的，主要刊载皇帝和朝廷官员的言论、政策等；《申报》是在外国人指导下出版的，订户也最多；《Sing Pao》是在官方支援下办的，是《申报》的竞争对手，但是印数和订户都不如《申报》②。这些报纸也是传播近代科学的重要窗口。另外时人也认识到西方博物院对科学的普及和传播作用，也有人加以议论，并在上海等地出资兴建了此种科学传播场所③。

3. 要求改革科举，冲破科学教育和传播的思想阻碍

科举考试是自隋唐以来历朝最主要的选拔人才途径，无数士子视之为博取功名、光宗耀祖的进身之阶。但是到清朝末期，科举考试流弊丛生，内容空疏无用，"禁锢生人之心思材力，不能复为读书稽古有用之学者"，"意在败坏天下之人才，非欲造就天下之人才"④。但是，国家这种选拔人才的"正途"决定着天下士人所学的内容和方向，即决定着学堂教育的内容，也决定着近代科学教育和传播能否顺利进行和扩展，因此改革科举考试的呼声从洋务运动之初就不曾断过。

纵观洋务运动时期，洋务官员和知识分子大多是从富国强兵的角度出发，要求对科举进行改革，而少有提出废除科举考试主张的。在这些变革主张中，大多是建议在考试中另设特科或专设一科，以选拔通算学格致之人才。如李鸿章主张：

"中国欲自强，则莫如学习外国利器；欲学习外国利器，则莫如觅制器之器，师其法而不必尽用其人；欲觅制器之器与制器之人，则当专设一科以取士"⑤。

"臣愚以为科目即不能骤变，时文即不能遽废，而小楷试帖，太蹈虚饰，

① 游学说略. 申报,1878-1-17,上海书店,1983,影印版,12:141
② 中国史学会主编. 洋务运动(八). 上海:上海人民出版社,1961.417
③ "创设博物院",申报,1875年10月7日,上海书店1983年影印版第7册,第433页;"拟创设博物馆小引",申报,1888年7月12日,上海书店1983年影印版第33册,第335页。
④ 冯桂芬. 改科举议. 引自陈学恂主编. 中国近代教育文选. 北京:人民教育出版社,2001.23
⑤ 钟叔河. 走向世界——近代中国知识分子考察西方的历史. 北京:中华书局1985.307

甚非作养人才之道。似应于考试功令稍加变通，另开洋务进取一格，以资造就"①。

李鸿章设想以此方式，能够建立一种通过实现功名富贵而激励士人学习科学技术的培养和选拔人才的制度，"士终身悬以为富贵功名之鹄，则业可成，艺可精，而才亦可集"②。其他洋务官员在上奏皇帝的奏折中也都提出了"特开一科，以算学考试"；"于考试经古外，加试算学"等建议③。冯桂芬在《制洋器议》中提出了更详细的建议：

"道在重其事，尊其选，特设一科，以待能者。宜于通商各口，拨款设船炮局，聘一人数名，招内地善运思者，从其受法，以授众匠。工成与夷制无辨者，赏给举人，一体会试；出夷制之上者，赏给进士，一体殿试。……夫国家重科目，中于人心者久矣，聪明智巧之士，穷老尽气，销磨于时文、试帖、楷书无用之事，又优劣得失无定数，而莫肯徙业者，以上之重之也。今令分其半，以从事于制器、尚象之途，优则得，劣则失，划然一定，而仍可以得时文、试帖、楷书之赏，夫谁不乐闻？"④

王韬对科举考试尤其是八股取士制度多次提出批评，他较早提出了废除八股取士的议论，"不废时文，人才终不能古若，而西法终不能行；洋务终不能明；国家富强之效终不能几。⑤"在其《弢园尺牍》中王韬提出了更为详尽而彻底的变革科举考试的建议：

"今请分八科以取士，拔其优者，以荐诸上：一曰直言时事以觇其识；二曰考证经史以觇其学；三曰试诗赋以觇其才；四曰询刑名、钱谷以观其长于吏治；五曰询山川形势、军法进退以观其能兵；六曰考历算、格致以观其通；七曰问机器、制作以观其能；八曰试以泰西各国情事利弊、语言文字以观其用心。行之十年，有效可见。⑥"

在当时的历史条件下，彻底废除科举考试显然是不可能的，甚至连改变它都显得阻力重重、十分困难。但是洋务派知识分子认识到了科举考试对传播科学技术的根本性阻碍，他们的这些认识和建议反映了求新求变的思想，这本身就是符合科学精神的。而且，他们的这些改革科举，添加算学、格致科的主张，本身就是很好的科学教育和传播之举，也为后来科举取士的最终废除埋下了伏笔。

---

① 中国史学会主编.洋务运动(一).上海:上海人民出版社,1961.53
② 张晓丽.李鸿章的科技思想及实践初探.合肥工业大学学报(社会科学版),2004,1:67
③ 宝廷、陈琇莹、奕環、奕劻等均对科举考试提出了一些改革建议,见洋务运动(一).203~211
④ 冯桂芬.校邠庐抗议.郑州:中州古籍出版社,1998.199
⑤ 戴建平.王韬科学形象初探.江西社会科学.北京:人民教育出版社,1999,11:42
⑥ 同①,p509

（三）新式学堂教育中所体现的科学教育思想

中国传统的学堂在科举取士制度下，早已沦为其附庸，学堂所教大都是楷书、试帖、应试八股等空疏无用的内容；教学方法也只是一些死记硬背的灌输方法。这些与八股取士紧密联系的学校无法满足为办理洋务培养人才的需求，更谈不上承担科学教育的任务了，因此，洋务派便兴建了一些新式学堂。据不完全统计，到甲午战争，中国人开设的新学堂约有 25 处[①]。这些学堂承担了培养新型人才的任务，使包括近代科学技术在内的西学开始在中国学校教育中占有一席之地，客观上也起到了进行科学教育和科学传播的作用，其办学和教育过程中所体现的科学教育思想对科学教育思想和实践的进一步发展也都起到了促进作用。

本节主要从新式学堂科学教育的学校制度、课程、教学方法等方面对其中所体现的科学教育思想加以分析。

1. 新式学堂的学校制度中体现出的科学教育思想

洋务派创办的新式学堂为了培养精通西学人才的需要，在办学上也大都借鉴和学习了西方的学校制度，在修业年限、教学与学生管理、考试等方面都有相关制度，以使学生能够更好地学习制造、格致等科学技术。

在修业年限上，京师同文馆的课程表分为八年制和五年制两类，五年制是专为年龄稍长且已有一定中学基础的学生所设。福建船政学堂规定肄业五年为限；上海广方言馆规定"肄业三年期满"[②] 等。这种修业年限规定，既考虑到不同学生的实际情况，又尽力在时间上保证学生能够较好的同时学习中学和科学技术。

在教学与学生管理上，京师同文馆根据学生的中学根底、入学年龄、入学先后等情况，灵活使用了分馆和分班教学等教学管理和学生管理方式，尤其是洋务运动后期，西学渐入人心之后，来馆肄习的学生渐多，同文馆便在包括各科技馆在内的学馆中采用这种分班的办法：

"查近来风气渐开，有志之士，咸知以西学为重，来馆投效，自未便阻其向学之忱。惟到馆既有先后之分，即造诣各有浅深之别，各教习自不得不分班教授，以期循序渐进"[③]。

针对当时科举仍为士人视为"正途"，学生不专注于学习西学，整天忙于从事举业，有些学校也采取了一些管理办法，如上海广方言馆在 1867 年，将

① 桑兵. 晚清学堂学生与社会变迁. 北京：学林出版社，1995.2
② 霍益萍. 近代中国的高等教育. 上海：华东师范大学出版社，1999.21
③ 陈向阳. 晚清京师同文馆组织研究. 广州：广东高等教育出版社，2004.191

那些不学西学、只攻科举的学生一概裁撤，另招幼童入学①，以端正学风，体现了办学者保证科学教育顺利进行的意识和决心。

在考试上，为鼓励和刺激士人安心学习西学科技，洋务官员和知识分子大都主张将考试与入仕做官联系起来，如李东沅在《论考试》中提到："升至京都大书院，力学四五年。如果期满，造诣有成，考取上等者，即奖以职衔，派赴总理衙门海疆督抚，或船政制造等局当差。或充出使各国随员"；王韬也主张"甄别其勤惰，考校其优劣。三年无过，授以一官以鼓励之"②。各洋务学堂早期也大都采取如此做法，如京师同文馆规定每届三年，由总理衙门考试一次，核实甄别，优者分别授以七、八、九品官，劣者分别降格留馆③。

这些制度上的做法有些是参照西方经验，有些是沿革中国传统，但是从这些做法中可以明确看出兴办学堂者力图保证新式学堂中科学技术教育能够顺利进行，以培养精通西学的洋务人才之目的。

2. 新式学堂中的科学课程

美国的中国史专家费正清在《剑桥中国晚清史》中描述这一时期中国的教育改革时提到："教育改革的核心在于修改课程。它的主要目标当然是接纳西学"④。洋务运动时期创办的新式学堂要培养西学人才，其课程中必然要体现西学格致等诸方面内容，并且，这些新式学堂所开设的课程已经初步具有了近代学校学科分科教学的雏形。

比较有代表性的是京师同文馆的科学课程，虽然张星烺在《欧化东渐史》中称京师大学堂"实权皆在丁韪良，科学课程，官学不问"⑤。但是，丁韪良所制定的同文馆课程还是可以看作能够恰当体现洋务派官员的办学思想的。清《光绪会典》记载了同文馆主要课程的具体内容，并对文字、天文、舆图、算学、化学和格致6个主要科目基本的教学内容和方法作了简要介绍⑥。其他学堂如福州船政学堂课程包括几何、数学、重学、化学、格致等科学科目；江南制造总局附设工艺学堂制定的课程包括大量基础和实用的近代技术课程等等⑦。

这些科学课程本身体现了科学教育对中国学校中传统经学教育的冲击，科学课程的设立也必然带来新式学堂教育中教学方法等其他各方面的改变。

① 熊月之.西学东渐与晚清社会.上海：上海人民出版社,1994.341
② 郑振铎编.晚清文选（卷上·卷中）.北京：中国社会科学出版社,2002.255、522
③ 霍益萍.近代中国的高等教育.上海：华东师范大学出版社,1999.21
④ ［美］费正清编.剑桥中国晚清史（下卷）.北京：中国社会科学出版社,1985.373
⑤ 张星烺.欧化东渐史.北京：商务印书馆,2000.93
⑥ 陈向阳.晚清京师同文馆组织研究.广州：广东高等教育出版社,2004.194～195
⑦ 韩小林.洋务派与近代科学技术的传播.广州大学学报（社会科学版）,2002,12:14

3. 有关科学教育教学方法的思想

作为教育内容的课程发生改变，必然导致教学方法也相应改变以适应需要。有关洋务学堂中科学教育教学方法思想和实践的史料很少，但是在这一鳞半爪的有限资料中，还是可以管窥当时科学教育教学方法的思想。

（1）聘请洋教习、用外语教学以保证科学教育的质量　新式学堂虽开，但是国内缺乏精通西学之人，所以洋务官员们为保西学教育的质量，转而向外，聘请洋人作教习。郑观应说："学堂之法必须先延西人著名教习，次招致曾读书之学徒，聪明清白年富力强者，……分门教之，严定考课，日省月试，明申赏罚。"① 李东沅也认为："除小学堂外，各设书院，敦请精通泰西之天球地舆格致农政船政化学理学医学及各国言语政事文字律例者数人，或以出洋之官学生，业已精通返国者为之教习"②。在福州船政学堂，每一门科学技术课程都用英语或法语教学③。

（2）注重循序渐进、由浅入深　教学过程中的循序渐进、由浅入深是我国古代就已被认识到的一条教学规律，在新式学堂的科学教学中，也体现了这一思想。曾国藩在"轮船工峻并陈机器局情形疏"中说："拟俟学馆建成，即选聪颖子弟，随同学习，妥立课程，先从图说入手，切实研究"④。这表明他是主张科学技术教育也应遵循这一教学规律，由浅入深，先从"图说"开始学起的。洋务学者李凤苞在《答巴黎友人书》中对泰西儿童的教育作了介绍：

"西国孩提，教以认识实字。稍长，教以贯串文义。量其材质，分习算绘气化各学。而月杪年终，总其所习而试之。必令心领神会，手舞足蹈。不令读未解之书，不妄试未习之事。及其成人，或专一事或名一艺，而终身无一日废学者。"⑤

可见，他是认同和主张根据儿童的年龄和发展水平进行循序渐进的教育的。马建中在《上李相伯复议何学士如璋奏设水师书》中也反映了这种思想：

"凡由小学送入幼童，即教以英国文字，以华语教以几何、八线、审面、重力、流热、光电以致天文、舆图及格致诸学之浅近者，圈读中国史鉴以博其识趣，通览外国史书以广其见闻。如是者二年而后考，考六十取五十，以躯干雄伟、心静胆壮者三十名送入学生练船专学驾驶……"⑥

---

① 中国史学会主编. 洋务运动（一）. 上海：上海人民出版社，1961. 568

② 郑振铎编. 晚清文选（卷上·卷中）. 北京：中国社会科学出版社，2002. 255

③ 韩小林. 洋务派与近代科学技术的传播. 广州大学学报（社会科学版），2002，12：14

④ 同②，第116页

⑤ 同②，第219页

⑥ 朱有瓛主编. 中国近代学制史料（第一辑上册）. 上海：华东师范大学出版社，1983. 581

从当时学校科学课程的设置，也能够看出体现了这种循序渐进、由浅入深的思想，如福州船政学堂的课程：

"初入学堂先照法国初学学堂课程办法，学习数学入门、几何入门并格致浅语等书。次则，再按法国水师学堂课程办法，学习数学、理解代数、平面及立体几何、八线算术、几何画法、重学、格物入门、化学入门等书。至第五六两年，则学上等代数，学几何、代数、重学、理解微分微积、化学、格物等书，循序肄业"①。

（3）开始尊重科学规律，注意理论联系实践，培养学生科学意识和方法

一些洋务科学家早就开始认识到内隐于"器技"背后更深刻的东西。李善兰在与伟烈亚力合作翻译《谈天》过程中，认识到了西方科学技术中所蕴含的科学方法论，他认为：

"为学之要，必尽去其习闻之虚说，而勤求其新得之实事，万事万物以格致真理解之。与目所见者大不同，所以万物相关之理，当合见而学，即觉昔之未明。因者真理多未知，且为习俗旧说所惑也。故初学者，必先去其无据之空意。凡有理依格物而定，虽有旧意不合，然必信其真而求其据，此乃练心之门博学之阶也"。因此，"凡有据之理，即宜信之。虽与常人之意不合，然无可疑，一切学皆如是。"②

可见，他主张在学习科学过程中应实事求是、有理有据，不为旧识旧俗所困，要"依格物而定"。王韬也主张在学校科学教育中应"务归实用，不尚虚文"③。邵作舟不但认同这种思想，而且认为要做到这样"为天下之至难"：

"夫此诸学，其数繁，其物赜，一器之成，所用以成器之器十百，苟欲从事于此，则必身至于其地，而良工师为之亲相授受，口讲而手画；又有徒辈相于肄习讨论以善其观摩，偏考乎他制以明其同异，优游乎岁月以要其成功，然后浅深工拙之故有以喻于其心而应乎其手；非有此数者，则虽以公输匠石之巧，器物之备，图说之详且明，夙夜以求之，凭虚以构之，得其数不能得其巧，得其象不能得其理，盖求粗明大意者已为天下之至难矣，况能铢黍密合而卓然复驾于其上乎……"④

这一时期的洋务学堂，总体上还是比较重视学生实际技能和动手能力的培养⑤。如京师同文馆在科学课程中结合实验教学，我们从丁韪良对同文馆的回忆中可以看出这一点：

---

① 高时良编.中国近代教育史资料汇编·洋务运动时期教育.上海:上海教育出版社,1992.311
② 邹振环.影响中国近代社会的一百种译作.北京:中国对外翻译出版公司,1996.51
③ 郑振铎编.晚清文选(卷上·卷中).北京:中国社会科学出版社2002.522
④ 中国史学会主编.洋务运动(一).上海:上海人民出版社,1961.570
⑤ 霍益萍.近代中国的高等教育.上海:华东师范大学出版社,1999.22

"中国学生理解力很强，而且在实际运用中非常耐心，所以格致科课程学得不错。他们最喜欢学习化学，这也许是因为化学源自中国的炼金术，而他们在广泛的涉猎中文书中已经对炼金术耳熟能详。有一次在上完化学课以后，有一位学生的身上突然起了火。原来是他过分热衷于科学，偷了一根磷棒藏在上衣口袋里。而磷棒是比斯巴达的狐狸更难于隐藏的"①。

京师同文馆先后建立了多个教学实习和实验场所，如观星台、化学实验室、物理实验室等，为师生的教学实践提供了一定的条件；同文馆还给学生提供一些科学见习机会，比如让医学馆的学生参加见习外科手术等；并给学生提供译书、收发和翻译电报、参加总理衙门的外交活动、在国内兼差、担任副教习等实践机会②。

此外，当时社会上一些知识分子也撰文谈自己关于新式学堂科学教育的方法，尤其是在洋务运动后期，一些人看到新式学堂所培养出来的学生并不理想，这种讨论就更多起来。《申报》在 19 世纪 80 年代以后就登载了多篇这样的文章，如 1887 年 12 月一篇题为《论西学贵乎精》的文章，就批评新式学堂学生，虽"口若悬河"，但是"浅尝而辄止，泛骛而不专，袭粗迹而无精心，托空言而无实用"，无怪乎既不能驾驶火轮，又不能制造汽机。在批判的基础上，作者认为入院从师的学生应"严其课程，优其廪给，实事求是。毋尚浮文，毋矜赅博，毋以他事牵其虑，毋以虚名扰其心"；必须"体验、讲求、深造、专务四者兼备"，而后才可"谓之精于西学者"③。然后作者对"体验、讲求、深造、专务"四者作了详细说明，其中"体验"之含义与前文李善兰和邵作舟的观点十分一致。1889 年 10 月到 11 月连载刊出了题为《论泰西教法》的文章，这篇文章从"家教"和"师教"两个方面讨论儿童教育问题，尤以较大篇幅讨论学校教育中的"师教"，其中对科学教育方法有所涉及④。

（4）以考课促进西学的学习　王韬是晚清科学教育的一个重要人物，在 1886～1897 年担任格致书院山长期间，他改革旧的教学方法，实行考课制度。在具体方法上，王韬也努力作了一番改进，提倡自由讨论和问答法，并接受傅兰雅的建议，请清廷洋务官员出题对院内士子进行考课。这种考课与传统的考课制度无论在形式、内容与性质上都有很大不同。"亦计采固有形式，但

---

① ［美］丁韪良. 花甲记忆——一位美国传教士眼中的晚清帝国. 沈弘、恽文捷、郝田虎译. 桂林：广西师范大学出版社，2004. 212
② 陈向阳. 晚清京师同文馆组织研究. 广州：广东高等教育出版社，2004. 202～217
③ 论西学贵乎精. 申报，1887－12－22，上海书店，1983，影印版，32：201
④ 论泰西教法（1～4）. 同③1889 年 10 月 21 日、10 月 27 日、11 月 2 日、11 月 1 日，第 35 册第 837、875、905、963 页。

却完全诱导于新知识之讨论与理解，时务局势之分析与批评，内容出入之大，不可以道里计。"① 从光绪十二年到十九年（公元 1886～1893 年），格致书院考课命题有格致类 20 道，富强治术（时务）类 29 道，人才类 4 道，教育类 4 道，国际形势类 3 道，边防类 6 道，语文类 2 道，社会救济类 2 道，其他类 5 道②。这些命题内容极为广泛，中西古今，包罗万象，重点是格致和时务③。

格致书院实行考课后，"远近名流硕彦，闻风而起，彬彬称善"，"多则百余人，少亦数十人，无不争自濯磨，共相奋勉"，"乃至功名士子贡举官绅均来参与"④。为传播和普及科学知识，王韬还规定书院讲习科学和实验演示时大开院门，"以备众听"。院内陈列器物和所藏书刊，平时亦任人纵观，不加限制⑤。

总之，两次鸦片战争和洋务运动时期，我国大门初开，面对科学这种从西方涌入的陌生的新鲜事物，中国人都处于一个接触、认识和了解的过程，不过在这个过程中，不同的人对待科学的态度是不一样的，有人排斥有人迎受。但是，文化的"优势扩散"⑥ 趋势是难以避免的，所以胸怀救亡图强之志的官员和先进知识分子以开放进取的姿态接触、了解近代科学技术，并作为播火者积极传播科学，从事科学教育和普及活动。这个过程中，国人逐渐了解西学格致的真实面目，对科学的理解从肤浅外显的"器技"发展到"格致之学"；国人对来自于西方的科学技术的态度也逐渐从轻视、拒斥转向接受、学习。虽然在"夷夏之防"下科学教育和传播阻碍重重，科学教育和传播的思想还是得到了很大发展，先进知识分子把译西书、办学堂、励留学（游历）作为培养人才，传播科学的共识；在新式学堂的科学教育实践中，国人还逐步领会和发展了科学教育的思想。到了洋务运动后期，随着新式学堂学生的成长和留学生的学成归国，中国的新知识分子群体逐渐发展壮大，为戊戌维新和"新政"时期科学教育的进一步发展及科学教育思想影响的扩大做了人员上的准备。

虽然由于对科学认识的局限，"实用"价值观的引导，以及国内缺乏科学研究的社会环境和机制，使得科学只停留于一个较低的水平在国内传播。⑦ 但

① 忻平. 王韬评传. 上海：华东师范大学出版社,1990.210～211
② 在忻平.《王韬评传》中统计 1886～1893 年格致书院考课命题共有 77 道，与后面所列各项总数不符，故此处未引用此数据。
③ 忻平. 王韬评传. 上海：华东师范大学出版社,1990.212
④ 同③,第 217～218 页
⑤ 同③,第 219 页
⑥ 郝雨. "西学东渐"的传播学研究. 南通师范学院学报（哲学社会科学版）,2002,2:13
⑦ 铁华、李娟. 洋务运动时期的科学教育及其主要特征. 东北师大学报（哲学社会科学版）,2003,6:
113

是，这一时期逐渐积累和初步发展起来的科学传播和教育思想，对甲午战后清末戊戌变法和新政时期的科学教育思想和实践打下了基础，提供了必要的思想和实践条件。

二、维新运动和清末"新政"时期科学教育思想的发展（1895～1911）

虽然 1894 年前科学教育思想在中国已经萌芽，尤其洋务运动时期的洋务官员和知识分子已经有了初步的科学教育意识，并提出了如何进行科学教育和传播的一些主张，但由于反对的守旧势力十分强大，其影响十分有限①，"虽然西方的扩张在通商口岸制造了一种新社会，但却不能把其改造的影响扩展到中国内地去"②，中国内地的广大民众对先进的科学技术并无接触或知之甚少。因此，虽然"1840 年以来，中国因外患而遭受的每一次失败都产生过体现警悟的先觉者。但他们的周围和身后没有社会意义的群体，他们走得越远就越是孤独"③。

1894 年的中日甲午战争可以说是一个转折点，日本这个"蕞尔小国"在战争中大败中国，中国的民族具有群体意义的觉醒也因此而开始。这是近代百年的一个历史转机。梁启超在《戊戌政变记》中说：

"唤起吾国四千年之大梦，实自甲午一役始也。……吾国则一经庚申圆明园之变，再经甲申马江之变，而十八行省之民，犹不知痛痒，未尝稍改其顽固嚣张之习，直待台湾既割，二百兆之偿款既输，而鼾睡之声，乃渐惊起"④。

而近代小说家包天笑在晚年追叙时也说：

"那个时候，中国和日本打起仗来，而中国却打败了，这便是中日甲午之战了。割去了台湾之后，还要求各口通商，苏州也开了日本租借。这时候，

---

① 中日甲午战争以前，接受和传播近代科学的新知识分子群体在人数和力量上十分有限。根据桑兵在《晚清学堂学生与社会变迁》中所作统计：到甲午战争，中国人开设的新学堂不过 25 处。即使我们把西方传教士在中国开设的教会学校包括进去，其数量也极其有限：到 1890 年，全国基督教会学校学生数达 16836 人（数据出自熊月之《西学东渐与晚清社会》，第 291 页）；到 1900 年义和团运动前，天主教会学校学生约在一万一千余人（数字据陈景磐：《中国近代教育史》，人民教育出版社 1983 年版，第 66 页材料得出），多为小学程度，且多分布在沿海七省。相比较之下，传统知识分子的数量和实力要强大许多，按照康有为的算法，"吾国凡为县者千五百，大县童生数千，小县亦复数百，但每县通以七百计之，几近百万人矣"（"请废八股试帖楷法试士改用策论折"，陈学恂主编：《中国近代教育文选》，人民教育出版社 2001 年版，第 104 页）。由此可见，两股相对力量的实力之悬殊，难怪费正清在《剑桥中国晚清史》（上卷）中感叹"甚至在十九世纪六十年代动乱的十年中，深信需要西方技术的士大夫毕竟不多，而传统的文化准则的控制力量仍像过去那样强大"（第 543 页）。

② ［美］费正清编.剑桥中国晚清史（下卷）.北京：中国社会科学出版社，1985.314
③ 陈旭麓.近代中国社会的新陈代谢.上海：上海人民出版社，1992.154
④ 中国史学会主编.戊戌变法（一）.上海：上海人民出版社，上海书店出版社，2000.296

潜藏在中国人心底里的民族思想，便发动起来。一班读书人，向来莫谈国事的，也要与闻时事，为什么人家比我强？为什么被挫于一个小小的日本国呢？读书人除了八股八韵之外，还有它应该研究的学问呢！"①

中日甲午战争虽然宣告了洋务科学教育的破产，但中国人民族意识的觉醒，为中日甲午战争后清末科学教育思想和实践的加速发展提供了前所未有的社会条件。战后先进知识分子对洋务时期的科学技术教育也不断进行反思，科技文化的学习和建设向更深层次发展，科学教育思想和实践也出现了新的历史变动。

（一）对科学的认识加深

中日甲午战争以前，中国知识界多用"格致"一词来指称科学，并且已经由早期的只关注"器"与"技"逐渐认识到其是一门"学问"，但此时"格致之学"仍还是从"民生日用军器制作之原"的角度来理解的。到了维新和"新政"时期，随着近代科学技术的进一步启蒙和传播，国人对"科学"的认识也逐步深化和清晰。

1. "科学"一词的出现与使用

（1）"科学"取代"格致"　中日甲午战后，士大夫强烈感到有必要引进西方制度，也就有必要赋予西学合法性、甚至先进性，而此时"格致"一词的用法，绝大多数仍集中在制造技艺、声光化电、物理学科，以及"格致"为名的书籍报刊、学校和社团名称中，不能涵盖西学中社会科学的内容②。因此，出现了"格致"一词逐渐不能符合中国近代科学发展要求，进而被新词所取代的趋势。

指称近代科学的"科学"一词是从日本引进的。1874年，日本学者西周时懋从荷兰留学回国后，在《明六杂志》上发表文章介绍西方文化时，最先把 Science 译为"科学"，意为"分科之学"③。在中国，康有为是最早使用"科学"一词的人之一，他在1898年写《日本书目志》时使用了这个词④。梁启超在1902年的《格致学沿革考略》一文中，亦始将"科学"与"格致"两词并用："倍根常曰格致之学，必当以实验为基础；又曰，一切科学，皆以

① 转引自陈旭麓. 近代中国社会的新陈代谢. 上海：上海人民出版社，1992. 157

② 金观涛，刘青峰. 从"格物致知"到"科学"、"生产力"——知识体系和文化关系的思想史研究. 世纪中国网：www. cc. org. cn，2005 - 1 - 20

③ 樊洪业."'科学'概念与《科学》杂志". 科学社网：http://www. kexuemag. com/artdetail. asp? name = 79，2005 - 2 - 10

④ 金观涛，刘青峰. 从"格物致知"到"科学"、"生产力"——知识体系和文化关系的思想史研究. 载世纪中国网：www. cc. org. cn，2005年1月20日. 汪灏在"科学教育半个世纪的潮起潮落"一文中还考证康有为在1898年的《请废八股试帖楷法试士改用策论折》中有三处用了"科学"一词（杜成宪，丁钢，主编. 20世纪中国教育的现代化研究. 上海：上海教育出版社，2004. 192

数学为其根。实为后世实验家之祖"①；而严复在 1902 年的《与〈外交报〉主人论教育书》中也已经不用"格致"而改用"科学"了，如"且其所谓艺者，非指科学乎？名、数、质、力四者，皆科学也"等，不下 15 处②。

从康有为、梁启超、严复等弃"格致"而使用"科学"一词后，中国文化界逐渐接受并采用"科学"来指称近代科学，以取代"格致"一词。笔者查阅《中国近代期刊篇目汇录》，1903 年《新民丛报》、《政艺通报》、《湖北学报》、《浙江潮》、《江苏》等期刊篇目中也已经开始使用"科学"一词表述近代科学。查《清末筹备立宪档案史料》内容显示，清朝官员从光绪三十二年（公元 1906 年）开始也使用"科学"取代"格致"一词③。据金观涛，刘青峰对"格致"、"科学"两词的使用频度研究表明：1906 年以后，"格致"不再和"科学"并存，在使用上完全被"科学"一词取代④。

（2）"科学"概念内涵的清晰化 清末对"科学"概念的明确，严复作了不可磨灭的贡献。早在 1895 年的《救亡决论》中，严复就把"中学格致"与"西学格致"作了比较。

"中学格致"：

"惟是申陆王二氏之说，谓格致无益事功，抑事功不俟格致，则大不可。夫陆王之学，质而言之，则师心自用而已。自以为不出户可以知天下，而天下事与其所谓知者，果相合否？不径庭否？不复问也。……其为祸也，始于学术，终于国家"⑤。

而"西学格致"：

"则其道与是适相反。一理之明，一法之立，必验之物物事事而皆然，然后定之为不易。其所验也贵多，故博大；其收效也必恒，故悠久；其究极也必道通为一，左右逢原，故高明。方其治之也，成见必不可居，饰词必不可用，不敢丝毫主张，不得稍行武断，必勤必耐，必公必虚，而后有以造其至精之域，践其至实之途。迨夫施之民生日用之间，则据理行术，操必然之券，责未然之效，先天不违，如土委地而已矣。且西士有言：凡学之事，不仅求知未知，求能不能已也"⑥。

---

① 梁启超.饮冰室合集(文集第 11 卷).上海：中华书局,1941.8。此文在 1902 年《新民丛报》上以"中国之新民"的署名连载。

② 陈学恂主编.中国近代教育文选.北京：人民教育出版社,2001.218～226

③ 故宫博物院明清档案部编.清末筹备立宪档案史料(下册).北京：中华书局,1979.967

④ 金观涛,刘青峰.从"格物致知"到"科学"、"生产力"——知识体系和文化关系的思想史研究.载世纪中国网:www.cc.org.cn,2005-01-20

⑤ 同②,第 194 页

⑥ 同②,第 195 页

在这两段比较中，严复批判了中国理学"格致"的无实与无用，对"西学格致"的精义做了深刻的揭示和赞述。

中日甲午战争后，国人继续学习西方自然科学，同时，大量接受西方社会科学、人文学术和文学艺术。这时候的所谓科学，已经不仅仅在自然科学层面，而是开始涉及到自然科学背后及社会科学本身的客观理性精神①。关注科学的社会启蒙意义的清末知识分子则当然地将科学的内涵泛化，如科学的进化论开始获得了普遍的世界观意义；自然科学与平等、自由等观念的沟通，使科学逐渐与政治理念相融合；以天文学为精神境界、理想人格的根据和前提，则使科学的形上之维向人生领域扩展②。在对科学的这种理解下，严复曾为科学下过一个定义：

"凡学必有因果公例，可以教往知来者，乃称科学"③。

从这个定义中可见严复对于科学的理解与今天我们所说的"科学"含义上是有区别的，他更强调科学的方法论意义。从这一点出发，维新派知识分子将科学之域扩及社会科学，包括了"西艺"与"西政"，这与当时中国维新求变的大势和需要是紧密相关的。据金观涛、刘青峰对 1900 年至 1916 年间"科学"用法的统计，发现其用法绝大多数（百分之九十以上）是泛指或特指现代意义的科学（如近世科学、科学刊物、科学社团、科学史、科学精神、科学方法、科学家等）；在某些场合泛指社会人文科学（包括文史哲及政治学、社会学等），偶尔亦用于指涉科举④。可见，到清末中华民国初期，科学的含义和用法已与现代差别不大了。

2. 科学观念的改变

中日甲午战争前，洋务官员和知识分子对科学的理解主要是从"富国强兵"的角度出发，基于实用理性而期望西学科技能给清王朝带来复兴。虽然到了洋务运动后期，郑观应、薛福成等洋务知识分子已表现出超越实用理性的趋向，但显得孤掌难鸣、曲高和寡⑤。甲午战争的失败也证明了洋务时期的科学观是肤浅和狭窄的。

---

① 王济民.晚晴民初的科学思潮和文学的科学批评.北京:中国社会科学出版社,2004.2
② 杨国荣.作为普遍之道的科学——晚清思想家对科学的理解.科学·经济·社会,1998,4:41
③ 王栻主编.严复集（一）.北京:中华书局,1986.125
④ 金观涛、刘青峰.从"格物致知"到"科学"、"生产力"——知识体系和文化关系的思想史研究.载世纪中国网:www.cc.org.cn,2005－01－20
⑤ 郑观应在《盛世危言·自序》中说:"乃知其治乱之源,富强之本,不尽在船坚炮利,而在议院上下同心,教养得法"（《郑观应集》上册,第 233 页）;薛福成在《振百工说》中道:"欲劝百工,必先破去千年以来科举之学之畦畛,朝野上下,皆渐化其贱工贵士之心,是在默窥三代上圣人之用意,复稍参西法而酌用之,庶几风气自变,人才日出乎"（《晚清文选》卷上·卷中,第 296 页）。表明他们对西学的认识已经超越了其同时期之人。

（1）科学已渐具有普遍的价值观意义　维新时期的知识分子在前辈思想家认识的基础上，对近代科学的理解已大大加深，开始超越格致之学外在表现的作用，进而把握其内含的深层"命脉"：

"今之称西人者，曰彼善会计而已，又曰彼擅机巧而已。不知吾今兹之所见所闻，如汽机兵械之伦，皆其形而下之粗迹，即所谓天算格致之最精，亦其能事之见端，而非命脉之所在。其命脉云何？苟扼要而谈，不外于学术则黜伪而崇真，于刑政则屈私以为公而已"①。

从这段话中可见，与洋务知识分子不同的是，他认为格致之学的命脉是"黜伪而崇真"，即"真"的原则。作为命脉，这个原则已不仅仅与那些"形而下之粗迹"相联系，同时已经具有了某种普遍的价值观意义。这种趋向普遍价值观意义的格致之学已不仅仅被视为器技之源，而且决定着社会的安危，"格致之学不先，偏僻之情未去，束教拘虚，生心害政，固无往而不误人家国者"②。

清末引入的科学进化论，也被严复们形而上化为贯穿天人、宰制万物的普遍之道，并同时赋予它以自然哲学和政治哲学的双重涵义。如严复从"物竞者，物争自存也；天择者，存其宜种也"③的生物进化之道推至社会领域的进化之道，借以论证列强进逼的情况下，根据物竞天择的进化法则，中国若再不奋发图强，便难以自存："今者外力所迫，为我权借，变率至疾，方在此时……我为何而不奋发也耶"④；这种进化论科学观被维新知识分子衍推到人类种族的存亡上来：社会进化以群体为形式，而社会制度则是进化过程的产物。经过自然选择和群与群的竞争，善群者存，不善群者灭，社会组织及维系社会组织的道德意识得到了发展⑤。这个逻辑使他们自然地推崇由孔德开创的群学（社会学）。这种科学观对康有为、梁启超、谭嗣同等维新派知识分子都有影响，成为宣扬变法的理论基础。

（2）重视科学方法论　与前辈知识分子一样，维新知识分子极力强调科学的实验方法。康有为认为科学之可信，关键在于可用实验证明。他说："今显微、千里之镜盛行，告以赤蚁若象，日星有环晕光点，则人信之"，因为"以镜易验也"⑥。梁启超也认为缺乏实验是中国学术迟滞的原因，他在《格致学沿革考略》中说：

---

① 王栻主编.严复集（一）.北京：中华书局，1986.2
② 同①，第6页
③ 同①，第16页
④ 同①，第27页
⑤ 杨国荣.作为普遍之道的科学——晚清思想家对科学的理解.科学·经济·社会，1998，4：39
⑥ 转引自段治文.中国现代科学文化的兴起1919～1936.上海：上海人民出版社，2001.55

"夫虚理非不可贵，然必籍实验而后得其真。我国学术迟滞不进之由，未始不坐是矣"①。

严复更是认为实验是科学发展的基础，是"印证"科学认识的标准。他在分析古代和近代科学认识成效之所以不同时，指出了实验印证的重要性：

"古人所标之例，所以见破后人者，正坐阙于印证之故。而三百年来科学公例，所由在在见极不可复摇者，非必理想之过古与人也，亦严于印证之故也"②。

这里，他十分强调科学之所以成其为科学，就在于它得到了实验事实的印证。而且认为只有通过反复多次的"试验""印证"，才可能得到正确的科学认识，"试验愈固，理愈坚确"③。而且，实验事实还是保证归纳法和演绎法得以正确运用的根本条件。

归纳法和演绎法是科学研究最基本的方法。维新派知识分子已经认识到这一点，严复说：

"及观西人名学，则见其于格物致知之事，有内籀之术焉，有外籀之术焉。内籀云者，察其曲而知其全者也，执其微以会其通者也。外籀云者，据公理以断众事者也，设定数以逆未然者也。……迁所谓本隐之显者，外籀也。所谓推见至隐者，内籀也。其言若诏之矣。二者即物穷理之最要涂术也。……夫西学最为切实，而执其例可以御蓄变者，名数质力四者之学是已"④。

这段话中的"内籀"与"外籀"之术，就是归纳法与演绎法。而且，严复还向国人译介了《穆勒名学》和《名学浅说》两部书，第一次向国人系统、全面地介绍西方逻辑学说。

3. 统一和规范学术分科的思想

中国传统的学术分科与西方学术分科是截然不同的。中国的学术分科主要是以研究者主体（人）和地域为准，而不是以研究客体（对象）为主要标准。其研究对象主要集中于古代典籍涵盖的范围内，并非直接以自然界为对象；中国学术分科主要集中在经学、小学等人文学科中，非如近代西方集中于社会科学及自然科学领域中。以研究对象作为划分标准者，因其对象是固定的，而研究主体是不同的，通过固定之研究对象将不同的研究者（学者）归并到一个学科中，成为"专家之学"，这是近代以来西方学术分科发展之方向。以研究主体类分，将不同学科归并到一个学派范围内，一家一派包容各

① 新民丛报,10,1902－06－20:9
② 王栻主编.严复集(一).北京:中华书局,1986.42～43
③ 同②,第43页
④ 郑振铎编.晚清文选(卷下).北京:中国社会科学出版社,2002.290～292

37

种学科，注重的是博达会通，研究者须是"通人"，而非专家，成为"通人之学"，这是中国学术分科之基本趋向及突出特点①。

在西学引进的过程中，国人越来越认识到中西两种分科之间的矛盾。其实，甲午战争前夕，洋务知识分子中就已经有人认识到了西学分科之专精，如薛福成说："士之所研，则有算学、化学、电学、光学、地学、及一切格致之学，而一学之中，又往往分为数十百种，至累世莫殚其业。工之所习，则有攻金木攻石攻皮攻骨角攻羽毛及设色搏填，而一艺之中又往往分为数十百种。……各有专业而不相混焉。……各有专家，而不相侵焉"②。

康有为在制定万木草堂课程时似乎也已经了解了中西学科分类之差异，而他采用的是中西结合的方式。据梁启超在《康有为传》中所载，万木草堂的学科分为文字之学、经世之学、考据之学、义理之学四科，四科之下又细分课程，如考据之学下再分为格致学、数学、地理学、万国史学、中国经学史学五科③。这种分科虽然与近代科学分科仍有很大区别，但在当时的中国学堂已经是独树一帜了。

到了清末新政时期，在"壬寅癸卯学制"中已经基本明确了近代科学的分科体系，如张百熙1902年在"奏办京师大学堂情形疏"中主张：

"谨遵绎本年变通科举、普设学堂历次上谕，分为二科：一曰政科，二曰艺科。以经史、政治、法律、通商、理财等事隶政科；以声、光、电、化、农、工、医、算等事隶艺科"④。

当年的《钦定高等学堂章程》中也规定："今议立大学分科，为政治、文学、格致、农业、工艺、商务、医术七门"⑤。当时有人以诗记载此事曰：

"分科大学指开堂，功课七门教育良。

天下英才期尽得，维新人物在中央。"⑥

清朝末年，早期资产阶级知识分子对近代科学的学科分类就更加明确、细致，如王国维说：

"知识又分为理论与实际二种。溯其发达之次序，则实际之知识，常先于理论之知识。然理论之知识发达后，又为实际之知识之根本也。一科学如数学、物理学、化学、博物学等皆所谓理论之知识。至应用物理、化学于农工

---

① 左玉河.从四部之学到七科之学——学术分科与近代中国知识系统之创建.上海:上海书店出版社,2004.19～24

② 郑振铎编.晚清文选(卷上·卷中).北京:中国社会科学出版社,2002.297

③ 中国史学会主编.戊戌变法(四).上海:上海人民出版社,上海书店出版社,2000.13

④ 陈学恂主编.中国近代教育文选.北京:人民教育出版社,2001.270

⑤ 舒新城编.中国近代教育史资料(中册).北京:人民教育出版社,1961.538

⑥ 陈汉才编.中国古代教育诗选注.济南:山东教育出版社,1985.199

学，应用生理学于医学，应用数学于测绘等，谓之实际之知识。理论之知识，乃人人天性上所要求者。实际之知识，则所以供社会之要求，而维持一生之生活。故知识之教育，实必不可缺者也"①。

可见这时的资产阶级知识分子在对科学的分类和名称上已基本上与现代无异了。这种学术分科的变化带来的不仅是外在形态的变革，而且进一步影响了中国学术传统和人们思维方式的转变。

（二）开民智——社会层面的科学教育与传播思想

1894年甲午战争，中国被"蕞尔小国"日本打败，割地赔款。日本把这个奇迹的创造归功于教育。清朝上至皇帝下至普通士人，在痛定思痛之余，也同样把症结归到了教育②。国人在反思洋务运动时期科学技术教育的基础上，促使科学技术的教育和传播思想向更深的层次发展。

1."开民智"思想的主要观点

维新派认为中国之弱的原因在于民"愚"而不"智"，如康有为早在1895年《公车上书》中就提出："然富而不教，非为善经；愚而不学，无以广才；是在教民"③。而且，中国当时的状况就是"任道之儒既少，才智之士无多，乃嗜利无耻，荡成风俗，而国家缓急，无以为用"，"故教有及于士，有逮于民，有明其理，有广其智。能教民则士愈美，能广志则理愈明"，"夫才智之民多则国强，才智之士少则国弱"④。而当时维新派知识分子皆秉持此观点，梁启超在《变法通议》中说："世界之运，由乱而进于平，胜败之原，由力而趋于智，故言自强于今日，以开民智为第一义"⑤。

严复在《原强》文中将"民智"列为"生民之大要三"之一：

"一曰血气体力之强，二曰聪明智虑之强，三曰德行仁义之强。是以西洋观化言治之家，莫不以民力、民智、民德三者断民种之高下，未有三者备而民生不优，亦未有三者备而国威不奋者也"⑥。

而中国之所以甲午一战败给日本，原因就在于"民力已茶，民智已卑，民德已薄故也"，吃败仗也就"何足云乎！"所以当今欲求富强，其要政"统于三端：一曰鼓民力，二曰开民智，三曰新民德"。而严复又进一步认为"民智者，富强之原"⑦。

---

① 郑振铎编.晚清文选(卷下).北京:中国社会科学出版社,2002.371~372
② 周谷平.近代西方教育理论在中国的传播.广州:广东教育出版社,1996.11
③ 陈学恂主编.中国近代教育文选.北京:人民教育出版社,2001.97
④ 同③,第98页
⑤ 同③,第127页
⑥ 牛仰山选注.天演之声——严复文选.广州:百花文艺出版社,2002.15
⑦ 同⑥,第17、25、27页

可见，维新知识分子提出"开民智"主张的出发点仍然是为了"自强"而"广才"，但是他们的具体主张与洋务派相比则体现出了进步性。维新知识分子的手段重在"教民"而开其智，具有一定程度的全民性和普及性；而洋务派仅仅是为了培养符合洋务外交、军事及民生日用的人才而已。

2. 如何"开民智"的思想

基于对"开民智"的认识，清末知识分子对如何"开民智"也提出了看法。

1895 年《申报》分五次连载了一篇题为"论开民之智"，作者认为开民智"大纲约有三端：一曰读书，……二曰格致，……三曰公会，……"并且对此"三端"进一步作了介绍：读书"宜著浅显易读之书，以文字为经，以名物事理为纬"。内容包括文字、算学、舆地等；格致之学由于"所包者广，竭毕生之力亦不能全之"，因此其"最切实而最紧要者阙惟身体之学"；公会是因为"大抵学问工艺等事贵乎切磋琢磨相观而善，中国不乏有志之士，特患声气不通，见闻孤陋，不能得友朋之辅助相与有成"，所以学习西国之法以设。作者并推而广之提出："凡属有益于国计民生者皆不在禁止之列"，"凡博览会、赛珍会以及博物院、藏书库皆可由国家举办而准民人人内游观以阔闻见，此亦新民之要务也"[1]。

维新知识分子"开民智"的做法上主要有变科举、兴学校、办学会等主张，与此同时还有设藏书楼、创仪器院、开译书局、立报馆等做法。变科举、兴学校后文将专门讨论，此处不再赘述，此节重点介绍清末知识分子办学会、开报馆等社会传播层面的科学教育思想。

（1）兴办学会以传播科学的思想 兴办学会是维新知识分子扩大社会力量，开风气以建立广泛群众基础的重要方式，也是"开民智"的重要手段。这与维新知识分子推崇的群学观密切相关。康有为在《上海强学会后序》中说：

"一人独学，不如群人共学，群人共学，不如合什百亿兆人共学。学则强，群则强，累万亿兆人智，人则强莫与京"[2]。

这段话鲜明地体现了康有为的开民智思想：只有"合什百亿兆人共学"，才能使"累万亿兆人智"，而这只有"群人共学"才能实现，而通过建学会就可实现此"群人共学"。梁启超在《论学会》一文中也指出："道莫善于群，莫不善于独。独故塞，塞故愚，愚故弱；群故通，通故智，智故强"[3]。

① 论开民之智. 申报, 1896 – 09 – 7. 上海书店, 1983, 影印版, 51：41
② 郑振铎编. 晚清文选（卷下）. 北京：中国社会科学出版社, 2002. 28
③ 中国史学会主编. 戊戌变法（四）. 上海：上海人民出版社, 上海书店出版社, 2000. 373

正如前文所引《申报》文章所言，"公会"是为了使中国的"有志之士"能够声气相通，广博见闻，能得友朋之辅助相与有成。《上海强学会章程》介绍："西国每讲一种学术，必有专会，会中无书不备，无器不储，即僻居散处，亦得购书阅报以广观摩，故士有专业而才日以成，国资其用而势日以盛"①。梁启超认为学会和学校一样，是开民智的重要手段："学校振之于上，学会成之于下"②。

在"群人共学"的"开民智"思想的指导下，维新知识分子创办学会，充分发挥其传播学问的特点。《上海强学会章程》里说得非常明白：

"入会诸君，原为讲求学问。……自中国史学、历代制度、各种考据、各种词章、各省政俗利弊、万国史学、万国公法、万国律例、万国政教理法、古今万国语言文字、天文、地舆、化、重、光、声、物理、性理、生理、地质、医药、金石、动植、气力、治术、师范、测量、书画、文字减笔、农务、畜牧、商务、机器制造、营建、轮船、铁路、电线、电器制造、矿学、水陆军学，以及一技一艺，皆听人自认。与众讲习，如有新得之学术，新得之理，告知本会，以便登报。将来设立学堂，亦分门教士，人才自盛"③。

维新学会的活动既包括科学研究创新（"新得之学术，新得之理"），又有知识传递教育，客观上起到了传播和推广近代科学的作用。可见，"今欲振中国，在广人才。欲广人才，在于兴学会"④。

戊戌变法失败后，在清政府的党禁政策下，维新学会大都陷于停顿。1901年，清政府复行新政，对维新事业的各种禁令大都不宣而废。各地以新知识界进步人士为主体的学会、社团又纷纷建立。据桑兵的研究，1901～1904年间，江苏（含江宁）、浙江、广东、福建、江西、湖北、湖南、安徽、山东、直隶、河南、奉天、四川、云南、广西和上海等16省市，先后建立各种新式社团271个（不含分会）⑤。这些新式社团的宗旨仍是"开民智"。

不管是维新时期的各种学会还是新政时期的新式社团，它们在"开民智"的宗旨指导下，进行了许多科学传播和启蒙活动。如维新时期《上海强学会章程》中规定："略仿古者学校之规，及各家专门之法，以广见闻而开风气；上以广先圣孔子之教，下以成国家有用之才，最要者四事，条列于下，其局章附焉：译印图书。……刊布报纸。……开大书藏。……开博物院。……"⑥

① 中国史学会主编.戊戌变法（四）.上海：上海人民出版社，上海书店出版社，2000.389
② 同①，第373页
③ 同①，第392页
④ 同①，第375页
⑤ 桑兵.清末新知识界的社团与活动.北京：生活·读书·新知三联书店，1995.274～275
⑥ 同①，第389～391页

新政时期的新式社团则"1. 兴学育才，发展新式教育。……2. 创办报刊出版社，组建各种形式的阅书报机构，传播文明信息。……3. 集会演说。……4. 开展体育和军事训练，强健体魄，洗刷文弱之风。……5. 借用戏剧、音乐、幻灯等形式传播近代意识，改良旧俗。……6. 开展调查，兴办实业。……7. 开办综合性科学馆或专门研究会，以引进和发展近代科学"①。

可见，清末中华民国初期所兴起的各种学会在社会层面的科学教育和传播中起到了重要作用，扮演了重要角色。

（2）印报刊以传播科学的思想　清末维新运动和"新政"时期报纸、杂志等社会媒体传播手段得到了很大发展，作为传播科学以开风气、"开民智"的重要手段，得到了清末知识分子的重视。

李端棻在"请推广学校疏"中把"广立报馆"作为"与学校之益相须而成者"② 加以提倡。梁启超在"论报馆有益于国事"中把报纸视为去塞求通的"喉舌"，可"起天下之废疾"。他说：

"西人之大报也，议院之言论纪焉，国用之会计纪焉，人数之生死纪焉，地理之险要纪焉，民业之盈绌纪焉，学会之课程纪焉，物产之品目纪焉，邻国之举动纪焉，兵力之增减纪焉，律法之改变纪焉，格致之新理纪焉，器艺之新制纪焉。其分报也，言政务者，可阅官报；言地理者，可阅地学报；言兵学者，可阅水陆军报；言农务者，可阅农学报；言商政者，可阅商会报；言医学者，可阅医报；言工务者，可阅工程报；言格致者，可阅各种天算声光化电专门名家之报。有一学即有一报，某学得一新义，即某报多一新闻。体繁者证以图，事赜者列为表，朝登一纸，夕布万邦，是故任事者无阂隔蒙昧之忧，言学者得观善涿磨之益"③。

报纸作为开民智的喉舌，其刊载的内容包罗万象，《上海强学会章程》中关于刊布报纸的条目中就主张"凡于学术治术有关切要者，巨细举登"④。吴恒炜在"知新报缘起"中说：

"报者，天下之枢铃，万民之喉舌也。得之则通，通之则明，明之则勇，勇之则强，强则政举，而国立敬修，而民智。故国愈强，其设报之数必愈博，译报之事必愈详，传报之地必愈远，开报之人必愈众，治报之学必愈精，保报之力必愈大，掌报之权必愈尊，获报之益必愈溥。胥天下之心思知虑，眼目口耳相依与报馆为命，如室家焉"⑤。

---

① 桑兵.清末新知识界的社团与活动.北京：生活·读书·新知三联书店,1995.281~284
② 陈学恂主编.中国近代教育文选.北京：人民教育出版社,2001.66
③ 中国史学会主编.戊戌变法（四）.北京：上海人民出版社,上海书店出版社,2000.521~522
④ 同③，第390页
⑤ 郑振铎编.晚清文选（卷下）.中国社会科学出版社,2002.208

这段话既说明了报纸在开民智中的作用，还坚信"国愈强，其设报之数必愈博，译报之事必愈详，传报之地必愈远，开报之人必愈众，治报之学必愈精，保报之力必愈大，掌报之权必愈尊，获报之益必愈溥"。整个维新运动时期，全国办的各种报纸约有 30 来家①，为宣传变法、传播科学起了很好的作用。

在"开民智"宗旨下，后来的新式知识分子继承和发展了维新知识分子的科学教育思想，并在实践上有所突破，这为民国后科学的社会传播和启蒙奠定了基础。

（三）制度构建与教育科学化思想端倪

中日甲午战争后，国人在反思失败的原因时，再次把学校与育人作为重要政策之一提出来。在维新变法各项政策中，教育占了很大部分的内容。虽然戊戌变法在形式上失败了，但是不久，清政府迫于内外交困的压力而推行"新政"，其在教育方面的举措实际上延续了戊戌维新时所提出的思想和做法。这一时期，通过维新变法和清末"新政"在制度上的改革，初步构建了客观上促进科学教育发展的近代教育制度，如废科举以广学校、颁布新学制等；已经接受和了解近代科学的新式知识分子带来的先进知识和思想也进一步促进了科学教育思想在学校中的发展；教育学、心理学作为科学知识在学校教育中的引入和引用，也为教育科学化的兴起种下根苗。本节对这一时期有关科学教育的制度构建思想和教育科学化的萌芽做一介绍。

1. 废除科举取士制度的思想

作为"开民智"之"振之于上"手段的学校是科学教育的主要场所，学校教育是科学教育的主要形式之一。清末知识分子非常清楚地知道这一点。但是，要想顺利地广兴学校、传播科学、培养人才，还必须扫清一块绊脚石——八股取士的科举制度。胡燏棻在"上变法自强条陈疏"中分析道：

"办理洋务以来，于今五十年矣，如同文方言馆、船政制造局、水师武学堂，凡富强之计，何尝不一一仿行。而迁地弗良，每有淮橘为枳之叹。因中仅袭绪余，未窥精奥，亦因朝廷所以号召人才，首在科目。天下豪杰所注重者，仍不外乎制艺试帖楷法之属，而于西学不过视作别途。虽其所造已深，学有成效，亦第等诸保举议叙之流，不得厕于正途出身之列。此由操术疏而收效寡也"②。

在中国的外国人也看到这一制度的弊病，认为必须改革。《时务报》1898年2月11日登载了曾广铨翻译的一篇外国人所作的题为《中国讲求西学论》

① 王建辉. 知识分子群体与近代报刊. 华中师范大学学报（人文社会科学版），1999，3：76
② 郑振铎编. 晚清文选（卷下）. 北京：中国社会科学出版社，2002.11

的文章，文章写道：

"中国学优而仕之人，居恒推崇孔教，鄙西学为不足道。其意盖欲拘守古人之书，以为图治天下之本。自铁路、电报、汽车、汽船盛行之候，始知古人并未有言，西学大可仿效。百人中遂有一二人改谈洋务，津津乐道。然其势尚孤，不足有为。……自中国以时文取士，……可惜空言无补，与国计民生之要判若两途。……无益于人，有害于己，宛若赘疣之可去也"。①

其对中国科举取士之弊的认识可算清晰。当时其他报纸对科举之害也多做了讨论，如上海的《申报》在这一时期对科举的讨论很多，刊载了不少议论文章，像《中西教养得失论》和《论科场策问宜兼及时事》（47 册）、《论读书不必专攻八股》（49 册）、《创新西学》（57 册）、《请开西学特科》（70 册）、《停止科举释疑》（73 册）、《学堂科举得失论》（74 册）等，认为科举取士这种考试制度是中国不如泰西的原因之一，应当加以改革。

"所以取士者止有科举一途，所以为科举者止有时文一途，虽豪杰之士，具不世之才，非是则无以自致于青云之上。读书子弟，句读稍明，文理稍通，父若兄即使从事于帖括之学。举天文、地理、格致、历算一切有用之书、有用之学，皆屏之使不得见，秘之使不得闻。务以一其趋向，专其心志。夫中也养不中之才也。养不才，故人乐有贤父兄也。今中国子弟所闻于父兄师长者，非惟无以启沃之，且从而闭塞之。敝精竭神，终其身于推敲声调之中，时文试律小楷而外绝无他长足取，既非博古又昧通今。夫一物不知儒者之耻，圣门高弟皆身通六艺。士之为士，未若有今日之空疏无补者也。流俗之人徒见数百年来功名气节之士往往出于其中，以为科举之法已善，不必他求；不知科举之内既聚此百千万人，不应功名气节之士独不得入。则是功名气节之士之得科举，非科举之得功名气节之士也。今天下人才不振，日见萎靡，岂非取士之不得其道哉？"②

这些讨论言论可见八股取士的科举制度已经十分不得人心、不合时宜了。梁启超直言"故与兴学校、养人才，以强中国，惟变科举为第一义"③。严复认为八股有三大害："锢智慧"、"坏心术"、"滋游手"。

"八股取士，使天下消磨岁月于无用之地，堕坏志节于冥昧之中。长人虚骄，昏人神智，上不足以辅国家，下不足以资事畜。破坏人才，国随贫弱，此之不除，徒补苴罅漏，张皇幽渺，无益也。虽练军实，讲通商，亦无益也。

① 中国讲求西学论.时务报(第 51 册),1898 - 02 - 11
② 中西教养得失论,申报,1894 - 05 - 15.上海书店,1983,影印版,47;345
③ 陈学恂主编.中国近代教育文选.北京:人民教育出版社,2001.139

何则？无人才，则之数事者，虽举亦废故也"①。

但是，基于维新时期知识分子大多受过中国传统教育，而且认为一下彻底废除科举制度的时机不成熟，因此，时人大多主张采取改革的办法，首先废除八股取士。康有为在"请废八股试帖楷法试士改用策论折"中就主张：

"臣窃惟今变法之道万千，而莫急于得人才；得才之道多端，而莫先于改科举；今学校未成，科举之法，未能骤废，则莫先于废弃八股矣"②。

这种主张得到了支持和同情维新运动的官员和知识分子的响应，也被光绪皇帝所接受，他在 1898 年 6 月 23 日谕令废除八股取士："自下科为始，乡、会试及生童岁科各试，向用四书文者，一律改试策论"。8 月 19 日，又有"一切考试，诗赋概行停罢，亦不凭楷法取士"之谕③。

虽然这些政策因"百日维新"的失败而作罢，但接下来的义和团运动、八国联军入京、签订《辛丑条约》等事件迫使清廷痛下决心推行"新政"，大力兴学。光绪二十九年（1903 年），袁世凯、张之洞以科举阻碍学校，奏请自癸卯（1903 年）恩科后，各项考试取中之额，按年递减，"即以科场递减之额，移作学堂取中之额，俾天下士子，舍学堂别无进身之路"，1904 年 1 月 12 日，袁世凯等人又奏请立停科举、以广学校，清廷遂谕令各省督抚广设学堂同时，自丙午年（1906 年）始，"所有乡、会试一律停止，各省岁科考试，亦即停止"④。至此，科举取士制度被废止，横亘在兴学校，传播科学之途中的一块绊脚石终于被移开。科举制度正式废止后，新式学堂一枝独秀，取得长足发展，学生人数从 1902 年的 6912 人猛增到 1909 年的 1638884 人，1912 年更达到 2933387 人（不包括教会学堂、军事学堂、外国所办非教会学堂以及未经申报的公私立学堂学生）⑤。

2. 广设学校，以科学教育为主要内容的思想

（1）"宏学校以育真才"的思想　中日甲午战争后知识分子对洋务教育进行了认真的反思，并在此基础上提出了"宏学校以育真才"的思想。

1895 年《万国公报》（月刊）10 月刊上登载了署名"南溪赘叟"的题为《兴学校以储人才论》的文章，文中在指出洋务学堂教育之不足之后，提出："宜专设西学大小数千百书院，务使遍于各省"的主张⑥。1896 年 1 月，御史陈其璋上奏认为："举凡算学、化学及格致制造等法，分门别类，精益求精，

---

① 中西教养得失论.申报,1894 – 05 – 15.上海书店,1983,影印版,47:189～192

② 同①,第 102 页

③ 王德昭.清代科举制度研究.北京:中华书局,1984.186

④ 同③,第 187 页

⑤ 桑兵.晚清学堂学生与社会变迁.上海:学林出版社,1995.2

⑥ 万国公报(月刊).第 83 册,1895,10

必造乎其极而后已。……中国幅员广大，人民众多，若欲仿西制，计应设初学四十万所。"照此观点，他要求"将同文馆认真整顿，仿照外洋初等、中学、上学办法，限以年岁为度，由粗及精，依次递进"①。6月，李端棻在《请推广学校疏》中对洋务教育进行了较为全面的反思，总结了洋务教育的五大"未尽"之处，并进一步提出了与推广学校之益相须而成的"设藏书楼"、"创仪器院"、"开译书局"、"广立报馆"和"选派游历"等建议②。

维新知识分子们更是极力主张这一点，因为这正是他们"开民智"宗旨下的必然主张。康有为在1898年的《请开学校折》中就建议光绪皇帝向日本学习，"遍令省府县乡兴学。乡立小学，令民七岁以上皆入学，县立中学，其省府能立专门高等大学"③。而且在其《大同书》中，康有为还设想了一套理想的学校教育系统。梁启超认为"亡而存之，废而举之，愚而智之，弱而强之，条理万端，皆本于学校"，而"今同文馆、广方言馆、水师学堂、武备学堂、自强学堂、实学馆之类，其不能得异才，何也？言艺之事多，言政与教之事少。"而且，洋务教育有三大"病根"："一曰科举之制不改，就学乏才也。二曰师范学堂不立，教习非人也。三曰专门之业不分，致精无自也"④。

一言以蔽之，借用1895年8月《申报》上刊载的一篇文章的题目来概括，即："宏学校以育真才"。该文称"今夫学校者，人才之根本也"，"非宏学校无以广收人才"，"一国之人才视乎学校，学校隘则人才乏，学校广则人才多"⑤。

相比之下，严复的思想又先进了一步，他从泰西各国包括日本的经验中认识到"西洋今日，业无论兵农工商，治无论家国天下，蔑一事焉不资于学"，"各国皆知此理，故民不读书，罪其父母。日本年来立格致学校数千所，以教其民"，"而中国忍此终古，二十年以往，民之愚智，益复相悬，以与逐利争存，必无幸矣"⑥。表达了他对中国学校不兴之忧，而且能看出他对欧美、日本各国推行的义务教育已经有所认识，并持赞赏态度，可称得上是清末义务教育推行的思想先驱。

（2）"著意科学"的科学教育思想　中日甲午战争以后，国人更加推崇西学，前面所引《申报》"宏学校以育真才"一文，在认为学校是"人才之根本"的同时，认为"格致者，学问之根本也"；宏学校可以广收人才，而

① 朱有瓛主编.中国近代学制史料（第一辑上册）.上海：华东师范大学出版社，1983.590
② 郑振铎编.晚清文选（卷下）.北京：中国社会科学出版社，2002.196～200
③ 陈学恂主编.中国近代教育文选.北京：人民教育出版社，2001.110
④ 同③，第131～132页
⑤ 宏学校以育真才.申报，1895－06－15.上海书店，1983，影印版，50：621
⑥ 同③，第198页

"非崇格致无以大明学问"。因此，"培养人才必自学校始，求学问必自格致始，而后所得人才乃为真才，所得学问乃为真学问"①。

不过，在反思洋务运动时期科学教育的基础上，中日甲午战争以后的知识分子推崇的以科学为主要内容的教育，其内涵要广泛许多。这与此时期知识分子在科学观和科学方法上的理解更深刻密切相关②。

在此尤为值得一提的是思想家严复，他在《与〈外交报〉主人论教育书》一文中突出地阐发了他的科学教育观点，他在批判了当时流行的"中体西用"说的基础上，指出"政艺二者乃并出于科学，若左右手，然未闻左右之相为本末也"，他表明"中国所本无者，西学也，则西学为当务之急明矣"。而在西学之中，"今世学者，为西人之政论易，为西人之科学难。"但是，如果"其人既不通科学，则其政论必多不根，而于天演消息之微不能喻也，此未必不为吾国前途之害"。所以，严复进一步倡导："故中国此后教育，在在宜著意科学，使学者之心虑沈潜浸渍于因果实证之间，庶他日学成，有疗病起弱之实力，能破旧学之拘挛，而其于图新也审，则真中国之幸福矣"。③

1905年，清政府设立学部，学部尚书容庆于次年呈递了《奏请宣示教育宗旨折》。在这个奏折中，他主张："今中国振兴学务，固宜注重普通之学，令全国之民，无人不学，尤以明达宗旨，宣示天下，为扼要之图"，以"忠君、尊孔、尚公、尚武、尚实"为宗旨④。其中所谓"尚实"，就是：

"今欲推行普通教育，凡中小学堂所用之教科书，宜取浅近之理与切实可行之事以训谕生徒，修身、图文、算术等科，举其易知易从者勉之以实行，课之以实用；其他格致、画图、手工皆当视为重要科目，以期发达实科学派"⑤。

这个教育宗旨，虽然仍带有很强烈的保守主义色彩，有很大局限性，但在客观上为各级各类学校教育和科学传播提供了一定的合法地位，应当说有一定的历史进步意义。

3. "癸卯学制"中所包含的科学教育思想

"百日维新"期间，光绪帝采纳了康有为等维新知识分子的主张，在教育方面发出了许多改革政令，但是由于这场维新运动很快就失败，所以这些改革政令大都遭到停罢的命运。"庚子之变"以后，清政府迫于内外交困的形式，宣布推行"新政"，在教育上作了大幅度的改革，这些变革很大程度上是

---

① 宏学校以育真才.申报,1895－06－15.上海书店,1983,影印版,50:621
② 这段内容本章第一节已经有所介绍,故从略。
③ 陈学恂主编.中国近代教育文选.北京:人民教育出版社,2001.220、223、225～226
④ 杨际贤、李正心主编.二十世纪中华百位教育家思想精粹.北京:中国盲文出版社,2001.91
⑤ 朱有瓛主编.中国近代学制史料(第二辑上册).上海:华东师范大学出版社,1989.115

维新运动时的继续和发展，而 1902 年和 1903 年学部颁行的"癸卯学制"则是一个标志，具有划时代的意义。它是中国教育史上出现的第一个现代学制系统，中国的教育自此以后才可说是真正具有了现代性，学制颁行以后的清末教育也呈现快速发展的态势，科学教育有了较为可靠的制度保障。因此，研究"癸卯学制"中所体现的科学教育思想对清末教育思想的研究有很大价值。

（1）较为完备的学制系统体现了科学普及思想的萌芽　张百熙在 1902 年的《进呈学堂章程折》中从中国古代学校那里找到效法西方各国近代学制的依据，那就是《礼记》中的一句话："家有塾，党有庠，术有序，国有学"。认为各国现行制度，"颇与我中国古昔盛时良法，大概相同"。这虽然有牵强之嫌，但是为朝野上下能够接受提供了一个心理缓冲。而且，张百熙进一步建议朝廷加大推行力度，"凡名是实非之学堂，及庸滥充数之教习，一律整顿从严，以无负朝廷兴学育才之盛心"[1]。

从学制的结构上看，这个学制纵向上初等教育到高等教育俱有，各级学校都设有不同程度、不同分量的科学内容的课程，可以保证科学教育的连续性；横向上包括普通教育、师范教育和各类职业教育，使学生既可学习普通之科学，又可以根据各自情形学习专门之科学技艺。

从内容上看，一方面从各级各类学校的课程设置上，保证科学作为学校教育的内容，如小学设算术、格致等课程，中学设算学、博物、理化等课程，高等学堂则实行分科学习。另一方面，尤其是初等教育，体现了初步的普及义务教育思想，一定程度上从制度方面保证科学教育的普及，如《奏定初等小学堂章程》（1903 年）中规定：

"外国通例，初等小学堂，全国人民均应入学，名为强迫教育；除废疾、有事故外，不入学者罪其家长。中国创办伊始，各地方官绅务当竭力劝勉，以入学者日益加多，方不负朝廷化民成俗之至意"[2]。

这些政策，从制度上保证了学校中的科学教育能够得到实施，从中能够体会到学制制定者们传播、普及科学教育的思想端倪。

（2）学制中体现的科学教育方法的思想　虽然"癸卯学制"颁行后的实践中，各种学校因师资缺乏，设备困难，多不遵照规定开设各门科学课程；而且所授课内容肤浅，教法不良，教学器材匮乏，导致徒有形式而实际上较

①　陈学恂，主编. 中国近代教育文选. 北京：人民教育出版社,2001. 278～279
②　舒新城编. 中国近代教育史资料（中册）. 北京：人民教育出版社,1961.416

为空虚①。但是，从学制的规定内容上看，其本身体现了一些科学教育方法的思想。

1）科学课程注重联系实际、激发学生兴趣，并务求与实际、实用相结合：如《奏定初等小学堂章程》（1903 年）规定格致课程："其要义在使知动物植物矿物等类之大略形象质性，并各物与人之关系，以备有益日用生计之用。惟幼龄儿童，宜由近而远，当先以乡土格致。先就教室中器具、学校用品、及庭园中动物植物矿物（金石煤炭等物为矿物），渐次及于附近山林川泽之动物植物矿物，为之解说其生活变化作用，以动其博识多闻之慕念"②。这里可以看出格致课程的要求是与实际应用结合，教学方法上注重直观，并希望以此能使学生产生"博识多闻之慕念"，即激发学习兴趣。

2）教学以讲解法为主，循序渐进、循循善诱，反对体罚："癸卯学制"的初级学堂章程都把讲解法作为最重要的教学方法，认为"讲解明则领悟易"；而且各科"讲授之时不可紊其次序，误其指挥，尤贵使贯通印证，以为补益"；"凡教授儿童，须尽其循循善诱之法，不宜操切以伤其身体，尤须晓以知耻之义；夏楚只可示威，不可轻施，尤以不用为最善"③。

3）科学课程重视实验与演示："癸卯学制"对中等和高等学堂的科学教育十分重视实验法和演示法。如《奏定中学堂章程》就规定："凡教博物者，在据实物标本得真确之知识"，"凡教理化者，在本诸实验，得真确之知识"④。还要求中等和高等学堂应当设各种实验室、器具室、标本室等科学教育辅助设施。

4. 推行"新政"后，清末出现的教育科学化萌芽

20 世纪初，中国资产阶级知识分子的力量逐步壮大，他们更加了解西方、了解世界，对于国外先进科学也更易于接受和吸收。但是由于当时国人对"科学"的理解还没有像我们今天这样主要限定在自然科学范畴，因此，当时的新知识分子把教育学科也是当作科学来加以学习和传播的。而作为教育学科领域的"教育学"与"心理学"在中国学校教育领域的传播和发展，并被广大教育工作者所接受，本身对于科学教育思想的传播和发展就是有利的。加上这一时期由于清政府推行"新政"而带来的政策与环境的相对宽松，科学教育和传播更加深入人心，知识分子对科学教育思想的讨论本身也更加科学化。因此，这一时期的学校教育中已经出现了教育科学化的思想和实践的

① 汪灏.科学教育半个世纪的潮起潮落.杜成宪,丁钢,主编.20 世纪中国教育的现代化研究.上海:上海教育出版社,2004.202

② 舒新城编.中国近代教育史资料（中册）.北京:人民教育出版社,1961.421

③ 同②,第 426、440 页

④ 同②,第 511 页

萌芽。

（1）智育与德育、体育之关系　1903年6月3日的《申报》上登载了一篇题为"论教育"的文章，作者针对当时世人皆讲求科学的情况，指出讲求科学的同时也必须注重道德的修养：

"昔者美人西列尽人可有，设无道德以约束之，恐聪明有误用之时，才学悉害人之具。美人赫普经又谓：有学之人虽较胜于未受教化之野人，然有学而无德则其伤风俗坏伦常之权力，较诸未受教化之野人，而其害更甚。是则有教育斯人之责者尤当心知之而，神会之而。受人之教育者，亦当心知而神会之。斯乃为尽教育之道而"①。

严复1906年1月10日发表于《中外日报》的"论教育与国家之关系"一文，结合时势，详细阐述了关于智育与德育、体育之间关系的思想。他说：

"是以讲教育者，其事常分为三宗：曰体育，曰智育，曰德育。三者并重。顾主教育者，则必审所当之时势而为之重轻。是故居今而言，不佞以为智育重于体育，而德育尤重于智育"②。

把智育放在体育之前，因为个人不讲卫生，关键是无知，有了文化知识，卫生健康问题就迎刃而解了：

"至于个人体育之事，其不知卫生者，虽由于积习，而亦坐其人之无所知，故自践危途，日戕其生而不觉。智育既深，凡为人父母者，莫不明保持卫生之理，其根基自厚，是以言智育，而体育之事固已举矣"③。

在实行智育与德育教育时，应把德育放在首位，因为社会的存在基于天理人伦，如果天理亡、人伦堕，社会就难以存在。强调德育，正是为了使社会永存，而继承和发扬中国传统伦理道德的精华，向学生进行道德教育，则是社会文明的重要方面：

"今夫社会之所以为社会者，正恃有人伦耳！天理亡，人伦堕，则社会将散；散则他族得以压力御之，虽有健者，不能自脱也。此非其极可虑者乎？……惟此之关系国家最大。故曰德育尤重于智育也"④。

由此可见，严复是将智育放在德育和体育之间的位置，他的德育、智育、体育并重的思想在近代中国教育史上要早于蔡元培"五育并举"的思想。

（2）有关科学教育方法的思想——教育科学化的思想端倪　教育科学化是指用科学的方法，即通过教育实验、教育、心理测验等手段对教育问题进

---

① 论教育.申报,1903－06－3,上海书店,1983,影印版,74:219
② 牛仰山,选注.天演之声——严复文选.广州:百花文艺出版社,2002.176
③ 同②
④ 同②,第177～178页

行分析和实验，以促进教育成为一门可以量化的科学①。中国的教育科学化运动应是从引进国外教育学、心理学理论，并在教育过程中将其逐渐付诸实践开始发端的。20 世纪初，教育学、心理学随其他科学一起引入中国，从前面内容的介绍中就可见近代教育学影响的痕迹。这一时期，不少知识分子对科学教育的方法从教育学和心理学的角度上加以讨论，亦有不少教育家在实践上已有所行。所有这些，表明清末国内已经出现教育科学化的思想端倪，并为 20 世纪 20 年代后国内兴起教育科学化运动奠定思想和环境基础。

被于右任奉为"丹徒国师"的近代教育家马相伯，在其教育生涯中特别重视科学教育。1903 年他为震旦学院制定课程时，以物理学、化学、象数学为"质学正课"，动物学、植物学、地质学、农圃学、卫生学、簿记学以及图绘、乐歌、体操为"附课"。他指出要发展实业，必须"热心中国科学运动"。因为"科学制器，利用厚生"，有利于政府"用国货、造国防"，人民"按科学造食、用所需"。在科学教育的方法上，他特别指出，为了培养中国科学建国的人才，必须爱护"儿童的好奇心和好动的倾向，以及时时发问的兴趣"，要"十分小心地培养儿童的幻想力，利用他们这种幻想力发展他们创造的天才"；因为"富于幻想力的儿童便是他的天才之萌芽!"② 可见马相伯在科学教育的方法论上，已经注意到了尊重和保护儿童天性，鼓励和激发儿童兴趣，并注重培养他们的创造力。

王国维对这一时期科学教育思想的发展也有非常之贡献。他于 1901 年协助罗振玉创办《教育世界》杂志，并于 1904 年代罗振玉为《教育世界》主编③。鸦片战争后，洋务学堂、教会学校等中国近代新式学校虽然引进了西方的教育内容和方法等，但从未开设过教育学方面的专业课程。因此，直到 19 世纪末，教育科学领域在中国仍然是一块未开垦的处女地。对此，王国维曾感叹道："以中国之大，当事及学者之多，教育之事之亟，而无一人深究教育学理及教育行政者，是可异也。以余之不知教育且不好之也，乃不得不作教育上之论文及教育上之批评，其可悲为如何矣"④。因此，他翻译和撰写了大量有关教育科学和外国教育家思想的文章和书籍，对赫尔巴特教育学的传入尤其功不可没，中国教育学界很长一段时间都称赫尔巴特教育理论为"科学教育理论"⑤。另一方面，王国维对科学教育也很重视。在 1903 年所写的《论

---

① 张振助.庚款留美学生与中国近代教育科学化运动.高等师范教育研究,1997,5:73

② 杨际贤,李正心主编.二十世纪中华百位教育家思想精粹.北京:中国盲文出版社,2001.20

③ 王国维学术简谱.国学论坛:http://bbs.guoxue.com/viewtopic.php? t=40108&start=0,2004-8-26

④ 肖朗、叶志坚.王国维与赫尔巴特教育学说的导入.华东师范大学学报(教育科学版),2004,4:77

⑤ 同④

教育之宗旨》中，他所推崇的"完全之人"兼备"身体之能力"和"精神之能力"，而"知力"同"感情"及"意志"一道组成了这种"精神之力"。在他看来，形成"知力"所要学习的"知识又分为理论与实际二种。溯其发达之次序，则实际之知识，常先于理论之知识。然理论之知识发达后，又为实际之知识之根本也。一科学如数学、物理学、化学、博物学等皆所谓理论之知识。至应用物理、化学于农工学，应用生理学于医学，应用数学于测绘等，谓之实际之知识。理论之知识，乃人人天性上所要求者。实际之知识，则所以供社会之要求，而维持一生之生活。故知识之教育，实必不可缺者也"①。这种知识的教育实际上就是以科学为内容的教育。

笔者对《申报》这一时期登载的有关教育方面的文章加以考察，发现尤以科学教育方法方面的文章篇幅为多。而且，这些文章明显是力图用教育科学原理来探讨当时教育中存在的问题，并依据教育科学原理提出看法和建议：

1）学校教育要建立在教育科学和心理科学基础之上：这一时期，西方的教育学和心理学已经被介绍到我国，并开始被中国教育界所接受和学习、应用，如前文所说王国维对西方教育学的引入就做了很大贡献；从当时的报纸有关教育的文章中也可以看到赫尔巴特、卢梭等人名常被提及②；当时的一些知识分子已经开始意识到，学校教育要建立在科学的教育学和心理学基础之上，并主张在实践中推行。

"仅言教育非得感觉、知觉之锐敏及观察之精确，则不足言记忆力、推理力之锻炼。人生当受教育时期，理解力、判断力俱未充裕，断不能强制其心意，使之记忆助长其心意使之融解。人心既有，自己必有自识之作用。当小儿时意识甚不发达。于人己之界，往往不能详辨。迨年，齿渐长，屡受外界接触，而自识作用亦渐觉露，有富于神经者，有长于胆汁者，若者，多血而不能持久，若者，粘液而短于理解。主教育者必一一先有以体察之，而为因材施教之地。"③

"要而言之，主教育者于教授新知识时，先唤起其儿童之旧知识以收聆其未来之新知识，是谓预备。预备既周，然后乃提出新事项使理会之，是谓提示。由是而彼此比较以发现其异同，是谓比较。由是抽出其共同之点以构成为概念，是谓总括。由是以应用此概念于种种特殊之地，是谓应用。合之即为教授上五段阶。条分缕析、纲举目张，经彼中教育家之递为修改而髓定为

---

① 郑振铎编.晚清文选（卷下）.北京：中国社会科学出版社，2002.371～372
② 如《申报》1909年11月27日载"论中国急宜改良教育"（续）一文中提及的"教育家海氏"即赫尔巴特（《申报》影印版第103册，第418页）；《申报》1910年6月16日载"小学教育之评论"（再续）中提及的"卢骚"即卢梭（《申报》影印版第106册，第748页）。
③ 论教育上急宜改良之要点.申报，1909－10－01，上海书店1983年影印版，102：450

学堂通则。一国如是，各国踵行，几几视为言教育者一成不易之典则。"①

而且尤为难能可贵的是，作者们并没有拘泥于教条，而是主张根据学校教育的实际活学活用、灵活掌握：

"教育书中言之甚悉，为教员者宜以之为参考。且有治法尤贵有治人。死法当活用，庶几易收效果。即如教育家海氏学派之五段②教授法，非尽可运用，若于各教科一律死守之，则异于不学者几希。"③

2）提出了一些科学的教育教学原则：依据教育学和心理学，结合学校教育实践，当时的一些知识分子已经提出了一些科学的学校教育教学原则。如：

ⅰ 教育要尊重儿童的天性：

"顾教育之事，所最要者，在于以活动之方法，与儿童自然之天性相为调和。盖学生之遗传、境遇、天赋、能力及偏癖既已各生差别，则教育者自当兴以活动创作，选择自治自制之机会，使之有自主自由勃勃生气，养成其敏于观察、习于奋斗（勇往直前不为境沮之意）之能力，此小学教师之责任也。"④

ⅱ 依据儿童个性因材施教：

"有富于神经者，有长于胆汁者，若者，多血而不能持久，若者，粘液而短于理解。主教育者必一一先有以体察之，而为因材施教之地。"⑤

ⅲ 主张课堂教学遵循融会贯通、循序渐进的原则：

"以切实其理解、判断之，力使个别之教材，自简而繁，自易而难，自已知而进于未知；连合新旧各观念而融化之。"⑥

3）对课堂教学方法和策略也有了一定程度的科学认识：当时的知识分子已经接受了赫尔巴特学派课堂教学过程的"预备、提示、比较、总括、应用"五阶段理论⑦，主张在课堂教学中遵循由直观到抽象的原则，合理运用归纳法、演绎法等科学方法⑧；还主张教学不能因循守旧、拘泥陈法。而应增广学生趣味，活泼儿童性情：

"夫教育之要旨，固不重法式而重活泼儿童之性情，使之多增趣味也。"⑨

4）在教育管理方面也提出了一些正确主张：对于教育管理，要求教师灵

---

① 论教育上急宜改良之要点. 申报，1909－10－01，上海书店 1983 年影印版，102：450
② 通"假"，阶段之意。"五段教授法"即五段教学法。
③ 论中国急宜改良教育（续）. 申报，1909－11－27. 上海书店，1983，影印版，103：418
④ 小学教育之评论（再续）. 申报，1910－06－16. 上海书店，1983，影印版，106：748
⑤ 论教育上急宜改良之要点. 申报，1909－10－01. 上海书店，1983，影印版，102：450
⑥ 同⑤
⑦ 同⑤
⑧ 同⑤
⑨ 同④

活处置、言传身教：

"至于训练管理二项更非易事，彼运用敏妙者，随处可施其灵活变化之手段，行赏罚无伤师弟之感情，一动一言，皆有监督之方法。其尤善者，休假、罢课之时中心耿耿于训育，口讲指画之际，两目炯炯于全堂。学校中有此等教员，则学生反抗之祸消弭无形，修身成绩之良可操左券。若夫女学堂教员，则尤宜庄重不佻，以身作则。一面于训练管理二者，加以特别之注意，则于教员之职任庶不稍留遗憾也……"①

对学生的教育也不能刻板划一，不能用"同一之方法，同一之言语以教授管理学生"，"聚此个性各别之儿童，列坐并读，为教师者能以同一时间、同一方法、同一言语，冶五金于一炉而出之，使彼铁也、锡也、铜也、铅也，尽去其质而咸成为灿灿之黄金。吾人固敢信其无此之神秘之术也"②。

在学生管理上反对用军人式的管理方法来管理学生：

"且夫学生者，非军人也。以军队之纪律，绳小学校之学生。此其纰缪，有非言语所能尽者矣。今之谈学校管理者，率主张严格是。学生之动作、言语、进退、起居，无一不干涉之。"③

从而导致"杞柳栲栳，强为抑制，摧其生机，滞其性灵，致使活泼儿童毫无方春之气，举眼一瞩，尽成悲境"的状况。④

作者强调应与儿童天性相合进行管理和教育：

"顾教育之事，所最要者，在于以活动之方法，与儿童自然之天性相为调和。盖学生之遗传、境遇、天赋、能力及偏癖既已各生差别，则教育者自当兴以活动创作，选择自治自制之机会，使之有自主自由勃勃生气，养成其敏于观察、习于奋斗（勇往直前不为境沮之意）之能力，此小学教师之责任也。"⑤

从这一时期国人对国外教育科学的引入、学习，以及在学校教育实践中的应用，已经初见民国后教育科学化运动的端倪。

中日甲午战争后，国人对待西方文化的态度有了巨大的转变，庚子之变则使中国人的文化自信转而陷入深深的失落。洋务运动时期派往各国留学的学生已经陆续学成回国，洋务学堂里的学生也已逐年完成学业，中国新知识分子的数量越来越多。在这种条件下，近代科学在中国的传播速度和范围呈现出前所未有的态势，中国新式知识分子对科学的认识也上升到了新的程度。

① 论中国急宜改良教育(续).申报,1909－11－27.上海书店,1983,影印版,103：418
② 小学教育之评论(再续).申报,1910－06－16.上海书店,1983,影印版,106：748
③ 同②
④ 同②
⑤ 同②

这不仅表现为"科学"名词的使用，也体现在人们正逐步超越实用理性层面上的"器"与"技"，从而相对较为深入地触及到了科学方法、科学精神，乃至开始与平等、民主、自由等科学价值观、世界观相联系。在人们眼中，科学已不再是形而下的"奇技淫巧"，而是形而上的治世之"道"。从本章前面对这一时期科学传播状况的介绍之中可以看到，新式知识分子已经能够基本准确地了解和把握兴起于西方的近代科学了。借用英国科学哲学家托马斯·库恩的"范式"① 概念，中国已经开始形成近代科学共同体的萌芽，中国科学的发展已经从中国古代科学的"范式"形式向近代科学的"范式"形式转变，这种转变必然会带来生活方式、价值观等各方面的转变②。

与此相应，维新和新政时期中国的科学教育与洋务运动时期相比也有了很大不同。维新人士不再以培养应用型的洋务人员为目的，而是要"开民智"，使广大中国人民能够改变愚昧状况。新政以后又出现了"强迫教育"的主张，成为普及教育的制度性保障。随着彻底废除科学教育的绊脚石——科举制度，学校教育很快兴起。同时，包括科学学会在内的各种学会，以及报纸、刊物等有力地传播包括近代科学在内的先进文化。学校教育中的科学内容不仅大幅度增加，而且由于教育学和心理学的传入，还出现了教育科学化的思想萌芽，人们主张学校教育应建立在教育学和心理学理论基础上，对科学的教育目标、教育方法、教育原则、教育管理等方面都有所讨论和实践。

虽然此时中国发展进步的根本障碍——专制政体还没有被打破，但迫于内外交困的形式，清政府在被动之中还是作出了一些改革的举动，客观上对清末科学教育的发展有一定程度的帮助。这一时期科学教育加快了实践的进程，它又反过来促进了科学教育和传播的各种思想和主张。

三、影响晚清科学教育思想发展的外部思想因素

美国社会学家帕森斯在他的行动体系理论中，强调了文化子体系的功能之一是维模（Latency），即模式维护的功能。在文化传播中，维模功能使文化圈对外来文化起到了一定的选择作用和自我保护作用。当外来文化有利于原有的文化模式的维护时，便容易被接受，并被作为一种新的营养补充到文化机体之中；而如果外来文化对原有文化模式具有危害或破坏性时，维模功能

---

① 美国科学哲学家托马斯·库恩在其《科学革命的结构》一书中给"范式"下了一个定义："某些实际科学实践的公认范例，为特定的连贯的科学研究的传统提供模型"（第9页）。实际上是指一种科学研究的共同前提基础，如共同认可的话语、定律、理论、应用、方法、逻辑等。这里将这一概念借用到说明中国古代科学与近现代科学之间存在截然不同的区别，说明清末近代科学在中国的发展已开始进入一个新阶段。

② ［美］托马斯·库恩.科学革命的结构.金吾伦、胡新和译.北京:北京大学出版社,2003.86~87

便能起到一种"守门人"的作用，竭力阻止破坏性文化的侵入，这就是所谓的文化维模原理①。

晚清伴随西方舰炮而入的近代科学文化相对于中国延续了几千年的传统文化而言，具有鲜明的异质性。自甲午战争以后，近代科学在中国的传播过程中，中西文化的浸渗与排斥、异质与融合一直没有停歇。对中国科学教育和科学教育思想的发展来说，中国传统文化的维模功能始终在起作用，近代科学与中国文化融合的过程十分艰难。因此，要清晰地认识晚清科学教育思想发展，讨论分析这个过程中起影响作用的几个外部思想因素显得十分必要。

（一）"夷夏之防"思想

中国传统颇讲究夷夏之防，尤其防范用夷变夏，而且很长的历史时期中，周边国家文化不及中国发达的经验也造就了国人根深蒂固的中国中心论，以为文化独中国先进，"夷狄"皆落后；独中国为夏，四周皆夷狄。这种僵化的思维又造成了一种观念，向别国学习即是师夷，师夷即是用夷变夏。

近代科学技术来自西洋，而且是以武力侵略为先导强迫中国人接受的，这激起了卫道之士强烈的抵制意识。他们认为，文化向来是中国人高超，天文历算之学亦以中国为精，根本不用向西人学习："我朝颁行宪书，一遵御制数理精蕴，不爽毫厘，可谓超轶前古矣；即或参用洋人算术，不过借西法以印证中法耳"②；且"夷人吾仇也"，师夷即"忘仇"，没有比这再可耻的了③；抵抗夷人侵略，御侮图强之根本在百姓同仇敌忾之心，有此人心，则制梃可挞坚甲利兵；师夷则此同仇敌忾之心解体，忠义之气消，有利器亦不足以抗击夷人："中国之所贵在人心，……夷人敢与官争，不敢与民抗，其畏我人心，更甚于我畏彼利器。……以洋学为难能，而人心因之解体，其从而习之者必皆无耻之人"④。况且夷人狡诈，未必能将其"精巧"相授："无论夷人诡谲未必传其精巧，即使教者诚教，学者诚学，所成就者不过术数之士"⑤；更有甚者，认为今时所出现的灾害性天气乃师夷而导致的"灾异"，是"天象示警"⑥。这些对学习西方所持的观点，杂糅着对列强的仇恨，对中西科学技

---

① 郝雨."西学东渐"的传播学研究.南通师范学院学报（哲学社会科学版）,2002,2:14

② 朱有瓛主编.同治六年正月二十九日掌山东道监察御史张盛藻折.中国近代学制史料（第一辑上册）.上海:华东师范大学出版社,1983.551

③ 朱有瓛主编.同治六年二月十五日大学士倭仁折.中国近代学制史料（第一辑上册）.上海:华东师范大学出版社,1983.553

④ 中国史学会主编.光绪元年二月二十七日通政史于凌辰奏折.洋务运动（一）.上海:上海人民出版社,1961.121

⑤ 同③,第552页

⑥ 朱有瓛主编.同治六年五月二十二日杨廷熙条.中国近代学制史料（第一辑上册）.上海:华东师范大学出版社,1983.563

术差距的无知，对洋人的误解、猜疑，和传统的夷夏之防的观念、强烈的卫道观念，既有强烈的民族情绪，也有对于中西差异以及世界局势的无知，同时也有基于传统常识而做出的判断①。

这种"夷夏之防"的思想显然对近代科学在中国的传播是极为不利的，当时就有一部分持开放和师夷态度的官员和知识分子对这种观念进行了驳斥。他们认为，西学源于中国，是西人"性情缜密，善于运思，遂能推陈出新，擅名海外耳，其实法固中国之法也"②；而且学习西学之人，"存心正大"，"必能卧薪尝胆，共深刻励，以求自强"③；西人"机汽之学"不过"艺"而已，与中国"圣贤之学"无害，"安可鄙弃而不屑讲求乎?"④ 到了洋务运动后期，随着对科学技术了解的加深，更有人提出科学技术不是西人所独擅的，中国人学得以后，百数十年后有可能超越西人："或曰：以堂堂中国而效法西人，不且用夷变夏乎？是不然。夫衣冠语言风俗中外所异也，假造化之灵，利生民之用，中外所同也，彼西人偶得风气之先耳。安得以天地将泄之密，而谓西人独擅之乎？又安知百数十年后，中国更不驾其上乎?"⑤

"夷夏之防"是一种偏激的民族文化心理，在中日甲午战争前，它对近代科学在中国的教育和传播起了很大的阻碍作用，直到甲午战争激起民族整体觉醒，这种思想的影响才渐渐消褪。

（二）"西学中源"思想

"西学中源"之说最早出现在明末清初第一次"西学东渐"之时⑥，其基本观点是：西方某些科学技术、某些事物，源出中国，是从中国流传出去或从中国学去的，中国学习这些东西，是恢复自己的旧物，不是学习西方⑦。

晚清国门洞开，尤其是洋务运动以后，"西学中源"说在社会中极为盛行，很多官员和知识分子均持这种观点，比如：

"自《大学》亡《格致》一篇，《周礼》缺《冬官》一册，古人名物象数

---

① 邹小站. 晚清官僚士绅对于近代科技的排拒与迎受. 中国社会科学院近代史研究所编. 中国社会科学院近代史研究所青年学术论坛 2003 年卷. 北京：社会科学文献出版社,2005.513

② 朱有瓛主编. 同治五年十二月二十三日总理各国事务奕䜣等折. 中国近代学制史料（第一辑上册）. 华东师范大学出版社,1983.14

③ 朱有瓛主编. 同治六年三月初二日总理各国事务奕䜣等折. 中国近代学制史料（第一辑上册）. 上海：华东师范大学出版社,1983.554

④ 光绪五年六月初五日贵州候补道罗应旒奏折. 中国史学会主编. 洋务运动（一）. 上海：上海人民出版社,1961.177

⑤ 薛福成. 变法. 郑振铎编. 晚清文选（卷上·卷中）. 北京：中国社会科学出版社,2002.286

⑥ 对于谁最早提出了这一说法,研究者的意见似乎并不统一,比如熊月之在《西学东渐与晚清社会》中认为最早是由黄宗羲提出的；左玉河则认为是顾炎武最早提出这一主张。在本文中,笔者不做详考。

⑦ 熊月之. 西学东渐与晚清社会. 上海：上海教育出版社,1994.717

之学，流徙而入泰西，其工艺之精，遂远非中国所及。盖我务其本，彼逐其末；我晰其精，彼得其粗；我穷事物之理，彼研万物之质。秦汉以还，中原板荡，文物无存，学人莫窥制作之原，循空文而高谈性理，于是我堕于虚，彼征诸实。"①

"又况西学者，非仅西人之学也。名为西学，则儒者以非类为耻，知其本出于中国之学，……泰西之字，实本于佉卢也。天文历算本盖天、宣夜之术，《周髀经》《春秋》《元命苞》等书，言之详矣。墨子曰：化微易若蛙为鹑，五合水火土离然，铄金腐水，离本同重，合体类异，二体不合不类，此化学之祖也。临鉴立景二光夹一光，足被下光故成景于上首，……此光学之祖也。亢仓子云：蜕地之谓水，蜕水之谓气。汽学之祖也。《礼经》言：地载神气，神气风霆，风霆流形，百物露生。电气之祖也。……泰西智士，从而推衍其绪，而精理名言，奇技淫巧，本不出中国载籍之外。"②

"铜壶沙漏，璇机玉衡，中国已有之于唐虞之世，……火炮制器，宋时已有，如金人之守汴，元人之攻襄阳，何尝不恃火炮？其由中国传入可知也。"③

"暴秦以降，先王之道存，而先王之法亡。亡之中，传之西。西人拾之，又从而精进之，故其国政与教分。道其所道，道无足观。而法我之法，法乃转盛。"④

持"西学中源"说最典型的是王仁俊，他写了一本《格致古微》，该书从经、史、子、集四部典籍中寻章摘句，将中国传统知识系统中有关"格致学"的内容查找出来，以论证西学确实在中国学术系统中有根基，近代西学源自中国传统古学⑤。

"西学中源"说包含一定合理的因素，比如王韬关于火药在军事上运用的考证；但"西学中源"说许多考证缺乏证据，失于武断。⑥ 这种思想对晚清官员和知识分子的影响也不是单一的，主张学习近代科学技术的人以此观点来证实自己主张的合法性，认为学西方实际上是在学中国固有之术；而反对方同样用此观点来进行批驳，认为既然源出中国，何必去向西人学习，以中

① 郑观应. 道器. 载夏东元编. 郑观应集(上册). 上海：上海人民出版社,1982.242~243
② 彭玉麟. 广学校. 载郑振铎编. 晚清文选(卷上・卷中). 北京：中国社会科学出版社,2002.387~389
③ 王韬. 变法上. 载郑振铎编. 晚清文选(卷上・卷中). 北京：中国社会科学出版社,2002.517
④ 熊亦奇. 京师创立大学堂条议. 载郑振铎编. 晚清文选(卷下). 北京：中国社会科学出版社,2002.187
⑤ 左玉河. 中西学术配置与中国近代知识系统的创建. 中国社会科学院近代史研究所编. 中国社会科学院近代史研究所青年学术论坛2003年卷. 北京：社会科学文献出版社,2005.484
⑥ 熊月之. 西学东渐与晚清社会. 上海：上海教育出版社,1994.721

国之大一定有这种人才。① 综合来看，晚清持此观点的人大都主张学习西方，利用此说来调和中学与西学的矛盾，架起中学与西学的桥梁，减少引进和传播近代科学技术的阻力。到了 20 世纪初，当学习西方、实行新政被定为国策以后，这种理论遭到的批评声越来越大，其存在的市场也就越来越小了。但就晚清科学教育和传播的发展来看，尤其在洋务运动以后，这种观点还是起到了很大的积极作用。

（三）"经世致用"思想

经世思想是儒家的悠久传统，《大学》中"修身齐家治国平天下"是儒家知识分子的一贯追求；是中国儒家知识分子所持有的一种以积极入世的价值观、政治本位的人生观和佐君教民的事业观为核心内容的意识形态。进一步来说，就是面对现实，以研究和解决现实问题为中心，运用古今中外之学为当前现实服务，力求实事求是的一种人文精神和学风。②

鸦片战争前后，中国封建社会的矛盾已经激化，政治腐败，学术空疏，再加上西方列强环伺的局面，可谓内外交困。在这种情况下，一些思想进步、开明的先进官员和知识分子如龚自珍、林则徐、魏源等，主张经世致用，讲求"经国济世"的有用之学。在这种思想要旨下，他们主张务实，讲求功利，有较开明的思想③。在西方文化的冲击下，他们感觉到侵略者的坚船利炮，不是用"夷夏之防"就能防得了的，因而坚定地将儒家传统的"经世致用"思想又往前推进了一步，就是向西方学习，"师夷长技以制夷"，"以实事程实功，以实功程实事"④。

鸦片战争以后主张学习西方的满清官员和知识分子，大都持有"经世致用"思想，正如梁启超所言："鸦片战争以后，志士扼腕切齿，引为大辱奇戚，思所以自湔拔，经世致用观念之复活，炎炎不可抑"⑤。洋务运动和维新变法的出发点就是救亡图存、富国强兵，这本身就体现了鲜明的"致用"特点。在教育上，他们反对科举取士只以空疏无用的八股时文、楷法试帖等为唯一取舍标准，认为学风、士风的败坏就是由此而引起的；转而主张实学教育，认为"算学、重学、视学、光学、化学等，皆得格物至理"⑥，并沿用明清之际的称呼，将近代科学技术称为"格致"而纳入到中国传统"儒学四

① 1867 年奕訢与倭仁所代表的洋务与守旧两派关于同文馆是否增设天文算学馆之争就体现了这种矛盾，详文请参见：朱有瓛主编. 中国近代学制史料（第一辑上册）. 华东师范大学出版社,1983. 15、559

② 苏中立,苏晖. 执中鉴西的经世致用与近代社会转型. 北京：中华书局,2004. 175

③ 刘红霞. 略论晚清"经世致用"思潮. 山东省青年管理干部学院学报,2003,3：123

④ 魏源. 海国图志叙. 郑振铎编. 晚清文选（卷上·卷中）. 北京：中国社会科学出版社,2002. 17

⑤ 梁启超. 清代学术概论. 上海：东方出版社,1996. 65

⑥ 冯桂芬. 校邠庐抗议. 郑州：中州古籍出版社,1998. 209

门"的知识体系中，这样，近代科学技术教育在"实学"招牌的庇护下得以比较顺利地进行。

但是，"经世致用"思想有着浓厚的功利主义色彩，使得洋务运动时期的科学教育思想过于注重西方近代科学技术中"技"的层面，培养在外交和制器上的可用之才，忽视蕴含在"技艺"背后，为之基础的科学方法和科学精神，并且认识不到广大人民群众接受科学教育的重要性。这直接导致了洋务科学教育的失败。虽然如此，总体来说，晚清时期秉持"经世致用"思想的开明知识分子在此思想引导下，不断务实、求变，探索救国之路、强国之防。"经世致用"思想对科学技术教育思想的发展在一定程度上起了积极作用。

（四）"中体西用"思想

最早涉及"中体西用"思想的是冯桂芬，他在《校邠庐抗议·采西学议》中谈论如何吸收西学时说："如以中国之伦常名教为原本，辅以诸国富强之术，不更善之善者哉"[1]。1898年，张之洞在其《劝学篇》中将之系统化为"中体西用"的理论正式提出。这一思想是清末洋务运动和戊戌维新时期知识界评价和联系中西文化最为流行的说法，绝大多数主张学习西方的官员和知识分子都持这一观点：

"形而上者为道，此中华郅治之隆也；形而下者为器，此外夷之所擅长也。今以中华之大，欲制外夷之蛮，固宜先修富国强兵之道，以端其本，而后用誓陆慄水之器，以制其标。"[2]

"《四书》、《五经》、中国史事、政书、地图为旧学，西政、西艺、西史为新学。旧学为体，新学为用，不使偏废。"[3]

"夫中学体也，西学用也，二者相需，缺一不可，体用不备，安能成才。"[4]

从内容上看，洋务运动时期和戊戌维新时期人们对这一思想的具体理解和侧重是有区别的。这里，笔者侧重其对晚清科学教育及其思想的影响做一简要探讨。在洋务运动初期，"中体西用"思想打破了中国士人"鄙夷"和"耻学西艺"的心理，为引进西学开辟了一条通道。"西学"、"西技"由"奇技淫巧"变成了"御夷之策"，由以西方近代科学技术为"用"，深入到了西

① 冯桂芬.校邠庐抗议.郑州：中州古籍出版社,1998.211
② 曾文荃.曾文襄公奏议（卷24）.转引自贾小叶"晚清督抚西学观念的演进",中国社会科学院近代史研究所青年学术论坛2002年卷.北京：社会科学文献出版社,2004.737
③ 张之洞.劝学篇·设学第三.陈学恂主编.中国近代教育文选.北京：人民教育出版社,2001.248
④ 总理衙门.筹议京师大学堂章程.中国史学会主编.戊戌变法（四）.上海：上海人民出版社、上海书店出版社,2000.296

方的政治制度为"用"，尤其在同治、光绪年间，这一思想大盛①。"中体西用"思想可以说是这一阶段近代科学技术在中国传播、发展的一个理论支柱。

但在清末严复等新知识分子的批判中，"中体西用"思想受到了越来越多的讨伐，尤其从清末新政以后，"中体西用"思想的影响渐渐消逝。

（五）"体用一致"思想

"中体西用"思想虽然在客观上打破了鄙视西学的状况，为近代科学技术在中国的教育和传播打开通道，但是它的局限是非常明显的，它在根本上对科学教育的发展还是有阻碍作用的，因为"中体"这个禁锢始终无法打破。比如，在奠定中国现代学制基础的"癸卯学制"中很明显地体现了其影响，就中等学堂的课程设置可以看出其主导思想是以中学为中心的，其代表中学的课程教学时数高达总教学时数的35.6%。②

当时的一些知识分子已经看到了"中体西用"这一思想深处掩藏的矛盾，其中严复对其做了极其尖锐的批判：

"体用者，即一物而言之也。有牛之体则有负重之用，有马之体则有致远之用，未闻以牛为体以马为用者也。中西学之为异也，如其种人之面目然，不可强谓似也。故中学有中学之体用，西学有西学之体用，分之则两立，合之则两亡。"③

很显然，严复是反对将体用分开，而主张"体用一致"，全面学习西方科学技术的。这种"体用一致"的思想一经提出，就得到了当时许多有识知识分子的赞同和响应。在这种思想的引导下，人们对近代科学的学习和引进范围急剧扩大，科学教育及思想也有更大发展，为民初科学教育思潮的形成奠定了基础。

科学教育思想作为一种社会思想，在其传播与发展过程中，必然要受到社会上流传的其他思想的影响。上述分析的几种社会思想对鸦片战争后中国科学教育影响很大，或多或少在西方文化的传播过程中起了对中国传统文化的"维模"作用。但是，从"夷夏之防"到"体用一致"的这些社会思想的发展变化过程，也能够看到晚清时期社会思想的演变也是逐渐从壁垒森严的封闭、保守，逐渐向开放、灵活过渡的。所以，科学教育发展的趋势已经很明显地呈现在清末中国社会发展轨迹中，这一历史潮流将继续生存和发展壮大。

---

① 苏中立，苏晖. 执中鉴西的经世致用与近代社会转型. 北京：中华书局，2004. 149

② 王伦信. 清末民国时期中学教育研究. 上海：华东师范大学出版社，2002. 90

③ 严复. 与《外交报》主人论教育书. 陈学恂，主编. 中国近代教育文选. 北京：人民教育出版社，2001. 219～220

第二部分

"五四"新文化运动时期的科学教育思想研究
(1915～1927)

一、五四先哲对科学本质的探讨

科学教育的健康理念，应建基于对科学本质的准确理解。历史上，不同的科学观曾经对科学教育的基本理念产生过不同的影响；对科学本质的不同理解，决定了科学教育为什么教、教什么和如何教的问题。因此，要探求五四先哲对科学教育思想的认识，首先要弄清他们对科学本质的理解。

（一）国人对科学的无知和误解

众所周知，中国古代的科学技术曾经灿烂辉煌过，但由于传统文化中的狭隘的实用观点以及长期的"经解模式"的治学方式等原因，凡是与治国安邦、国计民生关系不明显密切的纯理论、纯知识，社会对它都缺乏应有的钻研和探究的热情。这导致士子求学基本上都专心于经学，其他学问如天文、地理等均受到轻视，精通此技能者被社会视为"小技"之才。因此，科学教育一直没有得到人们的重视，未能得到很好的发展，中国的科学技术也渐渐地落后于西方。

产生于欧洲的近代科学和技术在中国的传播，首先是由基督教传教士以渗透的方式输入进来的，他们的传教活动使中国人接触了西方的科学技术。当近代西方文明与殖民主义的野蛮行径同时展现在中国人面前的时候，早期地主阶级开明人士做出了"师夷长技以制夷"的抉择。随后，洋务派提出了"中体西用"的指导思想，率先将近代的科学知识纳入教学内容，并且开办了新式学校，还派遣留学生出国留学，打破了以儒学为中心的传统思想文化在中国教育中的一统天下局面，开创了中国近代科学教育的先河。但是，中国传统儒教文化和士大夫知识分子根深蒂固的"本末"、"体用"观念及其在社会潜意识中的制约，曾经长期禁锢人们的思想，再加上当时守旧思想和习惯势力依然十分强大，力图将中国拉回孔教儒学的旧轨。因此，到五四新文化运动时期，虽然学校科学教育体制已基本形成，但科学教育体制在形态上的确立并不反映社会对科学教育价值的普遍认同，人们对待科学和科学教育的观念还存在分歧甚至严重偏见。

1. 对科学的误解

任鸿隽认为国人对科学以及科学家存在着三大误区：第一，说科学这东西是玩把戏，变戏法，无中可以生有，不可能的变为可能，讲起来五花八门，但对于我们生活上却没有什么关系。所以，科学家"也就和上海新世界的卓别林、北京新世界的左天胜差不多"。第二，说科学这个东西，是一个文章上的特别题目，没有什么实际作用。因此，把科学家仍旧当成文学家，"只会抄袭，就不会发明，只会拿笔，就不会拿试验管"。第三，说科学这个东西，就是物质主义和功利主义。所以要讲究兴实业的，不可不讲求科学。科学既然如此，科学家"也不过是一种贪财好利、争权徇名的人物"①。

在1922年科学社年会的讲演中，梁启超在谈到中国何以今日还得不着科学的好处、中国人何以今日依然是非科学的国民时，深中肯綮地指出：这是由于国人对科学的态度，有根本不对的三点。其一，把科学看得太低了、太粗了。许多人还迷信着"德成而上，艺成而下"，"形而上者谓之道，形而下者谓之器"这一类话，认为科学无论如何高深，总不过属于艺和器那部分，这部分属于学问的粗迹，懂得不算稀奇，不懂得也不算耻辱。他们将"什么超凡入圣的大本领，什么治国平天下的大经纶"视为比科学更宝贵的学问，还自鸣得意地认为：对于那些"粗浅的科学，顶多拿来当一种辅助学问就够了"。其二，把科学看得太呆了、太窄了。误以为科学就是数学、几何学、物理学、化学等，而始终没有懂得"科学"这个字的意义，"近十几年，学校里都教的数学、几何、化学、物理，但总不见教会人做科学。或者说，只有理科工科的人们才要科学，我不打算当工程师，不打算当理化教习，何必要科学？"其三，把科学看得太势利了、太俗了。为随声附和欧美的偏激之论，有些人无端将战争频繁、贫富差距扩大、伦理道德变异和社会动乱等流弊一概归咎于科学的发展，殊不知，"科学是为学问而求学问，为真理而求真理。至于怎样的用他，在乎其人，科学本身只是有功无罪。"梁启超断言："中国人对于科学这三种态度，倘若长此不变，中国人在世界上永远没有学问独立，中国人不久必要成为现代被淘汰的国民。"②

丁文江在"科玄论战"中批评张君劢时，也指出以张为代表的许多中国人误以为西洋的科学是机械的、物质的、向外的、形而下的。他认为："科学的材料是人类所有心理的内容，凡是真的概念推论，科学都可以研究，都要求研究。科学的目的是要屏除个人主观的成见，——人生观最大的障碍——

---

① 任鸿隽. 何谓科学家. 科学,4(10)
② 梁启超. 科学精神与东西文化. 科学,7(9)

求人人所能共认的真理"①。

当时人们之所以对科学的认识还存在着这样那样的偏差，归根结底正如任鸿隽所指出的，人们对科学的误会是由于"但看见科学的末流，不曾看见科学的根源，但看见科学的应用，不曾看见科学的本体。"② 梁启超也认为，除了传统社会心理遗传的因素以外，人们"只知道科学研究所当结果的价值，而不知道科学本身的价值"也是一个重要原因。

2. 对科学教育的偏见

对科学的误解，导致了社会上一部分人对科学教育的偏见。虽然当时大多数社会政要和名流都大力提倡、支持科学教育事业，但也有一些人对科学教育采取鄙薄甚至否定的态度。如 1923 年吴佩孚曾这样对武昌的教师训话："你们办学校，应当教忠教孝，怎么能说适应现代的潮流？中国的教育与外国的教育，原来不同。外国的教育，就是声光化电；中国的教育，就是礼义廉耻。高等师范理化都不应当要。不读经书，学这些事情，有什么用？不过在乡间去变把戏，或者制些药品害人罢了。"③

还有一些人虽然并不否认科学的实用价值，但对科学教育的限度和流弊作了不合时宜的分析。1923 年在中国思想界发生了著名的"科玄论战"，作为玄学派代表之一的张君劢批评科学教育有很多流弊：科学教育以官觉为基础，感官发达之过度，导致仅以耳闻、目睹为凭信，超感官的东西全被抛弃；科学教育使学生脑中装满了因果学说，"视己身为因果网所缠绕，几忘人生在宇宙间独往独来之价值"；科学教育教人重感官满足，于是"求物质之快乐，求一时之虚荣"；科学以分科研究为下手方法，时时以分析为手段，在显微镜中过生活，"致人之心思才力流于细节而不识宇宙之大"；为应付求职谋生，教育家常以现时生计制度为标准养育人才，而片面的手艺教育，会妨碍学生人格的全面发展，"使凡为人类，各得为全人格之活动，皆得享全人格之发展，则为适应环境之科学的教育家所不敢道"。换言之，科学教育与达到全人格发展教育目标中的某些因素没有必然联系，且若只拘泥于科学教育，还会带来某种不良后果，"若固守科学的教育而不变，其最好之结果，则发明耳，工商致富耳，再进也，则为阶级战争，为社会革命。此皆欧洲已往之覆辙，吾何循之而不变乎？国中之教育家乎！勿以学校中加了若干种自然科学之科目为己了事也。欧洲之明效大验既已如是。公等而诚有惩前毖后之思，必

---

① 丁文江.玄学与科学.科学与人生观.沈阳:辽宁教育出版社,1998.49
② 任鸿隽.何谓科学家.科学(第4卷),第10期。
③ 滌.军阀重轭之下的湖北教育.民国日报(副刊《觉悟》),1923–04–17

知所以改弦易辙矣。"①

瞿菊农在《人格与教育》一文中陈述了类似的观点。他认为教育的任务有两方面：一方面求身与心的调和的发展，无使为外物所制；另一方面就是人格的自觉。而科学教育的最大贡献，是在理知方面的，其作用是极其有限的，因为"人们用理知得来的知识只是相对的知识。得了这种知识固然可以解决实际上的各项问题，对付实际上随处发生的事情；但是人仍不能完全免乎他的桎梏。因为仅是知识虽然可以超脱一些物的束缚，却不能完全超脱。所以仅仅有实际教育，还是不够的。"② 如果太偏重知识，而忽略人生别的方面，即使知识方面的教育登峰造极，也只是畸形的发展。"不调和的教育的结果，便是变态的人生，不特不能助人格之实现，且足以阻碍人格之完成。知识教育固然重要，而精神教育情感教育等也极重要。"此外，他认为科学方法也并不是无所不能的，"科学方法便是从事实归纳求公例的方法。科学方法注重实验，以为非实验得来的便靠不住。"而实验只以官觉所及的为基础，否认官觉以外的存在。"但人生决不仅是感觉和经验，假如学生仅以此为满足，则对于精神生活便不能了解，而为物界所限。"科学家研究的对象是自然的各方面，科学家研究自然，必须假定自然是死的，否则无从下手。"但因此便为人类设了一敌，却不道根本上原是调和的。若不能了解这根本上的调和，更何从而说到人格的实现。"③

由于国人对科学的无知和误解，一方面影响了人们对科学教育的认可，另一方面导致了科学教育在实践上的诸多弊端。《科学》杂志在第 9 卷第 1 期发表了社论《科学教育与科学》，评论到："虽然科学教育重要矣，而科学本身之尤为重要。""问今之科学教育，何以大部分皆属失败，岂不曰讲演时间过多，依赖书本过甚，使学生虽习过科学课程，而于科学之精神与意义，仍茫未有得乎？"追究当时科学教育的各种弊端，一个根本原因就是对科学本质的误会。"换词言之，即有科学乃有所谓科学教育，而国内学者似于此点，尚未大明了。"所以，"言科学教育而不可不先言科学"。④ 1921 年，美国教育家、哥伦比亚大学教育学院教务主任、教育史教授孟禄应邀来华调查中国实际教育问题时也指出我国中学科学教学之不良有两个原因，其中一个就是"中国人对于科学的概念不明了。即视科学为名词与分类的事体。现在新的科学概念，不是要记科学名词，乃是要利用自然的势力，就是注重实用主义。"⑤

_____

① 张君劢.再论人生观与科学并答丁在君.科学与人生观.沈阳:辽宁教育出版社,1998.99
② 瞿菊农.人格与教育.科学与人生观.沈阳:辽宁教育出版社,1998.225
③ 同②,第 229 页
④ 科学教育与科学(社论).科学,9(1)
⑤ 孟禄的中国教育讨论.新教育,4(4)

对此，五四先哲们开始在各种场合、各种书刊报纸、各类学校发表对科学内涵、外延、特质、功能等等的认识，全方位、多角度地对科学进行透视，其认识达到相当的深度和水准，扭转了人们对科学的误解，促进了近代科学教育的改革。

（二）五四先哲对科学的内涵、外延、特质、功能的再认识

由于近代科技起自实学与西学的结合，因而"科学"概念及其含义在中国有一个历史演变的过程。在中国古代，专制社会的学术文化长期被儒家经典所笼罩，科学技术是被看作"形而下"的末艺，不被重视。因此，在中国古代词汇里找不到一个可以与"科学"相对应的名词。到了近代，在西方"坚船利炮"的强力冲击下，传统中国不得不接受"科学"这一独立于经学之外的崭新学问。于是，近代中国人只好用含义远出于"科学"之外的经学语言"格致之学"来指代。用"格致"指称"科学"概念，在当时有其合理性，有利于西学在中国的传播。但"格致"概念的使用，势必又会将经学"格致"中的其他含义尤其是伦理道德修养的含义带入近代"科学"的概念之中，影响近代中国人对"科学"概念的准确理解。如洋务派，视科学为一种制造器用的工艺技术；维新志士视科学的内涵为"是直接制约着人们以什么方式来把握必然之理与因果关系的方法论和世界观"，从而将科学的内涵从"器"的层面演进到"道"的层面，但无论是洋务派，还是维新派，都只是从价值意义上认同科学，而没有认识到科学首先是一种知识体系。

"科学"一词最早出现在甲午战争以后。在康有为编的《日本书目志》中，康有为将日本汉字的"科学"直接译为中文。康有为也是中国最早使用"科学"一词的人。他在1898年6月进呈光绪帝的《请废八股试贴楷法试士改用策论折》中多次用了"科学"一词："夫以总角至壮至老，实为最有用之年华，最可用之精力，假以从事科学，讲求政艺，则三百万之人才，足以当荷兰、瑞典、丹麦、瑞士之民数矣。""从此内讲中国文学，以研经义、国闻、掌故、名物，则为有用之才；外求各国科学，以研工艺、物理、政教、法律，则为通方之学。"此后，"科学"一词经严复、蔡元培等人的推广与使用，逐渐为人们所熟知，一些报刊书籍和研究机构逐步开始以"科学"替代"格致"一词。但对科学的真正含义，却一直未得到全面的阐发。严复作为近代中国系统介绍西学的第一人，对西方科学予以高度重视。他的"西学"不单指西方自然科学，还包括西方的社会科学，他还特别强调获致这些科学知识的认识论和方法论。"但严复对西方科学思想的介绍，实际上又把人对科学的认识引向另一极端，即偏向在社会哲学和宇宙观的意义上接受和理解西方科学，把自然科学理论演化为社会科学理论，对于风靡一时的进化论，中国人感到浓烈兴趣的是'物竞天择，适者生存'的思想，而其生物科学的内容

并没有多少人所理解和注意。"①

　　所以，当时国内真正知道科学为何物的人可谓凤毛麟角，任鸿隽对此感到"始不及料"。当他从海外返国，与父老兄弟相问切时，方知尽管"吾国朝野上下，知讲科学"，但是"又以为科学者，即奇制与实业之代表"，"其对于科学之观念，尚不出此物质与功利之间也。"对此，任鸿隽一针见血地指出："奇制实业之不得为科学，犹鸮炙不得为弹也。故于奇制实业求科学者，其去科学也千里。"② 鲁迅也曾尖锐地指出："其实中国自所谓维新以来，何尝真有科学。"③ 所以，到 20 世纪一二十年代，关于科学的含义开始成为广大科学家共同关注的问题。经过探讨，原来笼统、空泛的概念变得越来越精确起来。

　　1. 科学的内涵

　　《科学》杂志的创始人之一任鸿隽在《科学》杂志开卷就指出："科学者，智识而有系统之大命。"科学有广义狭义之分。"就广义言之，凡智识之分别部居，以类相从，井然独绎一事物者，皆得谓之科学。自狭义言之，则智识之关于某一现象，其推理重实验，其察物有条贯，而又能分别关联抽举其大例者谓之科学。"④ 这个定义的要点可以概括为：①科学是有系统的知识；②科学是运用一定的方法研究出来的结果。所以偶然的发现，即使知识如何重要，也不能称之为科学；③科学是根据自然现象而发现其关系法则的。"设所根据的是空虚的思想，如玄学、哲学，或古人的言语如经学，而所用的方法又不在发明其关系法则，则虽如何有条理组织，而不得为科学。"⑤

　　在明确了科学的内涵后，针对国内流行的"西本无学，唯工与商"和科学不过器艺之学等错误观念，任鸿隽进一步指出：第一，我们要晓得科学是学问，不是一种艺术（技艺）。"我们所谓形而下的艺术，都是科学的应用，并非科学本体；科学的本体，还是和那形而上的学问同出一源的"。第二，我们要晓得科学的本质是事实，不是文字。"我们东方的文化，所以不及西方的所在，也是因为一个在文字上做功夫，一个在事实上做功夫的缘故。"⑥

　　持这种观点的并不只是任鸿隽一人，当时还有许多人都认可这种看法。科学社的另一位创始人杨铨随后解释说："科学者，有系统有真理之知识也。大之而宇宙，小之而微菌，深入于心灵感应，浅至于饮食居处，莫不有科学

① 邱若宏.传播与启蒙.长沙:湖南人民出版社,2004.231
② 任鸿隽.科学精神论.科学,2(1)
③ 鲁迅.鲁迅全集(第一卷).北京:人民文学出版社,1981.301
④ 任鸿隽.说中国无科学之原因.科学,1(1)
⑤ 任鸿隽.科学的起源.科学救国之梦——任鸿隽文存.上海:上海科技教育出版社,2002.323
⑥ 任鸿隽.何谓科学家.科学,4(10)

存乎期间"①。"科学之定义吾闻之矣，泛言之为一切有统系之知识，严格言之，惟应用科学方法之事物乃为科学。"② 胡明复对科学作了如下说明："科学观动察变，集种种之变动成事实，集多数事实而成通律，有条有理，将自然界细细分析，至于至微，而自然界运行之规则见焉"③。梁启超撰文表达了相同的观点："我姑从最广义解释，有系统之真智识，叫做科学。"④ 秉志也认为：科学"无非将常识而条理之，俾有系统，更由有系统之常识，造其精深，成为专门之知识而已。"⑤

可见，在他们看来，科学即是运用一定的方法获得的关于客观事物内部规律的有系统的知识体系。不论这些定义和述说完善与否，它已经体现了那个时代人们对科学的普遍解释。如丹皮尔在1929年出版的《科学史——及其与哲学和宗教的关系》一书中，对科学的认识和五四先哲对科学的认识基本是相同的："在我们看来，科学可以说是关于自然现象的有条理的知识，可以说是对于表达自然现象的各种概念之间的关系的理想研究。"⑥ 由此可见，任鸿隽等五四先哲把真正近代意义的科学观带到中国，使国人对科学的认识达到了时代的高度，"改变了近代以来中国人视科学为制造器用的技术（仅仅看到科学的物质性功能和价值）或为一种新型的社会哲学（与片面强调和提升科学的精神性功能、价值有关）的片面认识，使这两种认识在科学的本来意义上得到了统一。"⑦

2. 科学的范围

关于科学的外延或范围，五四先哲一般都做了狭义和广义的区别。就狭义言之，科学是指关于自然的知识；而从广义而言，科学就是一切有系统之知识的总和，既包括自然的，也包括社会的、人事的知识。

任鸿隽依据科学的特性将科学分为两大类："盖科学特性，不外二者：一凡百理皆基事实，不取虚言玄想以为论证；二凡事皆循因果定律，无无果之因，亦无无因之果。由第一说。则一切自然物理化学之学所由出也。由后之说，则科学方法所由应用于一切人事社会之学所由出也。"⑧ 王星拱采用的也是两分法，即科学有两个意义：一个是广义的，一个是狭义的。广义的科学

① 杨铨.介绍科学与国人书.留美学生季报,1915(春季号)
② 杨铨.科学与研究.科学,5(7)
③ 胡明复.近世科学之宇宙观.科学,1(3)
④ 梁启超.科学精神与东西文化.科学,7(9)
⑤ 秉志.科学精神之影响.中国科学文化运动协会编印.科学与中国,1936,13
⑥ ［英］丹皮尔.科学史——及其与哲学和宗教的关系.北京:商务印书馆,1975.9
⑦ 邱若宏.传播与启蒙.长沙:湖南人民出版社,2004.231
⑧ 任鸿隽.科学与教育.科学,1(12)

是：凡由科学方法制造出来的，都是科学的。狭义的科学是指数学、物理学、化学、生物学、地质学等等，"现在已经为'普通'街上所承认为科学的"。①胡明复在讨论科学范围时，借鉴了皮尔逊的思想，他认为："顾科学之范围大矣，若质、若能、若生命。若性、若心理、若社会、若政治、若历史，举凡一切事变，孰非科学应及之范围？虽谓之尽宇宙可也。"② 黄昌毂也指出："到了20世纪，科学的范围，不但是专说自然现象的学问，就是把一切哲理与政治诸学问，都包括在内。"③

不管这些先哲在定义科学时持广义的还是狭义的观点，他们在具体使用"科学"这一概念时，主要还是针对自然科学而言的。任鸿隽曾指出："今世普遍之所谓科学，狭义之科学也。""是故历史美术文学哲理神学之属非科学也。而天文物理生理心理之属科学。"④ 所以，本文在讨论相关的科学功用、精神、方法等也是限定在自然科学的范围内。

3. 科学的功能与价值

随着对科学认识的加深，五四先哲对科学功能的审视也是全方位的，不仅看到科学的外在实用价值，还强调了易于被人们忽视或轻视的科学的内在价值。

科学的实用价值，即科学作为一种物质性手段，可以极大地改变人类的生存状态。诚如梁启超所言：近百年来科学的收获，如此丰富。我们不是鸟，也可以腾空；不是鱼，也可以入水；不是神仙，也可以和几百千里外的人答话。如此之类，哪一件不是受科学之赐？⑤

任鸿隽在论述科学与实业的关系时指出："其实近世的实业无有一件不是应用科学的知识来开发天地间自然的利益的，所以说科学是实业之母。"他分析道：科学与实业的产生、实业的进步、实业的推广实在有着不可分离的关系。现代实业依赖于机器化的生产，而机器的发明自然由科学而来；现代实业的进步依赖于科学的发明与技术的革新，而发明与革新又依赖于科学的研究；实业的推广也依赖于科学，唯必先有科学，方有实业推广的方法和手段。总之，要讲求实业，必须先讲求科学。科学是实业振兴的源泉和基础⑥。同时，任鸿隽还认为，近世国富之增进，主要由于工业发达，"而其工业之起

① 王星拱.科学与人生观.科学与人生观.沈阳:辽宁教育出版社,1998.254
② 胡明复.科学方法论.科学,2(7)
③ 黄昌毂.科学与知行.科学,5(1)
④ 任鸿隽.说中国无科学之原因.科学,1(1)
⑤ 梁启超.科学精神与东西文化.科学,7(9)
⑥ 任鸿隽.科学与实业.科学,5(6)

源，无不出于学问"，"今之工业，有进而无退，何则，有学问以为后盾故也。"① 这里的学问，当然主要指科学。随后，杨铨在《科学与商业》一文认为，世界文明是科学与商业并进的结果，"今之商品不恃天然产物而重制造品，故必工业发达之国而后商业可操必胜之券。"② 中国虽然以拥有商才而名扬天下，但由于没有科学，工业不兴，商业不振，因此振兴经济、发展商业，必先振兴和发展科学。此外，邹秉文发表《科学与农业》，金邦正发表《科学与林业》等文，都细说了科学对农业、林业发展的巨大作用，欲发展中国的农业、林业，必须大力应用科学的成果。

五四先哲们并没有被科学的实用价值冲昏了头脑，他们清醒地认识到，科学的实用价值并非科学本身所固有的，而是通过科学的衍生物即技术为中介加以转化而导致的。杨铨和胡明复从科学的内在结构和研究逻辑的视角着眼，强调不必过分看重科学的实用价值。杨铨说："人已熟闻赞颂科学实利之言，无里述之必要。所不可忘者，应用为枝节，而根株则在理论。昔人培植理论，吾人乃食应用之赐。使今日束理论于高阁，不特科学无进步之望，后人欲求新发明新应用亦不可得矣。"③ 胡明复有言："今日论科学救国者，又每以物质文明工商发达立说矣。余亦欲为是说。""虽然，科学不以实用始，故亦不以实用终。夫科学之初，何尝以其实用而致力焉，在'求真'而已。真理既明，实用自随，此自然之势，无庸勉强者。是以'求真'为主体，而实用为自然之产物，此不可不辨者。"④ 任鸿隽也认为："应用者，科学偶然之结果，而非科学当然之目的。科学当然之目的，则在发挥人生之本能，以阐明世界之真理。为天然界之主而勿为之奴。故科学者，智理上之事，物质以外之事也。专以应用言科学，小科学矣。"⑤

五四先哲还意识到，过分注重科学的应用也有失偏颇，乃至造成某种恶果。黄昌毅这样写到："科学最大之功用固在应用，但是应用太重，其流弊遂至于专尚功利，不顾及道义。因为这缘故，德意志的科学，固然是发达到了极顶，但注重功利太过，其弊到了'质胜文则野'的境界……"⑥ 任鸿隽也指出："科学以穷理，而晚近物质文明，则科学自然之结果，非科学最初之目的也。至物质发达过甚，使人沉湎于功利而忘道义，其弊当自他方面救之不当因噎而废食也。若夫吾国今日，但见功利上之物质主义，而未见学问上之

---

① 任鸿隽.科学与工业.科学，1(10)

② 杨铨.科学与商业.科学，2(4)

③ 杨铨.托尔斯泰与科学.科学，5(5)

④ 胡明复.科学方法论.科学，2(7)

⑤ 任鸿隽.科学与教育.科学，1(12)

⑥ 黄昌毅.科学与知行.科学，5(1)

物质主义，其结果则功利上之物质主义，亦远哉遥遥而不可几。或人之忧，亦杞人之类耳。"① "科学之功用，非仅在富国强兵及其他物质上幸福之增进而已，而于知识界精神界尤有重要之关系。"②

由此可见，五四先哲不仅肯定了科学外在的社会功能，同时敏锐地洞悉了科学知识本身的内在价值。对科学外在实用功能的注重，是有其历史理由的。因为在思想启蒙和社会变革成为时代的中心问题这一历史背景下，科学的物质价值往往更容易直接地突显出来，这有利于科学的传播和启蒙。但只为实用而求知，知识、真理似乎只具有手段的价值，科学知识本身就很难获得独立的品格。若是为真理本身而求知，真理则呈现出自身的内在价值。中国的传统文化似乎讲究的是一种实用主义，历来对"用"给予了较多的关注，知识的追求往往与修（身）、齐（家）、治（国）、平（天下）相纠缠，容易忽视知识的内在价值。而"近代的科学信仰者要求为真理而求真，其深层的意义在于：它以相当的历史自觉突出了知识的内在价值，并赋予知识以独立的品格。这是一种视域的转换，可以说，正是在为真而求真的倡导中，学术的独立才作为一个时代要求而突出起来。"③

二、科学教育的价值

五四先哲对科学内涵的阐释以及对科学价值的肯定，一方面在于帮助国人矫正对科学的误解，另一方面也意在为科学进入教育领域提供理论依据。正是因为国人对科学的认识还有那么多的迷妄和无知，所以普及科学教育显得刻不容缓；正是因为科学的双重价值——既有外在的实用价值，又有内在的精神价值，所以提倡科学教育有着非常重要的意义。

蔡元培曾经说过："教育者，立于现象世界而有事于实体世界也。故以实体世界之观念为其究竟之大目的，而以现象世界之幸福为其达于实体观念之作用。"④ 在蔡元培看来，教育具有双重功能：教育既要立于现象世界，为现实服务；又要进入实体世界，提升人的精神境界。这一时期人们对科学教育的价值取向也可以从现象世界和实体世界两个维度来剖析。

（一）科学教育立于现象世界之意义

科学教育立于现象世界，于国家，可以救亡图存，促进国家的繁荣富强；于个人，则可以改善生活，使个人获得幸福。

---

① 任鸿隽.吾国学术思想之未来.科学,2(12)
② 任鸿隽.在中国科学社第一次年会上的开幕辞.科学,3(1)
③ 杨国荣.论五四时期的科学主义.郝斌、欧阳哲生主编.五四运动与二十世纪的中国.北京:社会科学文献出版社,2001.195
④ 高平叔编.蔡元培全集(第3卷).北京:中华书局,1984.133

1. 科学教育可以救亡图存强国

科学是现代文明的象征，而当时中国最缺的就是科学教育。1921 年孟禄博士在调查中国的教育问题时也指出中国在这一方面的缺陷："教育实为实业发达的基础，而科学又为教育的基础。我观察贵国，实一无科学的国家。所以我对于贵国的希望：科学的进步、科学的实用、科学的普及。"① "科学教学在社会有重大的关系。现在文明的社会与未开化的社会之区别，即在科学上。因为科学知识之用途，就是使人可以操纵天然。从政治方面看来，将来使中国完全独立，即在科学。……假如中国要享独立的权利，必得养成科学上的专门人才。……我想中国要利权不外溢，非想法发达科学不可。"②

（1）科学救国思想　19 世纪末 20 世纪初，资本主义由自由竞争阶段发展到以垄断为特征的帝国主义阶段，各国政府代表本国垄断资本集团为获取最大限度的垄断利益，积极推行对外扩张和侵略政策，在世界各地以武力争夺殖民地。由于资本主义发展不平衡的加剧，新兴的帝国主义国家强烈要求重新瓜分世界。同时，资本主义国家周期性的经济危机和国内阶级矛盾的尖锐化也使帝国主义各国纷纷扩军备战、寻找同盟，企图通过对外发动侵略战争来缓和国内阶级矛盾。于是，1914 年爆发了第一次世界大战，主战场在欧洲。交战双方动用了大量的武力，海陆空三军一同作战，德军首次大量使用毒气，英军也首次使用了坦克作战。在这场战争中，科学发挥出它巨大的威力，有人将这场战争形象地比喻为"科学之战"。

第一次世界大战后，人们从战争的实例中看到了科学决定国势强弱的事实，看到了国力的竞争就是科学的竞争，坚信科学可以救国。刘叔雅断言"科学精者其国昌，科学粗者其国亡，精科学者生，不精科学者死。"③ 王朝扬在《大战与吾人之教训》一文中指出"今日之世界为脑力竞争之世界。无论人与人竞、国与国竞，脑力之使用日渐繁杂。故科学亦趋发达。即就战事言之，制造之术愈究愈精，斯攻守之具愈出愈奇。由陆战演为海战，由海战演为海底与空中之战。……非物质科学进步之结果乎？……然我国则科学幼稚更不足言。制造发明绝无，仅有国防利器且不免仰给外人。长此不进，其何以争存立国。故研精科学，讲求制造，我国人亦宜注意，其勿以形下之学视为无足轻重。"④

在外强凌辱、国步维艰、民生凋敝的社会现实之下，许多著名的思想家、

① 教育界消息·孟禄博士来华后之行踪与言论. 教育杂志，14（1）
② 孟禄的中国教育讨论. 新教育，4（4）
③ 刘叔雅. 欧洲战争与青年之觉悟. 新青年，2（2）
④ 王朝扬. 大战与吾人之教训. 教育杂志，7（5）

科学家纷纷宣传"科学救国"的思想。《科学》月刊明确宣言："救我垂绝之国命，舍图科学之发达，其道末由。"① 蔡元培也认为："欲救吾族之沦胥，必以提倡科学为关键。"② 鲁迅则说："据我看来，要救治这'几至国亡灭种'的中国，……只有这鬼话的对头的科学！——不是皮毛的真正科学。"③ 陈独秀也指出："吾人所有的衣、食、住一切生活的必需品，都是物质文明之赐，只有科学能够增加物质文明。""这些侵略掠夺之无限恼闷，都非科学与物质文明本身的罪恶，而且只有全世界普遍的发展科学与物质文明及全社会普遍地享受物质文明才能救济，这乃真正是科学与物质文明在人类历程中所处的地位。"④

随着人们对科学内涵理解的加深，"五四"先哲们已经不满足于停留在"技术救国"的层面，而把通过科学教育，追求科学真理，以开发民智，变民心习，以培养新型国民作为救国的重要战略。正如任鸿隽所提出的"现今的时势，观察一国的文明程度，不是拿广土众民，坚甲利兵，和其他表面的东西作标准仪，是拿人民智识程度的高低，和社会组织的完否作测量器的。要增进人民的智识和一切生活的程度，唯有注重科学教育，……"⑤ 当时社会上许多有识之士也都大声疾呼：要求国家加大对理科教育的投入，"现在我们不希望中华民国和各国并存在世界上，那也罢了。假如还要希望做成一个独立完全的国家，那么不可以不赶快的注重理科。"⑥ "愚以为吾国不欲国存则已，苟欲图存，则根本之计非由科学进步不可，即非由教育普及不可。"⑦

总之，在许多思想家、科学家、教育家看来，现代文明基于科学，教育为一国立国之根本，一国国势的增长和科学教育事业的进步成正比例。此种思想包含着对科学、科学教育巨大社会功能的信仰，本身具有一定的合理性。但是由于历史的局限性，近代思想家们并不懂得：科学技术的这些社会功能的发挥需要一定的外部条件，在当时的历史背景下，救国之举主要是解决上层建筑的问题，因此近代救亡的历史使命如果单靠科学自身的力量是不能完成的。只有彻底砸碎旧制度，才能救国于危难之中；只有首先争取国家独立和民族解放，科学在一国之内才具备繁荣昌盛的社会条件。但在当时的社会环境下，正如胡适在《〈科学与人生观〉序》一文中所指出的："中国此时还

---

① 科学社致留美同学书. 科学,2(10)
② 蔡元培. 复任鸿隽函. 蔡元培全集 2:393
③ 鲁迅. 随感录·三十三. 鲁迅全集(第 1 卷). 北京:人民文学出版社,1981. 301～302
④ 陈独秀. 评泰戈尔在杭州上海的演说. 陈独秀学术文化随笔. 北京:中国青年出版社,1999. 233
⑤ 任鸿隽. 中国科学社第六次年会开会词. 科学,6(9)
⑥ 吴家煦. 理科的设计教学法. 教育杂志,13(10)
⑦ 俞庆恩. 我国教育弊病及其补救法之一斑. 教育杂志,7(5)

不曾享受着科学的赐福，更谈不到科学带来的'灾难'。……我们当这个时候，正苦于科学的提倡不够，正苦于科学的教育不发达，正苦于科学的势力还不能扫除那迷漫全国的乌烟瘴气"。① 在近代中国还远远落后于同时代的西方的情势下，提倡向西方学习有其历史合理性，何况科学、科学思想和科学精神正是中国社会迈入现代所必需的，不但有利于打破儒家思想对人们的禁锢，而且有利于传统农业社会向近代工业社会的转变，有利于资本主义生产方式的移植，这一切都符合当时历史发展的潮流。

（2）生产的发展离不开科学教育　过去人类的生产主要依靠手工来完成，生产的发展得益于工匠手艺的娴熟。而随着科学技术的发展，蒸气机的发明，在17世纪掀起了一场工业革命。它的影响波及很大，把家族工业制度打破，变成工厂的工业制度；把农业国家的国情打破，变成工业的国家。随后轮船火车发明，可以说在交通上导致了革命。还有电信电话及无线电种种发明，不断地改变着现实世界，工业的发展正以常人难以想象的速度增长。而这背后都是以科学知识的发展为后盾，正如任鸿隽所分析的："古之工业，得于自然与习惯之巧术。今之工业，得于勤学精思之发明。古之工业，难进而易退。今之工业，有进，而无退。何则，有学问以为后盾故也。""近代国富之增进，由其工业之发达，而其工业之起原，无不出于学问，因以见学校中科学教育之不容已。"②

天民在《今后之理科教育》一文中也指出，理科教育是改良农业、振兴工商业的利器。因为改良农业"无一不需要理学之应用，一旦而能得应用之效绩，则我国之富岂可量哉。"与邻国日本相比，中国在工业原料及人力资源方面占优势，但为什么日本的工业实力反而比我们强，主要原因是"我国不能应用理科知识以改良工业"。"今次欧洲之大战直谓为科学之战可也。试观德国之武力所以能持续迄今者，宁非其化学工业冠绝世界之明效大验乎。反之，如工业不振之俄国，其所受之苦痛如何"。"理科者，工业之父母也；工业者，理科之产儿也。其密切有如此，则理科教育之振兴尚可须臾缓哉。"③

同时，鉴于当时我国国力不振，人民生活不富裕，人们提出了要大力发展实业教育、职业教育。而实业教育、职业教育的发展，都离不开理科知识。因为"理科者，乃研究活事实活现象之教科也。故其内容极无一毫假设，凡自吾人之身体衣食，目前之动物植物，乃至大而天体，小而肉眼所不见之各

---

① 胡适.《科学与人生观》序.科学与人生观.沈阳:辽宁教育出版社,1998.11
② 任鸿隽.科学与工业.科学,1(10)
③ 天民.今后之理科教育.教育杂志,9(9)

种原质，孰有出于理科教授之范围者乎。则谓理科为最关实际之实用教科。"①
所以"振之裕之之道百端，而要以合于实用为归之基础，非可虚构而要以实
用之科学为本。科学之教授未可虚假而要以能得其实际为贵。职业教育，一
实用主义也；理科之学，一实用科学也。故欲谋职业教育者，必不可不以理
科教育为基础，而理科教授又不可不以得其实际为要旨也明矣。② 同样，"实
业教育之普及发达，决非能由实业教育自身而生。""而理科实为尤要，盖惟
理科之教授技能使儿童收得天然物及自然现象之知识，又足使理解其对于人
生关系之大要。故理科教科之要项殆无一不与产业相关。且所谓理科知识者
易辞言之，即为实业教科之基础知识。"③

（3）科学人才的培养迫切需要科学教育　第一次世界大战期间，由于西
方帝国主义忙于战争，暂时放松了对中国的经济侵略，减少了对中国商品的
输入。因此，民国初年至五四前后，中国的民族资本主义获得了一次喘息的
机会，得到了较迅速的发展，出现了一个"实业振兴"的黄金时期。一时间，
棉纺织厂、面粉厂、火柴厂、水泥厂、造纸厂、制糖厂等轻工业、日用品制
造业工厂由沿海扩展到内地，在大中城市广泛建立。铁路、采矿、农垦等实
业也如火如荼地进行着。据《民国经济史》（银行学会 1948 年编印）统计：
我国华商棉纺织厂 1915 年只有 22 家，1922 年增至 64 家；纺锭 1915 年计有
544010 枚，1922 年增至 1593034 枚；布机 1915 年计有 2254 台，1922 年增至
7817 台。另以面粉业为例，第一次世界大战前全国面粉工厂共有 40 多家，到
1920～1921 年间，发展至 120 多家。战前我国面粉一直入超，1915 年以后的
6 年中却一直变为出超④。再据《剑桥中华民国史》统计，1913 年我国只有华
资现代工业 698 家，创办资本 330824000 元，工人 270717 名。而 1920 年增加
到 1759 家，创办资本 500620000 元，工人 557622 名⑤。由此可见，五四前后
民族资本主义经济的发展确实较快。而实业的发展、经济的振兴，又不断提
出增加科学知识、掌握科学技术的要求，即以大量技术人才满足实业发展的
需要。而中国近代科学起步较晚，现有国内少数技术人才，决不够分配，必
有待于补充。而技术人才之训练，非要严格的教育方式不可。正如"《通俗科
学》杂志记者之言曰：'科学家人数之多寡，为其国文化之标识。'吾人更推
广其意曰：一国国政之整素，与人民生计之乐苦，与科学家之数为正比例。"
因此，"欲富强其国，先制造科学家是也。……然则科学家将由何法制造之

---

① 天民. 今后之理科教育. 教育杂志, 9(9)
② 顾型. 理科教授革新之研究. 教育杂志, 10(1)
③ 朱元善. 生产主义之理科教授. 教育杂志, 9(1)
④ 转引邱若宏. 传播与启蒙. 长沙：湖南人民出版社, 2004. 168
⑤ 费正清主编. 剑桥中华民国史（第一部）. 上海：上海人民出版社, 1991. 47

乎？……请寻其本，则科学家罕有不由学生来者。今试以美国大学生之数与其科学家之数相比例，其学生之数，于千九百十二年为三十一万九千四百四十八人，而千九百十三年科学家之数为千六百七十八人，约一百九十余学生中而得一科学家也。"而我国若要培养"四千科学家，则当有七万六千大学生，以每大学容三千学生计之，吾国当有二十八大学。今又试问吾国大学之数与其容量如吾所言者，有一存焉否。古人有言，百年树人。吾不知期以百年，能有二十八大学现于神州否，深思远顾之君子，奈何不急起直追耶。"①

2. 个人生活质量的改善离不开科学教育

科学知识的缺乏将直接影响人们的生存状态和生活质量。"士不知科学，故袭阴阳家符瑞五行之说，惑世诬民，地气风水之谈，乞灵枯骨。农不知科学，故无择种去虫之术。工不知科学，故货弃于地，战斗生事之所需，一一仰给于异国。商不知科学，故惟识罔取近利，未来之胜算，无容心焉。医不知科学，既不解人身之构造，复不事药性之分析，菌毒传染，更无闻焉；惟知附会五行生克寒热阴阳之说，袭古方以投药饵，其术殆与矢人同科；其想象之最神奇者，莫如'气'之一说；其说且通于力士羽流之术；试遍索宇宙间，诚不知此'气'之果为何物也！"② 在陈独秀看来，中国人因缺乏起码的自然科学知识，而导致没有基本的日常生活技能，容易受各种迷信思想的蛊惑。胡适也对当时妇女生小孩的落后状况进行了描述。他说，我们今天还把生小孩看作最污秽的事，把产妇的血污看作最不净的秽物，接生小孩还是让那些不懂得医学知识的产婆去做，手术不精，工具不备，消毒的方法全不讲究，救急的医药全不知道。顺利的生产有时还不免危险，稍有危难便是有百死而无一生。

随着科学之进步，知识日益丰富，人们的生活也得到了普遍的改善。譬如"微生物学底研究底结果，可以使一般传染病有了预防的方法，食物之类可以用罐头藏之经年而不腐烂。遗传法则之发现，对于饲养动植物底品种之改良，收了极大的效果。不但医学农学之类和博物学直接发生关系，就是令防止水灾，修治隧道，也间接的和博物学发生关系。"③ 除此以外，人们旅行、通信、饮水、搬物，以及观电影，听留声机，哪一个不是享受着科学的恩赐。科学知识还可以帮助我们更好的了解自己。"了解个人，最要紧的，自然了解人身的构造和机能，如何生存、如何成长、如何思索、如何生殖、如何卫生等等，但是人在自然界占一个什么地位也不可不知道，夸大狂者，把人类看

---

① 任鸿隽. 科学家人数与一国文化之关系. 科学,1(5)
② 陈独秀. 敬告青年. 陈独秀著作选(第 1 卷). 上海:上海人民出版社,1993.135
③ 陈兼善. 中学校之博物学教授. 教育杂志,14(6)

作至高无上果然不好，但是一知半解之徒，硬说猴子可以变人，也未免失实。总之，我们用极虚心的态度，研究各种动物的形态生理，以与人类相比较，然后断定人是属于某纲某目某科的。"①

可以说，在近代以前，官方的教育主要是儒家教育，人们所学的知识也只是局限于"君子之道"。在汪洋浩瀚的知识中，这部分的知识只占其中的一部分。随着近代科学技术的发展，科学知识已经渗透到我们生活的方方面面，如果在古代人们不学习科学知识，还不会对其生活造成任何威胁的话，那么到了近代，如果我们还只是满足于"君子之道"而故步自封，就必然不能很好的生活。因此，"儿童有科学训练之必要，实无疑义。科学势力支配人类生活之趋势有加无已。欲使儿童在其环境中为有效能之生活，学校中自不得不依其需要而加增科学之教授。"②

（二）科学教育有助于实体世界之意义

科学教育有助于实体世界，于社会，可以转换人们的思维方式，改变社会思想观念；于个人，可以发达人的精神，促进个体精神的发展。

1. 科学教育有助于转换人们的思维方式，改造国民性

（1）思维方式的改变　经验和逻辑是人类思维活动的两种重要形式。但是，民族文化及思维方式的不同，故而对经验和逻辑的重视程度也不同。中国传统的思维方式就表现出对感性现象、经验直觉的特别兴趣和钟情，包含直觉思维、权威崇拜和从众心理，而缺少科学理性成分。正如任鸿隽所指出的：我们的学术之所以没有研习科学的习惯，一个很重要的原因就在我们几千年求学的方法上的一个大毛病，就是"重心思而贱官感。换一句话，就是专事立想，不求实验。"③ 我们于观察事物，只知其当然而不求其所以然，"其择术也，骛于空虚而引避乎实际。"④"综观神州四千年思想之历史，盖文学的而非科学的。一说之成，一学之立，构之于心，而未尝征之于物；任主观之观察，而未尝从客观之分析；尽人事之繁变，而未暇究物理之纷纭。取材既简，为用不宏，则数千年来停顿幽沉而无一线曙光之发现，又何怪乎！"⑤

由于缺乏科学理性的思维方式，于学术上易滋生几大弊端。第一，偏而不全。因为不用耳目五官的感触为研究学问的材料，所以对于自然界的现象没有方法去研究，从而对于自然界的现象，只有迷信、谬误，而无正确的知识。中国古来的学者尽管把正心修身治国平天下的学问讲得天花乱坠，但对

① 陈兼善.中学校之博物学教授.教育杂志,14(6)
② 陈兼善.小学校之科学教授法.教育杂志,15(1)
③ 任鸿隽.中国科学社第六次年会开会词.科学,6(9)
④ 任鸿隽.说中国无科学之原因.科学,1(1)
⑤ 任鸿隽.吾国学术思想之未来.科学,2(12)

于自然界的现象，如日蚀彗星雷电之类，始终没有一个正当解说。第二，虚而不实。既然没有方法去研究自然界现象，于是所研究的，除了陈篇故纸，就没有材料了。因为没有新事实作研究，所以书本外的新知识是永远不会发现的。第三，疏而不精。用耳目五官去研究自然现象，要经过许多可靠的程序和方法，如观察、试验、推论、证明等，都要有质量性质的记录，使之确切不移，覆图可按。而专用心思去研究学问，就没有这些限制。第四，乱而不秩。既没有种种事实作根据，又没有经过科学的训练，所以有时发现一点哲理，也是无条贯、无次序。①

要根本改变这种非理性的思维方式，"五四"先哲们认为应通过提倡科学教育、普及科学知识、进行科学研究来实现。因为"科学与旧式学问不同之点在乎兼用官感及思性二事。旧式学问专凭思想，故无新得。欲得新知，必使思维官感相较相辅而后可，此科学之所以可贵也。"② 科学知识与人们过去学的"君子之道"最大的区别在于，科学知识注重征实，讲究合理。"科学之所研究者事实也，事实又有真伪之分，不辨事实之真伪，而漫言研究，不得为科学。"科学讲究合理，"兹所谓理者，非哲学上理性之谓，乃事物因果关系条理之谓也，……各事物间，能明其条理，举其因果关系者，是谓合理之智识。是等合理之智识，即科学智识也。故科学教育之特点，一在使人心趋于实，二在使思想合乎理。能既此二者，而后不为无理之习俗及迷信所束缚，所谓思想之解放，必于是求之。所谓科学之应用，亦必于是征之。"③ 陈独秀认为科学是"诉之主观之理性"，惟有科学理性才能根治"无常识之思维，无理由之信仰"。④ 中国教育重视"神圣无用的幻想"，学者重视"记忆先贤先圣的遗文"，这与西洋教育重视"世俗日用"的知识，重视"直观自然界的现象"，形成了鲜明的对比，这导致了"中国人的脑子被几千年底文学哲学闹得发昏，此时简直可以说没有科学的头脑和兴趣了。"⑤ 因此，陈独秀主张："我们中国教育，若真要取法西洋，应该弃神而重人，弃神圣的经典与幻想而重自然科学的知识和日常生活的技能。"⑥ 只有运用"归纳论理之术，科学实证之法"，才能使"学术兴、真理明"。⑦

（2）国民性的改造 五四先哲一方面同情人民的疾苦生活，一方面痛斥

---

① 任鸿隽.中国科学社第六次年会开会词.科学,6(9)
② 任鸿隽.在中国科学社第一次年会上的开幕辞.科学,3(1)
③ 任鸿隽.科学基本概念之应用.建设,2(1)
④ 陈独秀.敬告青年.陈独秀教育论著选.北京:人民教育出版社,1995.19
⑤ 陈独秀.答皆平.陈独秀教育论著选.北京:人民教育出版社,1995.305
⑥ 陈独秀.近代西洋教育.新青年,3(5)
⑦ 陈独秀.圣言与学术.新青年,5(2)

他们思想的愚昧、盲从和落后。陈独秀认为我国亡国灭种之病根在于"卑劣无耻苟安诡易圆滑之国民性";鲁迅更认为中国国民正在一座没有窗户的"铁屋子"里"昏睡将入死穴","哀其不幸,怒其不争"。启蒙思想家深感中国这种"群德堕落,苟且之行偏于国中"的原因:"一则源于因果观念不明,不辨何者可为,何者不可为,二则源于缺乏培植'不破性质'之动力,国人不觉何者谓'称心为好'。"① 因此,在五四先哲看来,要改造国民性离不开科学教育的普及。

"五四"先哲认为,科学是人们反迷信、反愚昧的武器,是唤醒人民的号角。几千年来,统治阶级利用各种天地鬼神来麻痹、支配人民,阻碍人们对客观世界的正确认识。事实上,阿弥陀佛、耶和华上帝、玉皇大帝都是骗人的偶像,君主、皇帝、圣人、贞节牌坊等也是骗人的偶像,这些都应该被破坏。陈独秀说:"吾人信仰,当以真实的合理的为标准。"如果这些虚伪的骗人的偶像不被破坏,那么"人间永远只有自己骗自己,没有真实合理的信仰。"② 陈独秀呼吁:"中国人种种邪说迷信,固极可笑,然当以科学真理扫荡之。"③ 为在社会"造成科学的风尚",陈独秀认为"有四件事最要紧",这就是"出版界鼓吹科学思想","普通高校里强迫矫正重文史轻理科的习惯","高级学校里设立较高深的研究的机关",以及出售科学用具等。李大钊也指出:"人生最高之理想,在求达于真理","吾人今日与其信孔子、信释迦、信耶稣,不如信真理"。④ 针对当时社会有一班好讲鬼神迷信的人,鲁迅揭示这班人最恨科学,这是因为"科学能教道理明白,能教人思路清楚,不许鬼混,所以自然而然成了讲鬼话的人的对头"。⑤ 如果迷信不扫除,科学不张扬,中国将永坠黑暗之域。

总之,当时提倡科学教育的人们希望用科学知识来洗刷和武装国民的头脑,让他们从鬼神迷信的桎梏中解脱出来,唤醒民众现代意识的觉醒,帮助他们树立科学的世界观和方法论,并进一步形成变革社会的力量,从而使中国成为一个"科学的中国"。

2. 科学教育可以促进个体精神的发展

(1)有益于培养德行 王星拱说,科学能使人深辨道德是非,明了人生的因果,增强责任心,努力种善因,求善果,做到"勿以善小而不为,勿以

---

① 新潮发刊旨趣书. 新潮,1(1)

② 陈独秀. 偶像破坏论. 新青年,5(2)

③ 陈独秀文章选编(上). 北京:三联书店,1984. 280

④ 中国李大钊研究会编. 李大钊文集. 北京:人民出版社,1999. 446、262

⑤ 鲁迅. 随感录·三十三. 鲁迅全集(第1卷). 北京:人民文学出版社,1981. 301~302

恶小而为之"。① 任鸿隽在《科学》发刊词上阐述了科学的作用：科学之效用，首先有利于物质的创造，其次有利于人的生存健康，有利于智识的进步，更有利于道德的完善。"科学与道德，又有不可离之关系焉，今人一言及科学，若窬属于智识，而于道德之事无与焉者，此大误也。管子曰，'仓廪实而知礼义，衣食足而知荣辱。'此古今不易之定理也。故科学之直接影响于物质者，即间接影响于道德。……自科学大昌，明习自然之律令，审察人我之关系，则是非之见真，而好恶之情得。……又况以科学上之发明，交通大开，世界和同。一发全身之感，倍切于畴昔。狭隘为己之私，隐消于心曲。博施济众，泽及走禽，恤伤救难，施于敌土，四海一家，永远和平，皆当于科学求之耳，奚假铄外哉。""继兹以往，代兴于神州学术之林，而为芸芸众生所托命者，其唯科学乎，其唯科学乎！"② 唐钺更明确，专门撰写了《科学与德行》一文来阐述科学具有增进人类精神道德的功用。他认为，"科学固无直接进德之效"，却有间接"陶冶性灵培养德慧之功"。"《大学》言正心诚意而推本于格物致知。是说也，骤观若迂阔而实有至理存焉。"他具体列举了科学"有裨于进德"的七个方面：即"使恃气傲物之意泯灭于无形"、使"宝贵真理以忘其身"、养成"服公之心"与"团合之力"、"养躬行实践之德"等等。③

（2）有益于提高审美能力　王星拱认为，科学之所以有益于审美，乃因美的要素为秩序与和谐，而这两种性质在科学中发展得最完备。④ 蔡元培认为我们可以在科学中体味美，"科学虽然与美术不同，在各种科学上，都有可以应用美术眼光的地方。"⑤ 他举例说算术看似枯燥，但美术上有一种黄金分割律的比例，凡长方形的器物，最合于美感的，大都纵径与横径，总是三与五、五与八、八与十三……等比例。还有我们可以运用光学原理把各种饱和或不饱和的颜色配置起来，唤起种种美的感情。又如生物学，我们不仅可以知动植物构造的同异、生理的作用，还可以见种种植物花叶的美，动物毛羽与体段的美。通过天文学，我们除了可以知道各种星体引力的规则与星座的多寡以外，"但如月光的魔力，星光的异态，凡是文学家几千年来叹赏不尽的，有

---

① 王星拱.科学概论.上海：商务印书馆，1930
② 任鸿隽.〈科学〉发刊词.科学，1（1）
③ 唐钺.科学与德行.科学，3（4）
④ 王星拱.科学的起源和效果（1919 年）.中国现代哲学史资料汇编，1（7）
⑤ 蔡元培.美术与科学的关系（1921 年）.中国蔡元培研究会编.蔡元培全集（第 4 卷）.杭州：浙江教育出版社，1997.326

较多的机会可以赏玩。"① 可见，人们在学习研究科学的时候，不但可以专研学问，探索宇宙的无穷奥秘，也可以兼得美术的趣味，岂不是一举两得么？

（3）有益于改良人生观　胡适认为人生观是因知识经验而变换的，所以深信宣传与教育的效果"可以使人类的人生观得着一个最低限度的一致。"要实现人生观的"最低限度的一致"，须"拿今日科学家平心静气地、破除成见地、共同承认的'科学的人生观'来做人类人生观的最低限度的一致。"因此他主张通过天文学、物理学、地质学、古生物学等各门学科知识来帮助人们树立新的宇宙观、自然观、人生观，这就是他所谓的"自然主义的人生观"。"根据天文学和物理学的知识，叫人知道空间的无穷之大。""根据于地质学及古生物学的知识，叫人知道时间的无穷之长。""根据一切科学，叫人知道宇宙及其中万物的运行变迁皆是自然的，——自己如此的——正用不着什么超自然的主宰或造物者。""根据于生物的科学知识，叫人知道生物界的生存竞争的浪费与残酷，——因此，叫人更可以明白那'有好生之德'的主宰的假设是不能成立的。""根据于生物学、生理学、心理学的知识，叫人知道人不过是动物的一种，他和别种动物只有程度的差异，并无种类的区别。""根据生物的科学及人类学、人种学、社会学的知识，叫人知道生物及人类社会演进的历史和演进的原因。""根据于生物的及心理的科学，叫人知道一切心理的现象都是有因的。""根据于生物学及社会学的知识，叫人知道道德礼教是变迁的，而变迁的原因是可以用科学方法寻求出来的。""根据于新的物理化学的知识，叫人知道物质不是死的，是活的；不是静的，是动的。""根据于生物学及社会学的知识，叫人知道个人——'小我'——是要死灭的，而人类——'大我'——是不死的，不朽的；叫人知道'为全种万世而生活'就是宗教，就是最高的荣誉；而那些替个人谋死后的'天堂''净土'的宗教，乃是自私自利的宗教。""总而言之，这个自然主义的人生观里，未尝没有美，未尝没有诗意，未尝没有道德的责任，未尝没有充分运用'创造的智慧'的机会"②。

丁文江也认为科学是教育、修养的最好工具，在《玄学与科学》一文中，他说到"科学不但无所谓向外，而且是教育同修养最好的工具，因为天天求真理，时时想破除成见，不但使学科学的人有求真理的能力，而且有爱真理的诚心。""诸君只要拿我所举的科学家如达尔文、斯宾塞、赫胥黎、詹姆士、皮尔生的人格来同什么叔本华、尼采比一比，就知道科学教育对于人格影响

---

① 蔡元培. 美术与科学的关系(1921 年). 中国蔡元培研究会编. 蔡元培全集(第 4 卷). 杭州：浙江教育出版社,1997.325

② 胡适.《科学与人生观》序. 科学与人生观. 沈阳：辽宁教育出版社,1998.21

的重要了。"① 丁文江还认为："我们所以极力倡导科学教育的原故，是因为科学教育能使宗教性的冲动，从盲目的变成功自觉的，从黑暗变成功光明，从笼统的变成功分析的。"②

蔡元培曾在北京高等师范学校修养会上做了名为"科学之修养"的演说，认为"修养之致力，不必专限于集会之时，即在平时课业中亦可以利用其修养。"他强调国家正处为难之时，需要有志青年承担其改造社会的责任，人们不能像古人那样蛰影深山，不闻世事而专门致力于修养，而要积极努力地从事于种种学问，为将来入世做准备；另一方面，人们也要让精神有休假的余地，使人有张有弛。要想使这二者很好地结合在一起，科学教育是一个很好的途径。

总之，"五四"先哲对科学教育价值的讨论是建立在对特定的历史环境、社会现实危机的考察，以及对中国传统文化局限性的批判基础上的，具有重要的思想意义。这一时期人们对科学教育价值的认识突破了科学教育物质层面的工具价值，而呈现出一片多元化的景观，从社会与个人、物质与精神等多角度地阐释了科学教育的价值，肯定了科学教育对推动整个人类文明的发展所做出的贡献，为科学教育的发展造就了良好的社会文化氛围。

（三）科学教育的地位

随着科学的价值不断地被人们所认可，科学教育越来越受到人们的重视，科学教育在整个教育体系中的地位也越来越重要。就教育内容必须兼顾自然学科与人文学科而言，各方的意见基本一致。但由于对当时教育的弊端以及对科学价值的认识和看法不一样，人们对科学教育与人文教育孰轻孰重也各持己见。

1. 加强人文教育

以张君劢为首的人文主义者主张要加强人文教育，但首先他们并不排斥科学教育。关于发生在20世纪20年代的那场"科学与人生观"的论战，有人说这是一场科学与反科学的斗争。虽然以梁启超、张君劢为代表的玄学派有贬低科学的言论，以此人们常简单地认为玄学派就是反科学的，但实际上梁、张二人本身并不反对科学，玄学派所反对的确切说是"科学万能"的唯科学主义。玄学派正是针对这种遏制人的解放、个性自由的唯科学主义进行激烈的批判。在批判的过程中，玄学派也并没有彻底否定科学的价值和所起的作用。如梁启超在《欧游心影录》中虽然看到一战给欧洲带来的文明的破坏而对科学是否万能产生了疑问，由此提出科学在欧洲"破产"的说法，但

---

① 丁文江.玄学与科学——评张君劢的《人生观》.科学与人生观.沈阳:辽宁教育出版社,1998
② 丁文江.玄学与科学——答张君劢.科学与人生观.沈阳:辽宁教育出版社,1998

他在其后还是很鲜明的加上了两句话"读者切勿误会，因此菲薄科学，我绝不承认科学破产，不过也不承认科学万能罢了。"① 这实际上已很清楚地表明了梁启超的态度。而张君劢在论战结束十年以后回顾时还特别说："在我自己的回思内，有一句话要声明，就是我对科学的态度。科学这东西是十六世纪以来欧州的产物，也是人类的大发现，……世界人类既因科学进步而大受益处，尤其是中国几千年来不知求真，不知求自然界之知识的国民，刻意拿来当做血清剂来刺激我们的脑筋，来赶到世界文化队内去。中国唯有在这种方针之下，才能复兴中国的学术，才能针砭思想懒惰的病痛。……我们受过康德的洗礼，是不会看轻科学或反对科学的。我近来很想在欧洲各国调查其科学发展之成绩，以为我国借鉴之资。"② 由此可见他们对科学的重视，自然也不会轻视科学教育的作用。

只是张君劢和瞿菊农等人认为科学与人生观是两回事，科学教育与人格修养之间并没有必然的联系。张君劢强调："科学为客观的，人生观为主观的"，"科学为论理的方法所支配，而人生观则起于直觉"，"科学可以以分析方法下手，而人生观则为综合的"，"科学为因果律所支配，而人生观则为自由意志的"，"科学起于对象之相同现象，而人生观起于人格之单一性"。"故科学无论如何发达，而人生观问题之解决，决非科学所能为力，惟赖诸人类之自身而已。"③ 同时他还认为求真并不必然会爱真。况且有些科学家并不承认科学有真理。理智的诚实这种美德并非科学家所独有，怎见得苏格拉底的高尚人格是科学教育的结果？品性恶劣的科学家大有人在。当时参加"科玄"论战的玄学派的意见与张君劢相类似。范寿康主张科学决不能解决人生问题的全部，他说："伦理规范——人生观——一部分是先天的，一部分是后天。先天的形式由主观的直觉而得，决不是科学所能干涉。后天的内容应由科学的方法探讨而定，决不是主观所应妄定。"④ 梁启超虽然认为："人生问题，有大部分是可以——而且必要用科学方法来解决的，却有一小部分——或者还是最重要的部分是超科学的。"但他所谓大部分是指关于理智方面的事项，他所谓一小部分是指关于情感方面的事项。"人生关涉理智方面的事项，绝对要用科学方法来解决，关于情感方面的事项，绝对的超科学。"⑤ 在梁启超看来，感觉、理智都不能把握"变流不居"的生命实在，只有直觉的心理体验

① 梁启超. 欧游心影录. 见夏晓虹辑.《饮冰室合集》集外文（下册）. 北京：北京大学出版社,2005.1354

② 张君劢. 人生观论战之回顾. 东方杂志,31(13)

③ 张君劢. 人生观. 科学与人生观. 沈阳：辽宁教育出版社,1998.30

④ 范寿康. 评所谓"科学与玄学之争". 科学与人生观. 沈阳：辽宁教育出版社,1998.295

⑤ 梁启超. 人生观与科学. 科学与人生观. 沈阳：辽宁教育出版社,1998.126

才能把握生命实在。科学只能用于研究人的情感（爱和美）和道德以外的学问，不能用于研究人生，不能将科学融入情感教育。因此只有通过人文学科的教育，才能改良人生观，以拯救现代科技文明之弊。

同时，他们认为当时教育的弊端在人文教育的缺失，因而要求加强人文教育。人的解放是五四新文化运动的一大主题。五四时期的启蒙学者以欧洲启蒙时代的人文主义为思想武器，力倡人的自由和个性解放。早在著名的启蒙宣言《敬告青年》中，陈独秀就通过倡言"人权"和"科学"，揭示了人的自由和解放的启蒙主题。在新文化运动中，陈独秀号召"以个人本位主义，易家族本位主义"；胡适高扬易卜生的"个性主义"；李大钊倡言"自我的解放"；鲁迅主张争"人的价格"；周作人以"个人主义的人间本位主义"来阐扬"人道主义"。然而，当人们对人的个性自由、价值解放予以极大关注时，很快又发现这与他们大力倡导的科学权威发生着冲突。"因为五四启蒙学者的文化选择，是对中国寻求富强的历史情境的回应。他们接受西方的现代科学和批判传统的理性主义精神，是面对民族危机的历史选择；但出于人生价值追求，他们又钟情于浪漫主义的人道主义精神。这就导致了启蒙知识分子思想中历史理性与价值理性的内在紧张，从而也就导致了理性主义与浪漫主义的矛盾。他们在科学与人的矛盾中陷入了深刻的主体困惑。"① 从这个意义上说，瞿菊农在谈到人格绝对自由时说："自由意志便是中心的创造力。……物质可以于某种限度制限我们的身体，却不能侵犯着人格的活动；人格是绝对的自由。"而"现代的教育——在个人主义机械主义下的教育——完全是削足适履的教育，将个人的人格磨灭净了。好像南边人做糕点的有花样的印糕板一样，和好了灰面，只是在印糕板上一拍，便成了一块糕。印糕板只有一块，做出来的糕饼，便也是千块一律，花样相同，形式一致，做糕的人得意极了。现代教育也是这般。……只可惜个人各有个性，各有人格，万不能强同，这一层面他们却不同。只求形式，办的是教育制度，何尝是培养个性，扩大人格。"② 因此，"现代教育的改革决不仅是形式的改革，科目的增删；须要从根本上打破个人主义机械主义的人生观，建设新的人生哲学，从这个新的人生哲学出发，教育乃可以言改革。"③ 张君劢则主张，教育的内容不应只限于自然科学，而要加大玄学（伦理）教育的分量。张君劢在其《再论人生观与科学并答丁在君》的下篇"我对于科学教育与玄学教育之态度"中认为，科学教育只能是教育的一部分，而不能涵盖教育的所有方面。他认为教育应有

---

① 段治文.中国现代科学文化的兴起.上海：上海人民出版社，2001.189
② 瞿菊农.人格与教育.科学与人生观.沈阳：辽宁教育出版社，1998.228
③ 同②，第222页

五个方面:"曰行上,曰艺术,曰意志,曰理智,曰体质"。而科学教育偏于理智与体质,而忽略其他三者,因此他提出了对教育方针的改良意见,"(一)学科中应加超感觉超自然(Supernatural)之条目,使学生知宇宙之大,庶几减少其物质欲望,算账心理,而发达其舍己为人,为全体努力之精神。(二)学科中应增加艺术上之训练。就享受言之,使有悠悠自得之乐;就创作言之,使人类精神生活亦趋于丰富。(三)学科中应发扬人类自由意志之大义,以鼓其社会改造之勇气。"① 即在现有"科学教育"的基础上增加"玄学教育",包括三条:形而上学(超官觉超自然的条目),艺术,自由意志。

2. 偏重科学教育

陈独秀、胡适、丁文江等人已经把科学上升为一种价值——信仰体系。从重建学术、知识的统一,到入主人生领域;从生活世界的存在,到社会政治领域的运行,他们认为科学的影响涵盖了社会的各个方面。一方面,他们也承认人文教育的重要性。如陈独秀所说,新文化运动就在于普及新的科学、宗教、道德、文学、美术和音乐以弥补旧文化之不足,"现在主张新文化运动的人,既不注意美术、音乐,又要反对宗教,不知道要把人类生活弄成一种什么机械的状况,这是完全不曾了解我们生活活动的本源,这是一桩大错误,我就是首先认错的一个人。"② 但是中国教育自古代沿袭下来,过分重视人文学科,特别是文字、考据学等,只重视个人修养的尽善尽美,重视培养个人的文学才能,而不注重于科学方面的教育。所以,科学教育对当时的人们是最缺的。同时,新文化运动的倡导者们认为,传统的人文教育缺乏人性和人道。陈独秀认为,儒家纲常名教的核心是明贵贱、别尊卑,有悖于人的平等观。鲁迅揭露儒家的"仁义道德"藏着"吃人"二字,害死了无数无辜的人。为此,唯有"以科学和人权并重",把科学作为反封建、反愚昧的武器,摆脱蒙昧时代,改造"浅化之民"。陈独秀在《新青年》罪案之答辩时指出:"要拥护那德先生,便不得不反对礼教、礼法、贞节、旧伦理、旧政治。要拥护那赛先生,便不得不反对旧艺术、旧宗教。要拥护德先生又要拥护赛先生,便不得不反对国粹和旧文学。"他主张以科学为武器革新教育,"破除旧式思想的污浊,提倡教育精神之革新",使"新教育真教育之得见于神州大陆也"。③

3. 沟通文理

蔡元培在大学学科设置上,最初主张"宜特别注重文理两科"。后来,他

---

① 张君劢.再论人生观与科学并答丁在君.科学与人生观.沈阳:辽宁教育出版社,1998.97

② 陈独秀.新文化运动是什么.陈独秀教育论著选.北京:人民教育出版社,1995.281

③ 陈独秀.答胡子承.陈独秀教育论著选.北京:人民教育出版社,1995.127

看到了文、理分科所造成的流弊之后，进一步主张"沟通文理"。他说："从理论上讲，某些学科很难按文、理的名称加以明确划分的。要精确地限定任何一门学科的范围，不是一件轻而易举的事。"他举例说，地理当它涉及地质矿物学时，可归入理科；当它涉及政治地理学时，又可归入文科。再如生物学，当它涉及化石、动植物的形态结构以及人类的心理状态时，应属理科；可当我们从神学家的观点来探讨进化论时，则又可把它归入文科。"至于对那些研究活动中的事物的科学进行知识范围的划分尤为困难。"例如，心理学从前附入哲学，而现在科学家通过实验研究，用自然科学的语言表达了人类心理状况之后，有人就认为心理学应属理科。总之，由于学科之间彼此交叉，有些学科是文理渗透的，简直无法以文、理科来区分。而文、理分科的结果，造成了很大的弊端。"理科生势必放弃对哲学与文学的爱好，使他们失去了在这方面的造诣机会。结果他的教育将受到机械论的支配。"[①] "抱了这种机械的人生观与世界观，不但对于自己竟无生趣，对于社会毫无爱情，就是对于所治的科学，也不过'依样画葫芦'，决没有创造的精神。"[②] 而文科学生"因为想回避复杂的事物，就变得讨厌学习物理、化学、生物等科学，这样，他们还没有掌握住哲学的一般概念，就失去了基础，抓不住周围事物的本质，只剩下玄而又玄的观念。"[③] 因此，蔡元培主张："沟通文理，合为一科"。1918年9月20日，他在《北大一九一八年开学式演说词》中说："近并鉴于文科学生疏忽自然科学，理科学生轻忽文学、哲学之弊，（故）为沟通文、理两科之计划。"

陈兼善也认为科学与其他学科的联络是必要的，因为"各种学科之联络在日常生活中本极为普通且系自然之趋势。"他主张科学与其他各科的联络不应是各学科形式上的联络，而是"以吾人生活上各种活动为原素而使之互相联络也。"而且科学与其他各学科的联络对学生的学习也会带来很大的好处，"由心理学之观察，凡一论题若与其各方面有关系之材料聚集而研究之，则学生不难就所曾经验者寻出与本题旨相合之点，而因之易于了解此问题；若单独教授一问题不与他项事物相联络，则学生不易了解，兴味不生，而难于记忆矣。"[④]

科学教育与人文教育的关系问题是"五四"时期思想界的重要议题，当

---

① 蔡元培.中国现代大学观念及教育育趋向.中国蔡元培研究会编.蔡元培全集(第5卷).杭州:浙江教育出版社,1997.308

② 蔡元培.美术与科学的关系.(1921年).中国蔡元培研究会编.蔡元培全集(第4卷),杭州:浙江教育出版社,1997.328

③ 同①

④ 陈兼善.小学校之科学教授法.教育杂志,15(1)

年的争论至今仍在延续。张君劢等人把科学的本质理解为纯物质、纯功利、纯感观和纯分析的，这是不正确的。相对论突破了牛顿力学的机械时空观，量子力学突破了机械决定论的因果观，现代科学非但没有走向机械主义，反而促进了辨证的宇宙观和自然观的发展。同时，科学也并非纯功利的，科学教人求真，不管个人的利害。对科学本质的误解，导致张君劢等人对科学教育的人文教化功能的贬低。而丁文江等人对科学的人文教化功能的肯定，以及要求通过科学教育改良人生观和价值观的呼声，在今天看来，其方向仍然是正确的。

但是，张君劢、瞿菊农等人要求教育须从根本上打破机械主义和个人主义，这是合理的。同时，他们从另一个角度，对科学教育本身的局限性及其当时科学教育存在的一些问题提出了自己的看法，值得我们深思。在经历了科学带来的种种变故的人类发现，科学是一把双刃剑。科学技术在给人类带来物质利益的同时，也可能作为一种不协调的物质力量破坏人类的生存环境或造成社会问题。同时科学的异化问题对于人类生活也是普遍存在的，科学技术在给人类带来物质和精神财富的同时，也可能作为一种不协调的精神力量而控制创造科学的人本身。因此，加强科学教育与人文教育的沟通，将有助于发挥科学技术的最大效用，从而避免人类因为过度迷信、滥用科学技术而给社会带来的灾难。同时，对于正在中国刚刚起步的科学教育，他们也表示了不满意的态度。瞿菊农认为"现代教育之一大特色自然是科学。科学对人类的贡献，我们不能否认，科学方法为求真之一种准备的方法，亦无疑义。所以科学的好的方面，一则是给我们以比较正确的知识，一则是给我们以从事实下手的归纳方法。但是说到科学似乎应该分四层：一是科学精神，一是科学方法，一是科学本身，一是科学的应用。……现在所谓的科学教育，其实只是后两层，不过是课程上增教课目而已。"[①] 瞿菊农认为如果学校中的科学教育只是贩卖知识的话，是不够的。应该说他对科学教育的批判与反思是有见地的，对后来人们将科学教育的重点由科学知识的传授转向对科学精神与科学方法的倡导上有着启示意义。

三、科学教授的讨论

随着对科学本质认识的进一步加深，人们已经不满足于对近代科学技术和科学知识的引进，而深入到对科学本身所蕴含的科学精神和科学方法的倡扬，同时对科学内容怎样引进学校课程，对科学精神、科学方法怎样运用于教育、教学以及科学的教学方法应该如何改进等等，都进行了更加具体和深

① 瞿菊农. 人格与教育. 科学与人生观. 沈阳:辽宁教育出版社,1998

入的思考和讨论。

（一）"科学教授当以使学者能得科学精神为鹄"

科学精神是一种重要的文化精神，它是科学活动在人类精神中积淀下来的一种最积极、最革命的因素和力量。五四先哲在讨论科学的功能时，就非常重视和强调科学的精神价值，认为提倡科学、讲求科学就应特别注重科学精神。如果"遗其精神"，就是不知"科学之本"。近代以来，科学之所以能发扬光大，并"成经纬世界之大学术"，就是因为其背后有科学精神存在。

1. 科学精神的内涵

究竟什么是科学精神呢，科学精神在五四先哲心中包含了哪些内容或具有什么特征呢？

（1）求真　任鸿隽一言以蔽之："科学精神者何？求真理是已。"他进而解释说："真理之为物，无不在也。科学家之所以知者，以事实为基，以试验为稽，以推用为表，以证验为决，而无所容心于已成之教、前人之言。又不特无容心已也，苟已成之教、前人之言，有与吾所见之真理相背者，则虽艰难其身，赴汤蹈火以与之战，至死而不悔。若是者吾谓之科学精神。"[①] 在任鸿隽看来，科学精神主要就是求真精神，除此以外，他还认为最显著的科学精神至少有五个特征：①崇实。即"凡立一说，当根据事实，归纳群像，而不以称诵陈言，凭虚构造为能。"②贵确。即于事物之观察，当容其真相，"尽其详细底蕴，而不以模棱无畔岸之言自了是也。"③察微。所谓"微"，有两个意思：一是微小的事物，常人所不注意的；一是微渺的地方，常人所忽略的。科学家于此，都要明辨密察，不肯以轻心掉过。④慎断。即不轻于下论断，"科学家的态度，是事实不完备，决不轻下断语；迅率得到结论，无论他是如何妥协可爱，决不轻易信奉。"⑤存疑。"慎断的消极方面——或者可以说积极方面——就是存疑。慎断是把最后的判断暂时留着，以待证据的充足，存疑是把所有不可解决的问题，搁置起来，不去曲为解说，或妄费研究。"这五种科学精神"虽不是科学家所独有的，但缺少这五种精神，决不能成科学家。"[②]

黄昌穀在《科学与知行》一文中也认为，科学精神有两项特性：一、须根据事实以求真理，不取虚设玄想，以为论据，不放言高论，以为美谈。二、认定求知求用的宗旨，力行无倦。[③]

①　任鸿隽.科学精神论.科学,2(1)

②　任鸿隽.科学智识与科学精神.科学救国之梦——任鸿隽文存.上海：上海科技教育出版社,2002.359

③　黄昌穀.科学与知行.科学,5(1)

胡适在驳斥西洋文明仅仅是物质文明的误解时说，西洋近代文明绝不轻视人类精神上的要求，它能够满足人类心灵上的要求的程度，远非东洋的人们所能梦见。他一针见血地指出："西洋近代文明的精神方面的第一特色是科学。科学的根本精神在于求真理。人在世间，受环境的逼迫，受习惯的支配，受迷信与成见的拘索。只有真理可以使你自由，使你强有力，使你聪明圣智，只有真理可以使你打破你的环境里的一切束缚，使你戡天，使你缩地，使你天不怕，地不怕，堂堂地做一个人。"① 胡适进一步表明：真理是深藏在事物之中的，你不去探寻它，它绝不会露面。科学的文明教人训练我们的官能智慧，一点一滴地去寻求真理，一丝一毫不放过，一铢一两地积起来。

蒋梦麟认为欧美近世文化之所以如此璀璨，其中一个很重要的原因就是怀有科学的精神，"近世西洋学术莫不具科学之精神。科学之精神者，好求事实，使之证明真理是也。"② 即科学精神在求真，而非凭空臆断。

（2）理性精神　恩格斯曾经指出：18世纪法国启蒙学者认为"一切都必须在理性的法庭面前为自己的存在作辩护或者放弃存在的权利。思维着的悟性成了衡量一切的唯一尺度。"③ 陈独秀在新文化运动早期主要深受法国18世纪启蒙学者思想的影响，因而强调理性精神，在他看来，科学精神包括理性精神。"科学者何？吾人对于事物之概念，综合客观之现象，诉之主观之理性而不矛盾之谓也。"④ "今且日新月异，举凡一事之兴，一物之细，罔不诉诸科学法则，以定其得失从违；其效将使人间之思想行为，一遵理性，而迷信斩焉，而无知妄作之风息焉。……凡此无常识之思，惟无理由之信仰，欲根治之，厥惟科学。夫以科学说明真理，事事求诸证实，较之想象武断之所为，其步度诚缓；然其步步皆踏实也，不若幻想突飞者终无寸进也。"⑤ 谭鸣谦（新潮社的重要成员）在《新潮》上著文对科学也作了如下的界说："科学者，以智力为标准，理性为权衡。彼对诸宇宙现象，靡论自然界、精神界，皆诉诸理性。"⑥ 在此，合乎理性构成了科学的内在特征。

（3）怀疑的精神　丁文江崇尚皮尔逊的怀疑论思想，实际上表达了怀疑也是科学精神的要素之一。他说：存疑主义是积极的，不是消极的；是奋斗的，不是旁观的。要"严格的不信任一切没有证据的东西"，"用比喻同猜想来同我说，是没有用的"，所以无论遇见什么论断，什么主义，第一句话是：

① 胡适. 我们对于西洋近代文明的态度. 东方杂志,1926,23(17)
② 蒋梦麟. 过渡时代之思想与教育之关系. 教育杂志,10(2)
③ 恩格斯. 反杜林论·引论. 马克思恩格斯选集(第3卷). 北京:人民出版社,1972.37
④ 陈独秀. 敬告青年. 戚谢美、邵祖德编. 陈独秀教育论著选. 北京:人民教育出版社,1995.19
⑤ 同④
⑥ 谭鸣谦. 哲学对于科学宗教之关系论. 新潮,1(1)

"拿证据来!"①

胡适亦持有这种怀疑论的观点:"科学的最精神的处所,是抱定怀疑的态度;对于一切事物,都敢于怀疑,凡无真凭确据的都不相信。这种态度虽然是消极的,然而有很大的功劳,因为这态度可以使我们不为迷信与权威的奴隶。怀疑的态度是建设的、创造的,是寻求真理的唯一途径。怀疑的目的,是要胜过疑惑,而建立一个新的信仰。它不只是反对旧的信仰,而且引起了许多新的问题,促成了许多新的发明。许多大科学家的传记,如达尔文、赫胥黎、巴斯德、科赫等,都贯注着这种'创造的怀疑'的精神,足以感悟后人。中古的信徒基于信仰,现代的科学家则基于怀疑。"②

除此以外,秉志用公、忠、信、勤、久五字来概括科学精神的内涵。一曰公。"研究科学之人,必须有公开之精神。""倘科学家皆不肯大公无私,则科学永无发达之希望。"二曰忠。"科学家对于自己所示之工作,皆具有最忠挚之态度。"三曰信。"科学以求真理为唯一之目的,所研究之问题,几经困难,得有结果,是即是,非即非,不能稍有虚饰之词。"四曰勤。"世界各国之著名科学家,未有不勤勉所学,朝于此,夕于此,穷年矻矻,而能产出惊人之贡献者。"五曰久。"凡事皆贵有恒,科学尤贵有持久之精神。"③

有论者还将科学精神与科学方法视为一体。如胡明复认为:"精神为方法之髓,而方法则精神之郭也。是以科学之精神,即科学方法之精神。"在胡明复看来,科学方法之唯一精神,曰"求真"。梁启超也认为:"可以教人求得有系统之真知识的方法,叫科学精神。"他分三层阐述之:第一层,求真知识。第二层,求有系统的真知识。第三层,可以教人的知识。④

2. 科学精神是"科学教育之极轨"

如果把科学事实比作科学的原料,那么科学精神,就是"普通科学教育之极轨"。因为缺乏事实,则为蹈空之论。缺乏科学精神,则有不达之忧。"故事实虽不可缺,而要以底于具科学精神为科学之的。"⑤ 其理由如下:

(1)科学精神乃科学之根本和精髓 任鸿隽认为科学虽"缘附于物质,而物质非即科学。见烛焉,燃而得光,而曰烛即光焉,不可也。其为物质者,可以贩运得之,其非物质者,不可以贩运得之也。"同时,科学虽"受成于方法,而方法非即科学。见戈焉,射而得鸟,而曰射即鸟焉,不可也。其在方法者,可以问学得之,其非方法者,不可以问学得之也。"继而他一语道破:

① 丁文江. 玄学与科学——答张君劢. 科学与人生观. 沈阳:辽宁教育出版社,1998.179
② 胡适. 东西文化之比较. 季羡林主编. 胡适全集. 合肥:安徽教育出版社,2003
③ 秉志. 科学精神之影响. 中国科学文化运动协会编印. 科学与中国,1936,13
④ 梁启超. 科学精神与东西文化. 科学,7(9)
⑤ 郑宗海. 科学教授改进商榷. 科学,4(2)

"于斯二者之外，科学别有发生之泉源。此泉源也，不可学而不可不学。不可学者，以其为学人性理中事，非摹拟仿效所能为功；而不可不学者，舍此而言科学，是拔本而求木之茂，塞源而冀泉之流，不可得之数也。其物唯何，则科学精神是。"①

任鸿隽在编辑《科学通论》时，认为科学精神乃科学之"真铨"，并把它列于方法、分类之首加以排列和研究。在他看来科学"以自然现象为研究之材料，以增进知识为指归，故其学为理性所要求而为向学者所当有事，初非预知其应用之宏与收效之巨而后为之也。夫非预知其应用之宏与收效之巨，而终能发挥光大以成经纬世界之大学术，其必有物焉为之亭毒酝酿，使之一发而不可遏，盖可断言。其物为何？则科学精神是。于学术思想上求科学，而遗其精神，犹非能知科学之本者也。"至于为什么"言科学要首精神"呢？任鸿隽是这样解释的："吾所谓精神，自科学未始之前言之也。今夫宇宙之间，凡事业之出于人为者，莫不以人志为之先导。科学者，望之似神奇，极之尽造化，而实则生人理性之所蕴积而发越者也。""夫科学精神之不存，则无科学又不待言矣。"②

（2）中国学术乃至国民性缺乏的正是科学精神　对照科学精神，反观中国的学术和学界，相形见拙，其陋立现。梁启超曾批评中国人只知道科学研究所当结果的价值，而不知道科学本身的价值。若不拿科学精神去研究，便做哪一门子学问也做不成。同时他分析说，中国学术界因缺乏科学精神，所以生出如下之病症：一笼统；二武断；三虚伪；四因袭；五散失。他在详细诊断后开出了救治的良药："试想中国二千年思想界内容贫乏到如此，求学问的途径榛塞到如此，长此下去，何以图存？想救这病，除了提倡科学精神外，没有第二剂良药了。"③

任鸿隽也明确指出："回顾神州学风，与科学精神若两极之背驰而不相容者，亦有数事。不拨而去之，日日言科学，譬欲煮沙而为饭耳。"他把有违科学精神的学风归结为三：一好虚诞而忽近理；二重文章轻实学；三笃旧说而贱特思。"要之，神州学术，不明鬼神，本无与科学不容之处。而学子暖姝，思想锢蔽，乃为科学前途之大患。吾国学者自将之言曰，'守先待后，舍我其谁。'他国学子自将之言曰，'真理为时间之娇女。'中西学者精神之不同具此矣。精神所至，蔚成风气；风气所趋，强于宗教。吾国言科学者，岂可以神

---

① 任鸿隽.科学精神论.科学,2(1)

② 同①

③ 梁启超.科学精神与东西文化.科学,7(9)

州本无宗教之障害，而遂于精神之事漠然无与于心哉。"① 因此任鸿隽呼吁要改变研究学问的态度，以科学的态度作为建立学界的基础。"夫今之科学，其本能在求真，其旁能在致用。"② "盖学者，一以求真，一以致用。吾国隆古之学，致用既有所不周，求真复茫昧而未有见。以人类为具理性之动物，固当旁搜远讨，发未见之真理，致斯世于光明，而不当以古人所至，为之作注释自足。故今日为学，当取科学的态度，实吾人理性中所有事，非震惊于他人成效，昧然学步已也。"③

"五四"先哲们还认识到科学救国之根本在于用科学的根底，即科学精神救国。胡明复有言："今人论科学救国者，又每以物质文明工商发达立说矣。余亦为是说。"然救治学问、道德、政治、社会"皆存其形仪而失其实际，可慨也已。然则有补救之方策乎？曰有。提倡科学，以养'求真'之精神。知'真'则事理明，是非彰而廉耻生。'知真'则不复妄从而逆行。此为中国应究科学之最大原因。若夫科学之可以富国强兵，则民智民德发育以后自然之结果，不求而自得者也。""科学审于事理，不取意断，惟真理是从，故最适于教养国民之资格。审于事理，则国家社会于个人之利害关系明。不从意断，则遇事无私。惟真理是从，故人知其责之所在。自反面言之，国民对于社会国家心切，故监察綦严，虽有败类金壬而社会国家不为所倾覆。此科学精神之直接影响于社会国家之安宁与稳固者也。"④

黄昌榖考察泰西的致知致行的科学方法和科学精神，认为科学家用科学方法求得"真知"，并以此"真知"来判别天地间的事理。其所谓是的，不是似是而非的是，乃是真是；其所谓非的，不是一时感情好恶的非，乃是真非。他指出中国人向来少有科学根底，故事理难明，是非鲜有一定的标准，复怯于进取，所以学问和事业，日见退步和黑暗。他主张："补救中国的学问和事业，须先求致知致行的方法，致知致行的方法在应用泰西观察和试验的科学。""科学的致知致行的方法和精神"也是"中国救贫救病的唯一的根本方法。"⑤

在倡导科学精神救国方面，秉志可谓意切言尽，不遗余力。针对国人堕落不堪，溃藩决篱，无所不止，害及其国，灾逮其身，诚可惧者之现状，他倡言惟有诉诸科学精神，对症施药，才能振起国人之萎敝。"盖今日世界人类，未有不恃科学以图生存者。其有反科学者，皆不能存于天壤之间。缺乏

---

① 任鸿隽.科学精神论.科学,2(1)
② 任鸿隽.建立学界论.科学救国之梦——任鸿隽文存.上海：上海科技教育出版社,2002.6
③ 任鸿隽.建立学界再论.科学救国之梦——任鸿隽文存.上海：上海科技教育出版社,2002.10
④ 胡明复.科学方法论.科学,2(7)
⑤ 黄昌榖.科学与知行.科学,5(1)

科学之知识和技能，其害固大，而缺乏科学之精神，其国家必日见剥削，其种族必不免于沦亡。救国家者，必以提倡科学精神为先务。"他以英法两国人民受科学精神影响，国家蒸蒸日上说明以科学之精神为立国之根基，陶铸人民，蔚成民气，国家才能无内忧外患，人民才能享自由之幸福，毫不受人欺凌。他最后号召国人"猛然自觉悟，各本科学之精神，为国家奋斗。"①

（3）科学精神有助于自动力之养成　人所共知，科学定律并不是万古不变的，要寻求科学进步，只有心怀求真务实的科学态度，随事察度。否则，徒记旧则，墨守陈规，要求科学之进步难矣。况且，世界事物，甚为繁杂，所以企图让学生在学校毕业之前的短期求学生涯就能网尽所有的科学知识，是不可能的。纵使能之，而事物变迁，境遇更易，更不是我们所能预料的。作为科学之本的科学精神，"兼有考察事实定律与方法之用。有其精神，知识纵不全，而基础已具。于他事理之研求已甚有望。否则以有涯之生，逐无涯之知识，定律纠纷，方法繁多，不明取舍，疲于奔命，博而不约，劳而无功，宁有取耶？"因此，具备科学精神与方法，人们有随机应变的能力，这要比死记硬背科学定律效果来得好。"故普通学校中科学精神之养成，与方法之熟谙，或较关于科学定律与天然物事实之知识为尤要。"②

（4）科学精神对人生观有所裨益　任鸿隽说："文学主情，科学主理，情至而理不足则有之，理至而情失其正则吾未之见。以如是高尚精神，而谓无与于人生观，不足当教育本旨，则言者之过也。"③ 他还指出："生活的态度，是我们对物的主要观念和做事的动机。我们晓得科学的精神，是求真理。真理的作用，是要引导人类向美善方向行去。我们的人生态度，果然能做到这一步吗？我们现在不必替科学邀过情之誉，也不必对人类前途过抱悲观，我们可以说科学在人生态度的影响，是事事要求一个合理的。这用理性来发明自然的奥秘，来领导人生的行为，来规定人类的关系，是近世文化的特采，也是科学的最大的贡献与价值。"④

杨铨将科学的人生观概括为"客观的、慈祥的、勤劳的、审慎的人生观。"何谓客观？"不以一己之是非为是非，凡一切事物俱客观态度觇之。"何谓慈祥？"即与宇宙之形形色色表有同情。"何谓勤劳？"以求真理为毕生之事"。何谓审慎？"凡有所闻，必详其事之原委条件，无囫囵人耳之言，亦无轻率脱口之是非。盖科学家对于一切事物俱存怀疑态度，忍耐求之，不达到

① 秉志.科学精神之影响.中国科学文化运动协会编印.科学与中国,1936,13
② 郑宗海.科学教授改进商榷.科学,4(2)
③ 任鸿隽.科学与教育.科学,1(12)
④ 任鸿隽.科学与近世文化.科学,7(7)

真理目的不至也。"科学的人生观之特色在于：第一，颇具民主之精神，"无强弱，有是非，不似世之人情……其拥有真理，无宗教，无阶级，无国家，唯只有真理而已。……科学的人生观无阶级，无虚荣心，至平等，至高尚也。"第二，科学的人生观讲实事求是，重真理，不怨天，不尤人，不以处境微贱而易其志。第三，科学的人生观甘于淡泊。科学家之研究科学，其所希翼之报酬即在求科学之进步。①

3. 注重科学精神的培养，发挥其人文教化的功能

科学精神并非科学家所特有，通过一定的训练，人人可以习得。任鸿隽揭示出："科学于教育上之重要，不在于物质上之知识，而在其所与心能之训练。科学方法者，首分别事类，次乃辨明其关系，以发见其通律，习于是者，其心尝注重事实，执因求果，而不为感情所蔽，私见所移。所谓科学的心能者，此之谓也。此等心能，凡从事三数年自然物理科学之研究，能知科学之真精神，而不徒事记忆模仿者，皆能习得之。以此心能求学，而学术乃有进步之望。以此心能处世，而社会乃立稳固之基。此岂不胜于物质知识万万哉！吾甚望言教育者加之意也。"②秉志也表示："科学之方法，习科学者能言之。科学之范围，习科学者类能知之。于科学之精神，则人人皆所宜有。倘人人皆有科学之精神，其国家必日臻强盛，其民族必特被光荣焉。"③

"五四"先哲们还洞察到，科学精神若熔化于教育中，将有益于发挥其人文教化的功能。任鸿隽指出，科学既可通过促进物质文明间接地改良人生观，也能通过教育和训练直接产生出各种高尚的人生观：因为科学的目的在求真理，而真理是无穷无边的，所以研究科学的人，都有一种猛勇前进、尽瘁于真理、不知老之将至的人生观；因为科学探讨的精神，深远而没有界限，所以可以打破一切偏见私意，使人心胸开阔、目标远大；因为科学所研究的是事物的关系，而关系的研究，公式的发见，都可以给人一种因果的观念，所以研究科学的人，把因果观念应用到人生观上去，事事都要求得一个理由，不惮用精确的观察去求事实，用精确的论理去做推论，不惮与前人的名论或社会成见宣战。"因为不曾研究过科学的，看不到这种人生观的景界，我们应该多提倡科学以改良人生观，不当因为注重人生观而忽视科学。"④丁文江也认为："因为天天求真理，时时想破除成见，不但使学科学的人有求真理的能力，而且有爱真理的诚心。无论遇见什么事，都能平心静气地去分析研究，

---

① 杨铨.科学的人生观.科学,6(11)

② 任鸿隽.科学与教育.科学,1(12)

③ 秉志.科学精神之影响.中国科学文化运动协会编印.科学与中国,1936,13

④ 任鸿隽.人生观的科学或科学的人生观.科学救国之梦——任鸿隽文存.上海:上海科技教育出版社,2002.306

从复杂中求简单，从紊乱中求秩序；拿论理（逻辑）来训练他的意想，而意想力愈增；用经验来指示他的直觉，而直觉力愈活。了然于宇宙、生物、心理种种的关系，才能够真知道生活的乐趣。这种'活泼泼的'心境，只有拿望远镜仰察过天空的虚漠，用显微镜俯视过生物的幽微的人，方能参领得透彻，又岂是枯坐谈禅，妄言玄理的人所能梦见。"① 蔡元培进而主张学生可以在科学课程的修习过程中增强道德修养。首先，通过实验辨明是非，不欺人，不被欺，养成"诚实"的态度。所谓"诚"，"不但不欺人而已，亦必不可为他人所欺。""盖受人之欺而不自知，转以此说复诏他人，其害与欺人者等也。"所以凡事如果不是我们亲身能够实验证明的，我们都不能轻易就相信；即使是极简单的事实，我们也要以实验证明之。而实验用得最多的就是科学，"科学之价值即在实验"。"是故欲力行'诚'字，非用科学的方法不可。"其次，通过重复多次的实验，养成"勤劳"的习惯。做实验往往不是一次就能成功的，而要通过反复的实验验证，才能得出实验的结果。"凡此者反复推寻，不惮周详，可以养成勤劳之习惯。故'勤'之力行亦必依赖夫科学。"再次，在科学研究中克服困难和障碍、坚持真理，养成"勇敢"的品质。对于什么是勇敢，我们不能仅仅把"为国捐躯、慷慨赴义"作为评判的标准。而"凡作一事，能排除万难而达其目的者，皆可谓之勇。"科学之事，困难最多。许多科学家往往因实验丧失性命，又如许多新发明，因为与人们的传统观念不相容，往往遭到社会的迫害。"可见研究学问，亦非有勇敢性质不可，而勇敢性质，即可于科学中养成之。大抵勇敢性有二：其一发明新理之时，排去种种之困难阻碍；其二，既发明之后，敢于持论，不惧世俗之非笑。凡此二端，均由科学所养成。"最后，在科学研究中，屏弃私见，平等待人，养成"爱心"。因为科学是最博爱的，往往"一视同仁，无分畛域；平日虽属敌国，及至论学之时，苟所言中理，无有不降心相从者。可知学术之域内，其爱最博。"又因为科学是由实验及推理所得唯一真理，真是真非，不能以私见变易一切。"是故嫉妒之技无所施，而爱心容易养成焉。"所以，人们不妨在正课科学之中，兼事修养，"俾修养之功，随时随地均能用力，久久纯熟，则遇事自不致措置失宜矣。"②

（二）科学教授要注重科学方法的形成

"五四"时期，人们所宣传倡导的科学方法，基本上是近代实验科学方法，也涉及一些近代科学实证主义思想，但主要谈论的是归纳法和演绎法。

---

① 丁文江.科学与玄学.科学与人生观.沈阳:辽宁教育出版社,1998.50
② 蔡元培.科学之修养——在北京高等师范学校修养会演说词(1919年).中国蔡元培研究会编.蔡元培全集(第3卷).杭州:浙江教育出版社,1997.612

"五四"先哲们不仅关注发展祖国的科学事业，同样也关注更新民族的思维方式。

1. 科学方法的重要性

"五四"先哲特别强调科学方法的重要性。蔡元培认为科学方法比具体的科学知识更为重要，诚如他在给蔡尚思的《中国思想研究法》做的序中所言："爱智之人，其欲得方法，远过于具体知识也。"在他看来，如果科学的结论是金子的话，那么科学的方法则是点石成金的手指，足见他对科学方法的重视和推崇。

胡明复在他的《科学方法论》一文中指出科学的特性就在科学方法："且夫事理之繁，变端之奇，种类之多，性质之异，在增加科学之困难。学者目眩智迷，莫知所从，乃欲于无穷之中取其同异，通其变化，溯其通则，不亦难乎？则科学方法之重要，可想而知矣。"在胡明复看来，科学之异于它学，不在取材不同，"盖科学必有所以为科学之特性在，然后能不以取材分。此特性为何？即在科学方法也。"①

作为受过近代自然科学熏陶的人，任鸿隽对中国传统的学术思想、学术风气始终持激烈的批判态度。他认为"吾国两千年来所谓学者，独有文字而已。"于知识这是不够的，"欲进知识，在明科学，明科学，在得所以为学之术。为学之术，在由归纳的论理法入手，不以寻章摘句玩索故纸为己足，而必进探自然之奥，；不以独坐冥思为求真之极轨，而必取证于事物之实验。知识之进也，庸有冀乎。此吾所以以科学的方法，为今日为学之第一要素也。"②同时他深入分析了我国无科学的原因："第一非天之降才尔殊，第二非社会限制独酷，一言以蔽之曰，未得研究科学之方法而已"。因为科学的本质不在物质，而在方法，"今之物质与数千年前之物质无异也，而今有科学，数千年前无科学，则方法之有无为之耳。诚得其方法，则所见之事实无非科学者。"③况且，"科学之道，可学而不可学。其可学者，已成之绩；而不可学者，未阐之蕴。且物物而学之，于他人之学，必不能尽。尽之，犹终身为人奴隶，安能独立发达，成所谓完全学界耶？"④所以如果人们单着眼于分门别类地学习国外的知识、技术，"虽尽贩他人之所有，亦所谓邯郸学步，终身为人厮隶"，不会有自己独立的进步。"故无进步之术者，必无进步之学，此可质之万世者也。"⑤若要从根本上着手，就要"当不特学其学，而学其为学之术，术得而

---

① 胡明复.科学方法论.科学,2(7)

② 任鸿隽.建立学界再论.科学救国之梦：任鸿隽文存.上海：上海科技教育出版社,2002.13

③ 任鸿隽.说中国无科学之原因.科学,1(1)

④ 同②，第11页

⑤ 同③

学在是焉。"① 所谓"为学之术"，就是指科学方法。

科学方法不仅保证了科学之为科学以及科学的统一，而且它的影响超出了自然科学之外。任鸿隽认为："科学方法也可应用于一切人事社会科学，而且对人生之观念、社会之组织也有影响。"② 陈独秀也大力提倡西方科学的实证法和归纳法。他主张以之来代替"圣教"、"圣言"，来检验真理，来分析"人事物质"。他说："吾国历代论家，多重圣言而轻比量，学术不进，此亦一大原因也。今欲学术兴，真理明，归纳论理之术，科学实证之法，其必代圣教而兴。"③ 他坚信正确的思想离不开科学方法和逻辑，主张社会科学也应该用科学方法加以分析："社会科学是拿自然科学的方法，用在一切社会人事的学问上，像社会学、论理学、历史学、法律学、经济学等，凡用自然科学方法来研究、说明的都算是科学，这乃是科学最大的效用……我们要改去从前的错误，不但应该提倡自然科学，并且研究、说明一切学问（国故也包括在内）都应该严守科学方法，才免得昏天黑地乌烟瘴气的妄想、胡说。"④ 以丁文江为代表的科学派相信"科学方法的万能"。丁文江认为："科学的目的是要屏除个人主观的成见——人生观最大的障碍——求人人所能共认的真理。科学的方法是辨别事实的真伪，把真事实取出来详细地分类，然后求他们的秩序关系，想一种最简单明了的话来概括他。所以科学的万能，科学的普遍，科学的贯通，不在他的材料，在他的方法。""在知识界内，科学方法是万能的。"⑤ 胡适也是很重视科学方法的学者，他曾说自己新文化运动以来治中国思想与中国历史的各种著作都是围绕着"方法"打转的，他强调科学的根本精神在于求真理，科学主要是一种方法，"我们也许不轻易信仰上帝的万能了，我们却信仰科学的方法是万能的，人的将来是不可限量的。"⑥ 正因为如此，胡适对杜威的方法论发生了浓厚的兴趣，并以传播实验主义方法论为使命。胡适将赫胥黎的"存疑主义"与杜威的实验主义相结合，提出了"大胆的假设，小心的求证"的科学方法。这种实证主义的态度与传统的信仰主义、蒙昧主义针锋相对。胡适等人对实证法和归纳法的强调，根本意图在于改变中国人理论笼统、辨理不明的思维习惯，要求人们在认识事物时要准确掌握事物的确切性质，进行思想时要合乎逻辑，脚踏实地地对客观事物进行探索研究，这样中国的学术和科学事业才会有进步的希望。从这个意义上说，他

① 任鸿隽.建立学界再论.科学救国之梦：任鸿隽文存.上海：上海科技教育出版社,2002.11
② 任鸿隽.科学与教育.科学,1(12)
③ 陈独秀.圣言与学术.新青年,5(2)
④ 陈独秀.新文化运动是什么.新青年,7(5)
⑤ 丁文江.科学与玄学.科学与人生观.沈阳：辽宁教育出版社,1998.49
⑥ 郭颖颐.中国现代思想中的唯科学主义.南京：江苏人民出版社,1989

们主张把科学方法引入社会科学，有其合理之处。当然如果我们简单地把社会科学的研究方法完全等同于自然科学的方法，则又有失偏颇。因为由于研究对象的不同，社会科学还应该有自己的一些独特的研究方法。

2. 科学方法的内容

归纳法和演绎法是近代科学方法中不可分割的两种最基本的方法。科学家胡明复专门写了《科学方法论》一文详细阐述了他对科学方法的理解。他认为科学之方法，乃兼归纳与演绎二者。所谓演绎者，"自一事或一理推及它事或它理，故其为根据之事理为已知，或假设为已知，而其推得之事理为已知事理之变体或属类。"而归纳则与之相反，"先观察事变，审其同违，比较而审查之，分析而类别之，求其变之常理之通，然后综合会通而成律，反以释明事变之真理。"① 黄昌毂认为运用归纳法，能够发明古人所未梦有的新知；应用演绎法，更能推广古人不完全的旧知。任鸿隽曾说，归纳法和演绎法"二者之于科学也，如车之有两轮，如鸟之有两翼，失其一则无以为用也。"②

尽管"五四"先哲对此两种科学方法都持肯定的态度，但在具体运用中又有所侧重。例如任鸿隽更为强调的是归纳法的重要性，他认为，归纳法要求从事实出发，重观察和实验，所以得出的结论比较靠得住。演绎法从预定的前提出发，而前提是否正确，演绎法是解决不了的，必须依赖于归纳法从事实得出的结论。所以他说："归纳逻辑虽不能包括科学方法，但总是科学方法根本所在。"③ 胡明复尽管也曾对科学方法作了比较完整的说明，但他同样特别注重归纳法，因为归纳法是连接事实和理论的桥梁。"科学取材于外界，故纯粹演绎不能成为科学。盖演绎必有所本。今所究为外界，则所本必不可为人造。是以演绎之先，必有归纳为之基。"④ 任鸿隽等人之所以推崇归纳法，不只是出于对归纳法和演绎法理论上的比较，同时也是从对中国传统文化的批判中得出的结论。任鸿隽引用曾任哈佛大学校长的爱里亦脱的一段话："关于教育之事，吾西方有一物焉，是为东方人之金针者，则归纳法是也。东方学者驰于空想，渊然而思，冥然而悟，其所习为哲理、奉为教义者纯出于失民之传授，而未尝以归纳的方法实验之以求其真也。西方近百年之进步，既受赐于归纳的方法矣……吾人欲救东方人驰骛空虚之病，而使其有独立不倚格致事物发明真理之精神，亦唯有教以自然科学，以归纳的论理实验的方法，简练其官能，使其能正确之智识于平昔所观察者而已。"⑤ 任鸿隽非常赞赏爱

---

① 胡明复.科学方法论.科学,2(7)
② 任鸿隽.说中国无科学之原因.科学,1(1)
③ 任鸿隽.科学方法讲义.科学,4(1)
④ 同①
⑤ 同②

里亦脱的观点，在对中国为何没有产生近代科学的探讨中，他认为无归纳法是最大的原因。

然而，归纳法毕竟不是科学方法的全部。单强调归纳法，忽视演绎法，会出现另一种片面性。有鉴于此，赵元任等人便强调演绎法的重要性。赵元任译介《海王星之发现》特加说明："人谓近世科学重实验，此言良信，然非谓理论可忽也。归纳演绎，唇齿相依；二者相须之殷，于天文学尤显著，海王星之发现实近世演绎科学收功之最大者，孰谓纸上空谈为科学所不齿乎。"① 王琎撰写《法国之科学》对理论思维包括演绎法的重要性作了比较系统的论述，指出中世纪经院哲学"全以论理构造为根据"，"连篇累牍，既无实用之价值，又缺常识之兴趣。"然而，专重实验或事实，流于"推聚事实，而不藉思想为指导，""其弊亦未必不与之相同。"② 他说法国科学界针对培根过分强调归纳法，笛卡儿"起而自树一帜"，提倡演绎法，强调理论思维，其意义不可低估。反观中国古代在冶炼、酿造和制陶方面皆有高超技术，但都停留在零散的片断的经验上，没有上升为理论，阻碍了积累和提高。而西方则在近代科学理论发展起来后，工艺技术也随之快速进步。他又指出，中国古代即使有一些科技理论，也近于空泛。在他看来偏重经验而鄙弃理论、学识无系统而理论空泛，正是中国科技落后的重要原因。

事实上，不论是归纳法还是演绎法，在中国思想传统和科技传统中都是缺乏的。强调归纳法，对于提倡科学研究来说，有利于把人们从人伦道德的陈言旧说引向现实世界和自然事物；对于传统思维方式的更新来说，有利于促使人们把认识的出发点从单纯的价值判断转向注重事实判断。而强调演绎法，不仅有利于克服古代科技传统中忽视理论、只凭经验的缺陷，同时也有利于促使人们由直观性、臆断性的思维转向运用严格逻辑方法的理性思维。因此，归纳和演绎对于促进中国近代科学事业的发展以及传统思维方式的转换都是不可缺少的，二者既相间而进，"斯为科学方法之特点"。

3. 科学方法的运用

面对从西方传来的各种科学新知识，人们一开始只是忙于将各种知识整理而成为一学科，使之容易理解，然后再把这些知识传授给学生，这样学生只要费去少许的劳力，就能在短时间内得到大量的知识。但是如果人们只满足于传授科学知识这一层面上，显然是不够的。"凡是要把文明传给次代，发展而为更高的文明的民族，无论如何，对于获得根本知识的方法手段，实为最重要之点而不可忽略。"因此，一个教员无论能授给学生如何多的知识，而

---

① 赵元任.海王星之发现.科学,12（1）
② 王琎.法国之科学.科学,7（3）

没有教其获得知识的某种方法，就不能说是一种好的教授法。科学教育更是这样，"授给现在已经整理过的智识，是属于第二义；使学生领会以观察实验而获得智识的方法，那是最重要的第一义。"①

（1）科学方法在探究过程中的运用　科学方法在探究过程中的运用可以从搜集事实入手。搜集事实的方法有二：一曰观察，二曰试验。科学是研究事实之学，所以科学的探究离不开观察和试验。"我们对于外界事物，能有正确的观念，皆由五官感觉，所以观察为搜集事实第一种利器。……这观察事实，是科学方法的第一步。要是观察不正确，不得正确的事实，以后的科学方法就成了筑室沙上，也靠不住了。"② 试验是在人为情形之下施行观察，它可以于天然现象之外，增广观察的范围；可以人力节制周围之情形，以求所需结果。有了观察和试验，人们可以假定有正确的事实了。但有了正确的事实，还要经过若干步骤才能达到天然现象的通律。一是分类：找出事实中同异之点，然后就其同处，把这些事实分类，因为科学是有统系的知识，这有统系的性质，就是由分类得来。二是分析：分类之后，若在简单的事实，即可归纳；若是现象复杂一点，还要经过分析，把复杂现象分为较简单的观念。三是归纳：由特殊推到普通，由已知推到未知；但这时归纳所得的道理还不能称作确论，因为科学上明了的事体很少，所以人们且将归纳的结论称之为假设。四是假设：假设的意思就是心中构成一个图样，用来解释事实。假设的作用，虽然不出一种猜度，但猜度也要有点边际，方才不是瞎猜，好假设必须具备三个条件：必须能发生演绎的推理，并且由推理所得结果，可于观察的结果相比较；必须与所已知为正确的自然律不相抵触；由假设所推得之结果，必须与观察的事实相合。除此以外，"因为有了假设，然后能生出更多的试验，然后能使现象的意思越发明白，事实的搜集越发完备。所以假设这一步骤，倒是科学上最要紧的。"③ 假设经若干证明后，可以成为学说定律。因为学说是经过证明的，所以人们可以把它引用来证明其他现象。但假设和学说"既是为研究方便起见，拿来解释现象的，所以没有什么一成不变的理由。"正如法拉第所说："书中所有的九个假设，不过科学家想到的百分之一，其余的许多，都因不合事实，随生随灭了。"④ 由此可见，在科学探索的过程中，既离不开归纳的逻辑，也离不开演绎的逻辑，二者相辅相成。同时，在对科学的不尽探索中，也正体现了科学的真精神及方法。

---

① 陈兼善．小学校的动植物教授通论．教育杂志,18(4)
② 任鸿隽．科学方法讲义．科学,4(1)
③ 同②
④ 同②

（2）用科学方法改造、提升教育学说　陈独秀说，我们要晓得"别的学术（道德学、性理学也包括在内），多少都要受科学的洗礼，才有进步，才有价值。"① 他还指出教育的新与旧，不单在内容更在方法上，"经、史、子、集和科学都是一种教材，我们若是用研究科学底方法研究经、史、子、集，我们便不能说经、史、子、集这种教材绝对的无价值。我们若是用村学究读经、史、子、集底方法习科学，徒然死记几个数理化底公式和一些动植矿物底名称，我们不知道这种教材底价值能比经、史、子、集高得多少?"②

"五四"先哲还认识到欲提高教育的地位，使之成为一门独立的学科，也要借助科学的方法来解决教育中遇到的困难。蒋梦麟认为"近世教育的进步，即在采用自然科学的方法来研究，一方面可以得真实的根据，一方面可以免凿空的弊病。"③ 在当时，尽管国人已经认识到教育事业是一种与其他社会事业平行的独立的职业，但是认为教育学术是一种专门学术的人却不多。从前的教育学术被"玄学鬼"附在身上，凭你大翻筋斗终是跳不出哲学的范围，只能伏居在哲学的门下。所以教育问题，虽然聚讼纷纭，依旧不着边际。此无他，只有意见的论争，而没有从事实上去观察和实验。也难怪局外人不时地对教育冷嘲热讽排斥嫉视。虽然师范学校遍设各地，而一般人都以为"师道"是无大奥妙的，教育事业是人人能从事的。因此，从事其他科学的人，存门户之见，以为教育学术"不能成一家言，得与他科并列。"人们"只须饱藏实学，不患不能传授。徒斤斤于师道，近于未嫁学养。"更有人认为"教育重身体力行，人格感化，无需多列方法。""师范之学，内容简陋，仅能认为文科中之一枝流。"④ 因此，近世教育家大声疾呼："教育学术在学术上的地位一天不确定，教育事业便不能赎回固有的独立性质，用科学方法增进教育效率的理想永远不能实现。即使少数同志，在这里苦心的忙试验研究工作，亦不免白费心血。所以教育学术科学化一个问题，不独是我们少数人事业成败问题，乃是教育事业成败问题。此后我们的努力，应当促成教育学术为独立的、专门的、严整的、充实的应用科学，使一般人无冷饥热嘲、排斥嫉视、乱发议论、乱作文章的余地。"只有引进种种科学方法，以求教育学术的进步，这样教育学术才能脱离哲学羁绊，自成独立的科学之一门。"教育问题渐谋科学的解决，教育学术渐纳于科学轨道，科学的教育亦渐成立，这都是教育事业前途至可庆幸的事。……此后谈教育，当不至仍凭空论，凭臆想为根

---

① 陈独秀.告新文化运动的诸同志(1920 年).陈独秀学术文化随笔.北京:中国青年出版社,1999. 167

② 陈独秀.新教育是什么(1921 年).陈独秀教育论著选.北京:人民教育出版社,1995. 281

③ 蒋梦麟.为什么要教育.蒋梦麟学术文化随笔.北京:中国青年出版社,2001. 3

④ 夏乘枫.教育学术科学化与教育者.教育杂志,18(2)

据了。"①

（三）教学方法的改进

1922年6月，美国科学教育家推士通过孟禄的介绍，并应中华教育改进社之请来华考察科学教育，帮助中国发展自然科学教学。此后两年间，推士到过了10省，24个城市，248所学校，广泛地深入中国科学教育的课堂，并且针对中国的科学教育现状提出了颇为中肯的意见。推士专门写了《中国科学教育之概况》一文，介绍了当时中国的科学教育情况。他指出一般而言，中国的理科教员在才能及诚意地谋学生幸福、热心教学二项，并不比他国逊色。关于科学知识，中国教员于科学事实和书本知识，颇有可观；但可惜的是其中大多数都缺乏科学实用的充分知识；又关于科学与人类的和经济的关系之知识亦非常薄弱，且不知学校附近即有充量的自然事物种类可以作科学的研究。关于教师采用的教学方法及其改善之道，"具有一种虚衷的实验态度，此层中国教员能为是者，虽不乏人，但其分数，则较外国教员为少。"②而关于长于实验，善用科学的方法，以及了解理科教学的基本原则，能采用适当的方法和设计二项，则中国理科教员，无论是小学、中学、还是在专门学校、大学，现状均未可乐观。除去少数特例外，中学校的科学教学，大都是一种形式的，即书本的讲演。教员讲演功课，仅于黑板上面绘图说明。教员有时也作实验、指证，但为数甚少。其实验手段不灵活，其实验的详细过程学生不明了，至于与书中教材如何关联结合，便于学生晓然此项实验的逻辑归宿点，教员在这些方面都未能着眼研究。"中国教员比较外国教员擅长图画者，其成分数量较多，惟于实验、指证方面，及其与教材之关联结合，与其逻辑的归宿点，则外国教员较胜于中国教员。"③中国教员不常用发问式教学法，至于师生全体相互讨论，学生于黑板上证辩己说，教室外参考记述，学生分题研究等事，尤为罕见。学生自动的实验，仅有极少数学校行之，其中多数都无精练的和彻底的指导、监察，故实验的结果皆极草率、不完整。至于能编制彻底的实验课程，且有优良教员为之指导监察者，就推士所调查的学校而论不超过百分之五。可见，改进教学方法是当时发展科学教育所迫切需要解决的问题，教学方法不改，科学精神与科学方法的培养就无从谈起。

1. 改变注入式的教学方式，发挥学生自动精神

讲授法在中国根深蒂固，这和中国注经式教学传统密切相关，它充分运用于传统教育中以人文为主体、以书本为传媒的静态文化体系的诠释。因此，

---

① 夏乘枫.教育学术科学化与教育者.教育杂志,18(2)
② 推士.中国科学教育之概况.新教育,7(5)
③ 同②

一些学科老师习惯于拿着教科书按部就班地教，而忽视了自然学科的特点。自然科学是以自然实体为对象，采用观察试验等实证方法为研究手段，并处在不断发展、不断创新中，如果以为学生光听教师讲，学几个专有科学名词，记几条科学定律就能学好科学，那真是把科学教育看得太容易了。

除了受传统教学方法的影响外，我国科学教授法向来直接取法日本，亦间接取法德国，这两个国家都比较注重系统的讲演式。"然德国以科学著称，日本亦复不弱。"这又是什么原因呢？"不知德收效实以其有良好教师，表面上虽采系统的讲演式，实际上仍兼重应用与功能。随时施行发问法，以引起生徒研究解决，而增进其了解之力也。今中国教师程度较浅，只知采其形式，不克实施其精神，故一般学生成绩不良，自在意中，即所谓良好学生，亦仅记忆若干学名门类或公式而已。"①

科学教授要考虑到本学科的学习特点，在引进国外教学方法时，不能盲目照搬它的形式，重在培养学生自动研究的精神才是科学教学所应持有的态度。因为科学的范围很广，凡我们日常耳目所接触到的事物和发生的现象，变化无穷，我们对于这些事物和现象，稍加思索，即有无穷的问题发生了。若想以一人的口齿，就能把这种无穷的变化都尽情讲解出来，不但是事实上做不到的，即对于教学本身，也不可能把所有的教学时间都用在讲解这些问题上。"从来教授皆以教科书为中心，今当采取簿册中心主义，须知今后非生徒各自为科学的研究，则理科之研究决不能有效。……务使生徒自知实验观察之必要而勉力从事，以取科学研究之态度最为有效。至若教科书，当使视为重要之参考书可也。"② "科学的研究，原来是活的不是死的，是灵的不是呆的；若以死板呆笨的教法，把所有的时间占去，使学生无自动研究的余地，那就不能得着纤微的利益了。"③ 所以在科学教学上，除了讲授法以外，还应该采取更加灵活多样的形式，如讨论式和研究式，互相发问。教员讲解一个标题，先把大意略述一下，中间遇到着重之点，就举出来反问学生，一方面可以发现学生听讲有无心得，一方面可以启发学生有自动的思索。然后逐步加以指导和训练，使学生的心志，养成活泼玲珑的习惯，时常能发生有系统的理想的问题，不至有哑板颓丧的形容和枯燥无味的意念发现了。

当时学校课堂里常出现一种普遍的毛病，就是教室中学生不肯发问，有的可能是因为学生怕羞，有的是懒惰，也有的是因教员的态度太孤独不敢发问的。胡衡臣认为："凡这种种的情形，都是发生于双方间没有讨论式的习

---

① 王岫庐. 中学之科学教育. 科学,7(11)
② 天民. 理科教授之根本革新. 教育杂志,9(9)
③ 胡衡臣. 初级中学的理化教学法. 教育杂志,17(6)

惯，和亲密的情感所致的了。要补救这种弊病，须废除庄严孤独的态度，一切都用平民化的身份，引起双方间极亲密温和的气象，那就不至于隔膜了。"① 王岫庐也指出："从前一教室中，唯教师能自动，生徒悉被动；唯教师能支配，生徒悉被支配。故其事倍而功半。"所以"今后之科学教育，则师生之间宜互相为助，俾矫前弊。"②

2. 以问题为起点，养成理科之兴趣

发挥学生的自动研究精神，首先要养成学生对自然科学研究的兴趣。心理学研究表明儿童先天就有研究自然界的兴趣，他们对于各种千奇百怪的自然现象充满着无限的好奇，总喜欢问为什么，并千方百计地去探个究竟而求其解决。"儿童如斯之事实，如斯之态度，如何可使之继续，又如何可使之发展乎，此理科教授上之大问题也。本科教授之彻底与否全视乎此。然今日教授之实际皆趋于人为，而反乎自然，徒破坏儿童之先天性，汩没其对于理科之趣味而已。"③

同时，不能把学生对理科的麻木态度归咎于自然物，尽管"自然物与自然现象乍观之殆如死物，然苟进窥其真相则皆含有活泼之精神，实遵循一大理法而运动而结晶而生活者，其间于经济原则进化原理美的要素，盖无一不备。人苟如此，必感有不可言喻之趣味，其研究心亦必非常奋发而乐此不疲矣。"④ 因此要激发学生达到自动研究的乐境，科学教授首先要以问题为起点，"各种智识之本，悉起于一难点。……凡事物之足以兴起儿童旨趣以解决一难点者，皆有启发其智慧之功。"⑤ 但这些问题要合学生的旨趣，应该是学生主动发现的问题，而不是教师强加给儿童的。儿童问题的价值在于"由儿童方面所提出的问题，不独增加儿童的兴趣，并能使教师选材施教得其标准。教授科学能由儿童方面提出问题，则儿童与教师二者可以借此决定所研究之功课究竟应以何项事物为教材。"⑥ 那么，要怎样引起学生提问题的兴趣呢？"凡足以诱起儿童兴趣之问题，恒包含学童或社会日用需要之事物。其问题之适合与否，须视学校，缘境及儿童之年龄与兴趣以为断。此则又在教者之活用也。"⑦ "欲引起学生之问题，必须以儿童原有之知识为本，所有言语必须切于问题。""学生之问题须与学生对之有兴味或有需要之事物有关系，或有

---

① 胡衡臣. 初级中学的理化教学法. 教育杂志, 17(6)
② 王岫庐. 中学之科学教育. 科学, 7(11)
③ 天民. 理科教授自由观察之指导. 教育杂志, 9(3)
④ 陈兼善. 小学校之科学教授法. 教育杂志, 15(1)
⑤ 郑宗海. 科学教授改进商榷. 科学, 4(2)
⑥ 同④
⑦ 同⑤

发生此项关系之趋势者。问题须与学生现在之生活或最近之将来生活有关系者。问题必须确有研究之价值，问题必须清晰明了，问题必须有一个中心思想，问题须以儿童能明了之言语叙述之。"①

3. 注重实验，培养学生的观察力、思考力

实验是科学教授中最具特色和必不可少的方面。这是因为："物理化学者，实验之学科也。无实验，无教学法可言。"② "离却实验，则无有科学。苟无实验，则不能习科学。"③ "欲使儿童接触于理科的伟力以养其真正之实力，则使之自行实验是为主要之方法。"④ 任鸿隽也主张"就是我们现在办学校的，也得设几个试验室，买点物理化学的仪器，才算得一个近世的学校。要是专靠文字，就可以算科学，我们只要买几本书就够了，又何必费许多事呢？"⑤ "真正之科学智识，当于学校教科实验室中求之，非读一二杂志中文字，掇拾于口耳分寸之间所能庶几。"⑥ 如果"学科学的不会行试验，就同学文学的不讲字一样，我们可以说他不是真学者。"⑦

而当时我国科学教授的现实情况是：学校教授科学很少有开展科学实验的。一方面，因为当时社会还非常落后，科学教育在中国也才刚刚起步，学校中的实验教学还存在很多困难，例如缺乏试验设备，没有专用和像样的实验场所，有限的实验设备只能供教师做实验演示而很难让学生亲自动手。还有一个原因就是"以学校为科举之变相，故一意注重理论而不注重实验，注重文字而不注重器械，注重精神的而不注重常识的，注重抽象的而不注重具体的，注重终日伏案、终日教室而不注重实习。"⑧ 这些原因，造成我国当时科学教学课堂上存在诸多缺憾：于实验目的，仅以证明生徒已知之规律，而不求触类旁通；实验内容，仅限于教科书所载，致生徒缺乏兴趣；实验所得之论据，即为最后之目的，不再有他种效用，故不为生徒重视；实验皆依样画葫芦，不予生徒以活动之余地。⑨ 除此以外，学生得不到自行进行自然科学的研究法。教师"寻常唯以口头与图解而说明之耳，生徒但为被动之学习，而于研究自然科学所必要之观察力、比较力、归纳力遂至为缺乏。"⑩ "此虽

---

① 陈兼善. 小学校之科学教授法. 教育杂志,15(1)

② 许冉. 中学校理化教授管见. 教育杂志,11(2)

③ 吴承洛. 对于庚款用以建立中国科学设备基本之具体办法. 科学,9(11)

④ 天民. 今后之理科教育. 教育杂志,9(9)

⑤ 任鸿隽. 何谓科学家. 科学,4(10)

⑥ 任鸿隽. 解惑. 科学,1(6)

⑦ 任鸿隽. 科学方法讲义. 科学,4(1)

⑧ 贾丰臻. 今后小学教科之商榷. 教育杂志,9(1)

⑨ 王岫庐. 中学之科学教育. 科学,7(11)

⑩ 天民. 理科教授之根本革新. 教育杂志,9(9)

实验甚勤，而其结果实与未实验者无异。"①

　　今欲矫其弊，首先要注重实验，实验当以学生为主体，教师当居于指导者之地位。如果科学教授唯以纸上空谈为理科之教授，则理科即毫无价值。"其教授时或唯以演讲，或唯以书本，是为忘却理科资料之理科教授。纵或有得，亦不过似是而非者耳。"② 而且"理化学尤以直观实验为生命者，近时东西各国之理科教授皆使儿童自己实验立于发现家发明家之位置，此吾国所亟宜效法者也。"所以"学校教授当捐弃注入的机械的受动的之方法，而采取使儿童为能动的创作的发表的之方法。"③ "当使实验室变为活泼之研究所，使人人就其心得，藉器械之助，而各有发展，始不失实验之本旨。"④ 在实验设备有限的情况下，推士认为有限的资源并不是能否开展实验的关键，问题的关键在于科学教师能否愿意引进更多的实验，改进自己的教学，只要教师有决心，能够留心考察当地的商店，就会惊奇发现那里可以用不多的钱买到试验装备或制作装备的材料。即使在非常少的实验教学中，如果教师是在经过完整、精确、深思熟虑准备后才实施的话，就能充分体现实验课的价值。由于中国科学教师在课前没有做好精心的准备，常常会因为不熟练而导致实验失败，学生从实验所观察到的现象和所要证明的原理并不一致，这"必然会使学生对事实或者科学法则或者对这两者都同时失去重视。他们或者会怀疑教师的能力，或者会认为科学是欺骗感官的一种方法。"⑤

　　其次，教师之于理科实验当研求养成儿童观察力、思考力之方法。观察为"理科教授必不可缺之唯一武器"，"理科资料既在于外界，而欲以之为问题之标的，吾人必须通过感觉机关而观察其事物，即当或闻或见或触或尝或嗅而审查其为何物也。此审查时之动作，谓之观察。"⑥ 与欧美人相比，过去我国人对于自然的研究多为文学的伦理的研究，而从事于科学的实用的研究者甚少。而欧美人正与我们相反，"道旁之一草一石，亦必研究其性质，或考察其形态，由是而进于利用之方、厚生之道。此种思想在我国人虽谓为自始未有，决非过言。"比如观江海洪涛骇浪，我们只是感叹它的壮美而借以发奇思助豪兴而已；又比如观海滨之岩石、山颠之古木，"亦惟玩赏其雅趣而已，而于科学之观察则全然无之"。如果我们能以科学的态度观察事物，则"观于

---

① 许冉.中学校理化教授管见.教育杂志,11(2)
② 太玄.创造教育与理科之观察实验实习.教育杂志,11(2)
③ 太玄.小学校理化教授之实际.教育杂志,9(2)
④ 王岫庐.中学之科学教育.科学,7(11)
⑤ 推士.中国之科学与教育.转引王伦信.五四新文化运动时期我国学校科学教育的境况与改革使命.华东师范大学学报(教育科学版),2005,3
⑥ 同②

江海之深大，当思其下有几何之鱼种海藻滋殖繁衍，应如何开发此天然宝藏以资吾人之利用。或观于波浪之滔天，当思此巨大之自然力如何而可利用于工业之上"。"故今日对于小学儿童当切实导引其研究自然之态度，以练磨其观察思考之能力，实为刻不容缓之图。由是积之既久，则其生产上发明创造之能力亦自不期而启发矣。"① 除有科学的观察力外，还要有发现问题的能力，这于发明创造最为有利。"惟能自行发现问题，始得有真之发明、真之发现、真之创作也。"② 当时有人就指出：观我国物质的进步不能说没有，然考察其内容，"则无一非模仿欧美者，盖不过模仿的文明已耳。""今欲振兴产业以角逐于列强之间，则此模仿主义其能永保国家之进运乎，此实一大疑问也。吾以为欲完全世界独立国之资格，必当又独立创造一国文明之觉悟，故此发明发现及创作能力实为对于国民不可稍缓之要求，而国民教育之必须倾注全力于此，无待踌躇者也。"③ 所以学校传授学问于儿童，不可专受取他人之知识，宜指导学生自行观察、实验，培养其思考问题、发现问题的能力。为此，科学实验的难易程度应根据学生的实际年龄设计：孩童时，"玩具之游戏，为散漫无章之实验"；进入小学后，"须与以简单之系统的实验"，"以野外采集与观察为主"；至于中学，则智力已长成，"则除显微镜观察之实验外，并须注重变化观察之实验。"④

4. 注重实地研究，锻炼学生学以致用的能力

中国人素来以为"秀才不出门，能知天下事"，所以不论谈什么学问，总不肯和自然界接触，只锁在房子里作咬文嚼字的功夫。现在的学校和过去的私塾书院不同的地方，无非就是把教室内的桌椅排得整整齐齐，再增加一块黑板而已，此外"可以说和老秀才们相差不多"。人们忽视了自然科学是研究自然界现象的一门学问，若还像老先生们磨练八股的做法，一定不会收成效的，或者简直说不如磨练八股来得有效。

首先，科学研究的特性要求人们注重实地观察。任鸿隽在谈到何谓科学家的时候，说到："这科学所研究的，既是自然界的现象，他们就有两个大前提。第一，他们以为自然界的现象是无穷的，天地间的真理也是无穷的，所以只管拼命的向前去钻研，发明那未发明的事实与秘藏。第二，他们所注意的是未发明的事实，自然不仅仅读古人书，知道古人的发明，便以为满足。所以他们的工夫，都由研究文字，移到研究事实上去了。唯其要研究事实，

① 朱元善.生产主义之理科教授.教育杂志,9(1)
② 太玄.创造教育与理科之观察实验实习.教育杂志,11(2)
③ 天民.学校博物馆之设施.教育杂志,9(1)
④ 吴承洛.对于庚款用以建立中国科学设备基本之具体办法.科学,9(11)

所以科学家要讲究观察和实验，要成年累月的，在那天文台上、农田里边、轰声震耳的机械工场和那奇臭扑鼻的化学试验室里面做工夫。"① 更何况，审问笃辨，贵求诸己。"故研考试验，先尚实境，书籍记载随可，而不可盲从。"直接与事物接触，自己之推考重于他人之推考，接触实验推考重于纯然抽象的推考，"切实能为此，然后科学精神乃可得而言也。""惟有从实地研究，然后格致之真理，之大用，乃可见。""制胜天然，当为科学教授之一大宗旨。欲达此旨，非纸片学问所能为力，亦非寻常实验所能奏功。其初步教授，宜导学生以观察真实事物，用其自己之心思以判断书籍记载及他人之所讨论。能若此，自强不息之机在是矣。格物致知之心，利用厚生之愿，舍此其奚由致耶？"②

其次，实地研究于理解自然、理解物质文明、陶冶性情只会有利而无害。理解自然"为实现人类宏远理想之第一步，是为理科教授重要目的之一。""然空无所有之教室，干燥寡味之教材，果能达此重要之目的与否，实属疑问。自然者，生物非死物也，动物而非静物也。比之间，始觉生意盎然，足供吾人以研究。……欲领略真自然之意味，必不可不与真自然界相接触。"且各种自然物性状各殊、情态万变，若不实地详加审查，"决无以养其观察注意之力，而对于自然想象即无以启发其研究之兴味。于耳目切近之物又不能识其概略，况其远焉者乎？"同时，与大自然的亲密接触，可以陶冶人的性情，引发主动研究科学的乐趣。"吾人之品性由自然物及自然现象之刺激影响甚多。……此皆与真自然相接触而发其兴味，动其活泼之感情。教室之中能有此乎？况养其对于自然科学之趣味而引起其研究之动机，尤必有资于目验而非教室万能主义所克有功矣。"③

第三，当时科学教材还存在着诸多局限。如果"所谓教科书果然能够斟酌国内教育的需要和程度，并且能够拿国内产物为教材"，那是最好不过了。但是当时中国的科学还是那样的幼稚，要想编一本很好的教科书，"非加以十年八年的研究，简直无法动手"。所以"现在所谓的教科书，大都是译本，不是日文，便是英文，否则德文，决没有经过一番融化，然后结撰出来的。"这就导致了许多教科书"硬拿别人的材料来充数，甚至有些动植物的种类，非越过东海，渡过地中海不能见到的，也抄了进去。因之鲤鱼鲥鱼可以不必辨别，而袋鼠之类非知道不可；稻子麦子永不着认识，而榕树、Indian pipe 之类，倒要牢记起来。我并不是说外国的种类无须讲授，但是总得由远及近，

① 任鸿隽.何谓科学家.科学,4(10)
② 郑宗海.科学教授改进商榷.科学,4(2)
③ 太玄.小学理科之校外教授.教育杂志,9(9)

才能理解。又譬如讲花叶等类举例的时候，何必一定拿樱花来讲，真是削足适履，莫此为甚了。"① 因此，开发适合自己本国国情的教材同样离不开实地的研究。

第四，通过实地研究，培养学生学以致用的能力。"从来理科之学习事项唯以学校为限，儿童宛如读死辞书，其包藏之知识诚当然全不利于活用。故理科教授者苟欲唤起生徒之科学兴味并养成其理、化工业、机械工业之思想则须使其学习事项与实际事项互相结合，而其所习之规则理法又须使其知有千变万化之应用则最为切要矣。"② 有人认为："学理之应用进步与人生幸福之关切如何，其理虽不甚深，而解释非易。惟使儿童观察科学应用之实际，则自能确实领会，而利用厚生之念亦即由之而强矣。"③ 故实际的知识之吸收与实用的学术之预备，不可不注重于实地的考察。人们可以发挥当地的资源优势，组织学生到附近的工厂参观并以适当的指导，让学生切身领会科学知识是怎样被应用到实际生活中的。要知道"教育之最后目的即为能应用知识。任何功课若无应用，则所费精力毫无功效。教授科学所宜注意之点甚多，而鼓励儿童应用已得知识即为最重要之一端。"④ "理科之要旨皆在于理解自然而利用之。故教授苟得其人，则儿童沉重之精神、活动之态度、精密之观察力皆可养成于不知不觉之间，而矫正其虚浮诞妄之弊习，导引于好劳恶逸之良风，亦不难收其效焉。至其理解天然物与人生之关系，因而敬爱之利用之，此尤不待言矣。一言蔽之，物质文明之发达全在理科原理之应用，如复杂纷纭之工业、农业、矿业、水产、医药、兵器乃至无线电信、天气预报等等，孰有不本理科之应用者。"⑤

5. 注重科学的研究，培养学生的创造能力

曾经有一段时间，学界不屑于西方的科学技术，把它看成"奇巧淫技"、"形而下之艺"。尽管洋务派提出"中体西用"，但对西学的理解还仅是停留在"器"、"用"的层面，只知道原封不动地照搬西方的技术。难怪有人感叹，学习西方这么多年，还只是停留在枝枝叶叶上，不但未曾享受到科学带给人们的好处，实现国家富强的目的，反而使国家的财富不断地流入西方国家的腰包里。教育界尽管很重视科学，但只是专注科学知识的传授，而不问科学的研究，"夫研究为科学之所由出，未有不提倡研究而能奏提倡科学之功

---

① 陈兼善. 中学校之博物学教授. 教育杂志, 14(6)
② 天民. 学校博物馆之设施. 教育杂志, 9(1)
③ 朱元善. 生产主义之理科教授. 教育杂志, 9(1)
④ 陈兼善. 小学校之科学教授法. 教育杂志, 15(1)
⑤ 天民. 今后之理科教育. 教育杂志, 9(9)

者也。"① 这就导致了："兴学已历十年，而国中无一名实相副之大学。"②

　　那么，究竟应该向西方学习什么呢？任鸿隽认为："我们若是不从根本上着眼，只是枝枝节节而为之，恐怕还是脱不了从前那种'西学'的见解罢。"这就好比"我们学了外国学问的一样两样，回到中国，就如像看见好花，把他摘了带回家中一般，这花不久就要萎谢，永久无结果的希望。但是我们若能把这花的根子拿来栽在家中，那末我们不但常常有好花看，并且还可以希望结些果子。我们讲求西方学术，要提倡科学、研究科学，就是求花移根的意思了。"③ 因此，研究科学，有所创新，才是发展科学的根本。杨铨也意识到"科学非空谈可以兴起"，"科学者，以性质言，实验之学也，离开研究则科学不立。"④ 宇宙间浩然无边，自然界精微无尽，皆隐藏无穷奥秘。科学以穷宇宙自然之无限真藏，必须前后相继，进行持续不断的研究。"科学盖以实验探讨为其生命"，永不满足于已有发现和既得发明，才得以保持其无穷魅力，并令人为之折服。科学的价值主要体现于不断的发现发明；发现和发明则始终与研究相伴。科学发展史证明，有研究则有科学，"无研究则无科学"。为防止科学"流为清谈"的危险，蔡元培在担任北大校长时就明确地向学生说明："大学者，研究高深学问者也。"在北大 1918 年开学式的演说词中，他又说："大学为纯粹研究学问之机关，不可视为养成资格之所，亦不可视为贩卖知识之所。学者当有研究学问之兴趣，尤当养成学问家之人格。"⑤ 任鸿隽也指出："大学的职责，不专在于教授学科，而尤在于研究学术，把人类智识的最前线，再向前推进几步。" "单有教课而无研究的学校，不能称为大学。"⑥ 而且"理科的真价值，是养成人类利用自然物的知识，独立创造的能力。总之，是完全人间生活的一种学问。如此说法，才可以发扬理科的精神出来。研究理科的，有了利用自然物的知识，当然不会受自然势力的束缚；有了独立创造的能力，当然可以见利而取，见害而避；在天择物竞的淘汰场里，当然是个占优胜的、进化的。理科的真价值，如是如是。"⑦

　　① 任鸿隽.中国科学社之过去及将来.科学,8(1)

　　② 任鸿隽.发明与研究.科学,4(1)

　　③ 任鸿隽.中国科学社第六次年会开会词.科学,6(9)

　　④ 杨铨.科学与研究.科学,5(7)

　　⑤ 蔡元培.北大一九一八年开学式演说词.高平叔编.蔡元培教育论著选.北京:人民教育出版社,1991.163

　　⑥ 任鸿隽.科学的研究——如何才能使他实现.科学救国——任鸿隽文存.上海:上海科技教育出版社,2002.387

　　⑦ 吴家煦.理科的设计教学法.教育杂志,13(10)

四、"五四"新文化运动时期科学教育思想的影响

从明代中叶开始，西方近代意义上的科学教育逐渐被移植到中国，国人对科学教育价值的认识经历了一个由简单否定到初步认同再到全面肯定的过程。"五四"新文化运动不仅使中国的历史揭开了新的一页，也促成了近代科学教育思潮进入新的发展阶段。"五四"先哲们对科学教育思想进行的启蒙宣传活动，对中国近现代的教育事业产生了深远的历史影响。

（一）促进人们科学观念的更新，推动了近代科学教育思潮的发展

中国传统宗法人伦文化重视的是对人伦问题的思考，相对轻视对自然的理性研究，造成了人伦文化的发达和科学文化的缺失。因此，科学教育在我国起步之际，传统文化对西方的科学知识教育就显示出本能的抗拒心态，守旧派以人伦文化的价值标准来批评科学文化，反对科学知识的传授和学习。他们认为科学知识不必学，不该学，也不能学。学习西方的科学知识不但不能救亡救国，反而会失去民族的自豪感，更会使中国传统的价值观念受到冲击和威胁。"立国之道当以礼义人心为本，未有专恃术数而能起衰振弱者。"（倭仁语）"自卑尊人，舍中国而师狄夷。"（杨廷熙语）如果"事事委诸气数，而或息其忠孝节义之心。学之不精，则逆理违天，道听途说，必开天下奇邪诳惑之端，为世道人心风俗之害。"（杨廷熙语）基于此，守旧派拒绝接受科学教育。而与之相反，洋务派看到了科学教育具有物质器具层面上的工具价值，他们初步认识到了"中学务虚，西学务实；务虚者败，务实者胜"的道理，因而迫切要求学习西方的科学知识。但他们对西方科学的理解还只是停留在"器"、"用"的层面，认为中国传统文化的教育和西方科学知识的教育地位不同，是体和用的主次关系。所以，在"中体西用"的思维定势的束缚下，科学教育并没有得到大众的认可，在大多数人眼里，所谓的科学技术仍被视为"末业"、"小技"。较之洋务派，维新思想家更多地将目光由形而下的器与技，转向了思想、观念、制度等层面，与之相适应，对科学的理解和阐发，也往往与世界观、思维方式、价值观念等相互融和。在教育领域，他们对科学教育有了更深刻的认识，以严复为代表的维新知识分子对科学教育价值的认识已经超越了洋务派的中体西用观，认为科学具有"炼心积智"、"变吾心习"、"黜伪崇真"的价值，意识到了科学方法的重要性，在教育过程中重视学生的独立思考和通过试验获得直接经验的重要性。可惜的是，在当时的历史条件下，由于没有厚实的社会基础，严复的科学教育思想并没有引起人们的重视。

到了五四时期，在"科学"与"民主"的两面旗帜下，伴随着新教育事业与新知识分子群体的出现，科学团体与科研机关的广泛建立，科学期刊的

大量发行,科学救国思想和风气在社会上盛极一时,大量思想舆论报刊纷纷以科学为中心话语,以宣传科学为旗帜,使得科学知识的输入更为系统、深入和丰富。更为重要的是,任鸿隽、杨铨、陈独秀、胡适、蔡元培等一批科学家、思想家、教育家开始对科学思想、科学方法和科学精神进行了全方位的启蒙宣传,把真正近代意义的科学观带到中国,改变了近代以来中国人视科学为制造器用的技术或为一种新型的社会哲学的片面认识,开始纠正近代中国人以价值系统认识科学的倾向,使这两种认识(仅仅看到科学的物质性功能、价值与片面强调、提升科学的精神性功能、价值)在科学的本来意义上得到了统一。五四先哲对科学教育的社会功能的审视是全方位的,不仅看到科学教育的物质价值,还强调了易于被人们忽视或轻视的精神价值。这一时期对科学教育价值的认识呈现一片多元化的景观,既看到了科学教育具有潜在的生产力价值,又看到了科学教育具有精神发展的价值,进一步巩固了科学教育的合法地位,为科学教育思潮的发展营造了一种非常好的社会氛围。经过几十年的不懈努力和宣传,中国人的科学思想有了相当大的进步,体现在:人们的科学观正在逐渐走向深刻和全面;科学是社会前进的动力,科学教育的地位、科学教育的价值正逐渐得到了社会的认可;弘扬科学精神、重视科学方法的培养正日益成为越来越多人的共识。"五四"以后科学教育的重点就移至科学精神的培养上,并把教育作为一门科学进行研究和探讨,提出教育科学化的口号。"尤其是将科学作为整体升华为一种普遍的规范体系,使科学教育从科学文化系统的知识表层结构深入到观念的深层结构,这不但推动着科学教育思潮的持续发展,而且也改变了人们的主观世界。"①

(二)深刻影响着中国教育的学校制度、课程设置、教材编写及教学方法等方面的改进,从而加速了中国教育近代化的步伐

1922年新学制——壬戌学制正式颁布。这次学制改革一定程度上反映了中国自近代以来科技发展的基本要求,体现出当时人们对科学教育的重视。①"新学制"第一次实现中等教育分科制,同时规定中等教育得用选科制。分科制与选科制的实行,有助于科学教育在中学普遍而有针对性的实施。②根据新学制,大学取消了预科,这样有利于集中精力进行大学的学科专业教育和科学技术教育。与此同时,新学制还提出设立大学院,作为"大学毕业及具有同等程度者研究之所,年限无定"。②最能体现大学院的科学教育和研究精神的是,大学院下还专门设立研究院,即中央研究院,作为研究专门学术之最高机关。③建立了较完备的职业教育系统,用职业教育取代清末民

---

① 董宝良,周洪宇,主编.中国近现代教育思潮与流派.北京:人民教育出版社,1997.407
② 朱有瓛主编.中国近代学制史料(第三辑下册).上海:华东师范大学出版社,1992.807

初的实业教育，不仅在一定程度上适应了民族工商业的发展对初级技术人才的需求；更为重要的是，它推进了科学技术教育在国民中的普及以及在社会中的应用。这一切无不体现了当时重视科学教育发展的理念和趋势。

从中学的理科教育看，各地对中学理科教育的提倡从政策到实践都得到了加强。教育部对大学文法教育类招生采取了限制措施，以保证加强理工农医类新生招生的比例，这显然推动了中学理科教育的加强。同时，各省教育厅也专门拨款购买仪器和机器，增加理科实验设备，添置理工专门学校等。根据新学制，1923年制定的课程标准纲要规定，初级中学设置"自然科"，学分为16分，占总学分180分的9%。高中的公共必修课增设了科学概论，该课包括"科学发达史、当代科学大势、科学精神和科学方法，并且随时重视实验，以期学生获得科学的训练。"[1] 提倡科学被认为是这次课程改革的显著特点。值得一提的是，此后1929年的课程暂行标准、1932年的正式课程标准，均受1923年课程标准纲要的影响。1929年的中学暂行课程标准规定，初中的自然科兼采分科制和混合制，分科制的科学课程包括植物、动物、物理和化学。1932年的自然科教学以分科制为主。新学制下普通中学课程标准中关于自然科学几门课的课时数安排为：初中阶段三个学年中五门课（数学、物理、化学、动物、植物）每周学时总数为50个学时，占每周208个总学时数的近24%；高中阶段三个学年四门课（物理、化学、生物、数学）的每周学时总数为55个，占每周197个总学时数的近28%。[2] 课程设置的这一变化反映出科学教育的地位加强了。这个课程标准还是我国第一次制定的自然科学教学大纲，其规定的目的、要求和方法等方面体现了自然科学学科的特点和重视学生自学能力的培养，体现了理论联系实际的原则。例如颁布的《中学物理课程标准》中对教学目标的制定：①初中阶段使学生了解常见之简单物理现象；养成学生观察自然界事物之习惯并引起其对现象加以思索之兴趣；使学生练习运动官能及手技，以增进其日常生活上利用自然之技能。②高中阶段使学生明了物理学中之简单原理，并能用以解决日常问题及说明常见现象；训练学生运用官能及手技，以培养其观察与实验之技能；使学生略知物理学与其他自然科学及应用科学之关系。[3] 显然，新课标的制定理念在许多方面与"五四"先哲的科学教育思想不谋而合。

中华民国初年，中学只有四年，没有划分初中和高中，所以理化教科书只有程度较浅的简易读本，主要是翻译日本的教材。有些译本，中西杂糅，

① 吕达.中国近代课程史论.北京:人民教育出版社,1994.308
② 骆炳贤、何汝鑫编.中国物理教育简史.长沙:湖南教育出版社,1992.85～86
③ 同②,第86页

或措辞不当，或文图不符，内容异想天开。后来自英美留学回国者渐多，有些学校采用英美教科书的译本，教会学校用外文课本。为了改变这种混乱状况，教育部于总务厅之下，特设编纂、审查两处，负责管理教科书的工作，公布《审定教科用图书规程》。此后，我国自行编写出版的教科书逐渐增多。

"五四"新文化运动以后，科学教育思潮由前期主要侧重于传播、宣传，逐渐落实于教育实践中。教育统计、教育测量、智力测验、学务调查等，在教育界得到了广泛的试行和推广。受科学教育思想的影响，教育界开始重视教育科学化的探索，尤其是教育方法的革新。人们大多"倾向于不满于教学上的形式主义，试图以'动'的教育去改良机械、呆板的传统教育，反映了教学上倾向于谋求学生自动、个性发展和手脑并用的思想动向。"[1] 新的教学方法如设计教学法、分团教学法、蒙台梭利教学法、道尔顿制等，在各级学校中进行了广泛的实验。

① 吴洪成. 中国近代教育思潮研究. 重庆：西南师范大学出版社，1993.224

第三部分

国民政府时期科学教育思想研究（1927～1949）

一、科学教育思想的时代土壤

国民政府对科学与科学教育的推动、近代留学教育以及科学人才队伍的形成构成该时期科学教育思想的社会背景。国民政府对科学与科学教育方面的政策以及为促进科学教育的进步所采取的行动为科学教育思想进一步发展创造了良好的环境与土壤；近代留学教育培养了国民政府时期一大批杰出的科学人才队伍，使思想的形成和发展有了人才基础，两者共同构成了国民政府时期科学教育思想发展的外部条件。

（一）国民政府对科学与科学教育的推动

历史发展证明，学术思想要受所处时代社会政治力量的影响。政策及实际行动无疑是政治对学术思想产生重要影响的手段，它们会构成学术思想发展的制度环境与实践土壤。因而，研究国民政府时期的科学教育思想，考察这两方面就显得顺理成章。

1. 国民政府在科学与科学教育方面的政策法规

（1）抗战以前的政策法规　1927年南京国民政府成立后，摆在统治者面前的就是如何巩固自己的统治，摆脱国家积贫积弱的局面。为此，国民党统治者在政治、经济、军事、文化教育等方面颁布了一系列的政策与法规，这些政策与法规为社会各项事业的发展创造了政策环境与制度保证。在科学与科学教育方面，统治者也是极为重视的，从民国教育宗旨的实施方针到各级教育，统治者颁布了一系列的政策与法规。

在1929年4月国民政府公布的《中华民国教育宗旨及其实施方针》中就有"大学及专门教育，必须注重实用科学，充实学科内容，养成专门知识技能，并切实陶融为国家社会服务之健全品格。""师范教育……必须以最适宜之科学教育及最严格之身心训练，养成一般国民道德，学术上最健全之师资为主要任务"[1] 的规定，当时政府基于对实用科学及其积极效用的认识，提倡

---

[1] 宋恩荣，章咸主编. 中华民国教育法规选编（1912～1949）. 南京：江苏教育出版社，1990. 46

科学与科学教育，尤其是实用科学；1931 年 9 月 3 日中央执行委员会通过的《三民主义教育实施原则》中对各级教育在实施纲要方面作了明确的规定，初等教育（幼稚园小学）"应注重自然科学之教授，以养成儿童爱好自然，利用自然，改造自然的兴趣，及破除对于自然现象一切的迷信。"高等教育"关于自然科学者，一、应注重生产技术的知识和技能。二、应以物质建设之完成为研究或设计之归结。三、应彻底从事科学研究，并致力于有益增进文明之发明发见。"师范教育"施以最新式科学教育及健全的身心训练。"社会教育"由物理常识之教学，以破除迷信而养成科学的思想。"① 根据上述宗旨与原则，教育部在抗战前也对小学、中学、大学规程中的课程、实验设备等方面都作了明确的规定。

在抗战以前，国民政府在科学方面的政策指导思想偏重于科学及其实用功能方面，注重以科学来提高生产技术，发展生产；重视在科学教育方面培养训练国民思想，祛除迷信，使生活科学化。如前所述，这种指导思想与国民政府刚刚成立所面临的急迫任务有密切关系，也体现了国家对待科学与科学教育的态度。

（2）抗日战争时期的政策 全面的抗日战争爆发后，国家建设的指导思想与方针也开始服从服务于战争的需要。武器制造、卫生救护、战备物资准备等都需要技术作为保证。这一时期，对于科学与科学人才的需要比以往任何时候显得更为迫切，应用科学的研究也更加得到重视。在这样的情况下，国家在科学方面的政策也相应作出了调整，更加强调学校自然科学教育，以期培养出国家所需要的人才。

1938 年 3 月 29 日至 4 月 1 日，国民党在武汉召开临时全国代表大会，通过了《抗战建国纲领》。其中在教育方面提出："改订教育制度及教材，推行战时课程，注重国民道德之修养，提高科学之研究与扩充其设备。"这次大会还制定了《战时各级教育实施方案纲要》，提出了九大方针，其中第七条"对于自然科学，依据需要迎头赶上，以应国防与生产之急需。"② 同时，还注重对科学发明的奖励与鼓励。1944 年 7 月 7 日通过的《教育部订定之著作发明及美术品奖励规则》中第二条，奖励范围包括自然科学、应用科学及工艺制造等发明。③ 在社会教育方面，"应充分扩展科学馆、图书馆等……""每省

---

① 宋恩荣，章咸主编.中华民国教育法规选编（1912～1949）.南京:江苏教育出版社,1990.49、53、54、55

② 宋荐戈.中华近世通鉴·教育专卷.北京:中国广播电视出版社,2000.187

③ 中国第二历史档案馆编.中华民国史档案资料汇编（第五辑第二编）教育（一）.南京:江苏古籍出版社,1997.55

应设立图书馆一所，博物院一所，科学馆一所，……"①

国民政府在这一时期对科学与科学教育方面的政策调整是应战争需要而作出的，反映了国民政府在抗战时期对待科学与科学教育的态度与思想，即科学与科学教育要服从服务于战争的需要。

（3）抗战胜利后的科学政策法规　抗战胜利后，对国民政府来说，如何建设国家又提到日程上来。国民政府积极地谋划各项事业的振兴与发展。为保障科学事业能在战后重建起到应有的作用，国民政府在科学与科学教育方面也相应出台了一些政策法规，以应建设之需。

1946 年 1 月 26 日，在国共两党和各民主党派举行的政治协商会议上通过的《和平建国纲领》第七项关于《教育及文化》中规定："积极奖励科学研究，鼓励艺术创作，以提高国民文化之水准。"② 1946 年 7 月，国民政府教育部公布《科学馆规则》，共 14 条，"规定科学馆进行通俗科学教育并辅导学校科学教育。各省市应设省市立科学馆 1 所或数所。设两所以上者，应冠以所在地地址名称。各省市人口众多或地域辽阔者，应设县市立科学馆。地方自治机关、私法人或私人亦可设立科学馆。"③ 1947 年 1 月 1 日，国民政府公布《中华民国宪法》，在《教育文化》中规定："教育文化应发展国民之民族精神、自治精神、国民道德、健全体格、科学及生活智能。"④

（4）政策法规与科学、科学教育思想的关系　以上所列是国民政府根据所面临的境况制定出的关于科学与科学教育方面的政策法规。概述这方面的政策，用意之一在于阐明国民政府对待科学与科学教育方面的态度。事实上，政府支持与否将直接影响这一时期科学思想的兴衰。由以上政策可以清楚地看到，国民政府对科学和科学教育是大力提倡与支持的，尤其对学校科学教育、科学研究以及民众科学教育的鼓励，更能说明这一点。国民政府这些政策法规的出台也是应时之需的：首先是面对形势作出的积极反应，世界各国科学事业的发展，使当权者认识到这是一个"科学的世纪"，而我国科学事业落后也迫切需要发展科学；其次，在各个时期，对人才特别是科学人才的需要也促使当权者制定保障科学事业发展的政策。这些政策出台的另一重要原因在于许多科学事业领域的专家学者本身也是国民政府政策的制定参与者，比如："科学界先进翁文灏先生荣膺行政院秘书长之选，民国以来，科学家实

① 中国第二历史档案馆编.中华民国史档案资料汇编(第五辑第二编)教育(一).南京:江苏古籍出版社,1997.24、37

② 宋荐戈.中华近世通鉴·教育专卷.北京:中国广播电视出版社,2000.201

③ 同②,第 274 页

④ 同②,第 203 页

行执掌中枢要职者，以此嚆矢。"[①] 后又有著名科学家顾毓琇担任过国民政府的教育部政务次长，他们更能从科学事业的需要出发提供政策的支持。

国民政府科学方面的政策对这一时期科学思想的产生与发展起了积极的作用。首先，这些政策和法规为科学思想起了倡导与鼓励作用。国家的政策是明确的，对科学与科学研究是鼓励的，在宪法中也有明确规定，从而表明了国家对发展科学的支持态度。对于科学界的知识分子来说，有宪法及法律政策的支持，他们有更加积极的热情与信心去从事科学的研究，进行科学的传播。其次，提供了制度保障。思想需要独立、自由与宽松的环境，社会的思想在政治的高压下会畸形发展。国民政府时期的科学与科学教育方面的政策，使科学家进行科学研究与科学思想的宣传有了合法的依据；科学家进行科学方面的工作所需要的物质条件因为有了法律政策的支持从而有了保障。这些政策创造了一个宽松、自由的政治环境，为科学思想传播创造了条件。再次，导引了科学思想的发展。国家对于科学方面的政策，往往是根据形势和需要，在对科学功能深刻认识基础上做出的选择。科学的发展除了要满足自身发展的需要外，还要满足为上层建筑服务的需要。这在抗日战争时期体现得最为明显，国家为了抵御日寇的侵略，使武器满足战争的需要，对科学界提出了一系列要求，出台了一些政策法规，在此指引下，同时也是在爱国热情的鼓舞下，许多科学界的知识分子提出了比如"战争科学化"的口号；针对科学与战争的关系，科学界也展开了前所未有的讨论。这既是形势需要，也是与国家政策分不开的。

2. 国民政府对科学的实际推动

为真正提高我国科学的水平，改变落后于世界的局面，国民政府在实际行动中也进行了大量的探索。这些行动的不断推进使这一时期科学教育思想的发展有了更加深厚的现实土壤。

（1）在学校科学教育上的努力

1）统一科学名词，制定课程标准：我国科学落后的一个重要体现是："我国在兴科学以来，关于科学名词向不一致，习英文者以英文名词呼之，习德法语者则以德法语之名词称之，至于译名，或抄袭日本或重加新译，会意形声，既已漫无标准，而工商学界之采用，更属见仁见智，各行其是，甚且随地而异。此于普化科学知识，提倡科学教育，发展科学建设，均为莫大障碍，非力谋统一，不足以策我国科学之进步。"[②] 1932 年，教育部成立国立编

---

① 迎民国二十五年.科学,1936,20(1)
② 阙疑生.统一科学名词之重要.科学,1937,21(3)

译馆，使审查科学名词为重要馆务之一部分。① 编译馆在广泛征求专家意见，几次审查的基础上，最后呈教育部以命令公布发行审查后的科学名词。对天文学名词、物理学名词、化学名词、药学名词、矿物学名词等进行了审定，成绩斐然。

为制定统一的中小学课程标准，教育部 1928 年成立中小学课程标准起草委员会。"先后共开大会三次、其间又开分组分科之审查会议各若干次，议决各科目及学分之支配后，再分别聘请各科专家分别审查，由教育部普通教育司总彙其成，从事整理，手续十分精密"。② 形成初中自然课程标准草案、初中植物学动物学及理化三种课程草案、高中生物学及动物学二种课程标准草案、高中普通科化学课程标准草案、高中物理学课程标准草案等，在修改基础上通过后，由教育部颁布印行。

2）颁布中学理科实验设备标准，审查中小学教科书：为改变我国中小学理科设备简陋的现象，使中小学有实验设备的保障，"教部（教育部）分函全国各中学调查理科实验设备"③。在此基础上，教育部 1934 年 7 月"制定中学物理设备标准及中学化学设备标准，于二十六日公布"④，并通令各省市教育厅局，颁发设备标准。在设备标准中，对仪器及药品之清单、社教实验设备、工厂设备以及附图等项均加以详细说明，此外有最低设备标准、普通设备标准及完备设备标准。随后，在 1934 年 9 月，教育部又颁布动植物学、生物学设备标准。

作为教学依据的教材，其质量的好坏对教育教学影响很大。为保证中学小学所用教材的质量，教育部在国立编译馆成立之前，由教育部编审处召开审查会议，审查教科书。到 1931 年 11 月 12 日，教育部召开第 46 次审查会议。审查通过的教科书，除了文科外，还有生物、化学等理科教科书。1932 年 6 月 16 日，国立编译馆成立。"因以前对于中小学教科书虽经审定，现已感觉未能适合，尚须另订标准加以改良，打算请专家对于已经审定之教科书加以批评，择出版中比较之一部好者，精密研究，斟酌损益，从事补充，以期完善。"⑤ 因而国立编译馆的重要任务之一就是改良教科书。

① 1921 年中国科学社、江苏省教育会、中华医学会、博医会、理科教授研究会等科学团体鉴于科学名词统一重要，曾有科学名词审查会之组织，编定科学名词草案多种，如数学、物理学、化学、植物学、解剖学、胚胎学、病理学、细菌学、外科学等；1928 年，中国工程学会也有名词委员会设立，编成土木工程、机械工程、电机工程、化学工程、汽车工程、染织工程等名词。但上述两编审会均以缺乏中心主持机关，未邀全国科学界普遍采用。

② 中小学课程标准起草完成. 申报,上海书店,1985,1929 – 06 – 14:372

③ 教部分函全国各中学,调查理科实验设备. 申报,上海书店,1985,1933 – 12 – 26:753

④ 教部制定中学理化标准设备. 申报,上海书店,1985,1934 – 07 – 01:19

⑤ 国立编译馆改良教科书. 申报,上海书店,1985,1932 – 05 – 20:438

　　3）举办理科教员讲习班，推行电影教育：据1932年中等学校毕业生会考成绩的统计，"以数理化生物等科为最劣，其原因或由于教材不合，或由于教法欠佳，教员对于所任学科之内容与方法，必先力求充实改善，方能增进学生程度。"因此，"教部令北京清华两大学合并办理"①。随后，对理科教员的关注程度日益突出，比如上海成立理科教员研究会，并且由上海市教育局"派员调查中小学理科教员概况"②。所有这些，反映出教育部及地方教育机构在面对理科师资薄弱问题时做出的积极反应。

　　由于教育电影在方式上具有生动、具体、灵活的特点，再加上在当时利用教育电影可以解决试验器材短缺造成的矛盾，因而政府很重视利用电影这一电教化手段进行教育，尤其是科学教育。"教部通令各省市教育厅局云，查电影为通行社会教育及辅助学校教育之利器……"③，因而把电影教育作为社会教育与学校教育的重要工具。为推动教育电影的开展，教育部1931年成立中国教育电影协会，此协会成立后积极参与到学校教学中来，"中国教育电影协会为推动教学电影，已选择含中等学校学生观览之生物、物理、化学三类教学影片，先在京沪、沪杭、京芜、淮南四路沿线之中等学校举办，每校每学期映放三次。收费极廉，并能分期缴纳，经分函征询后，各校复函参加者共十六校。"④ 除进入学校教育外，还把电影教育推及到民众，"……（教育部）社会司司长英千里已到职，此后积极推动科学教育，利用电影与广播，普及一般民众之科学常识，使识字教育与科学教育相配合……"⑤

　　（2）在民众科学教育上的努力　　国民政府时期，我国科学十分落后。其原因是多方面的，而科学教育的落后是重要原因之一。科学教育的开展又"只限于学校门墙之内，未能普及一般民众，促进科学大众化，是以成绩较难显著。"⑥ 此外，战争时期人民需要科学知识防护自身安全，掌握科学技术的应用。基于以上认识，"自民国三十年（1941年）起，即注意民众科学教育之推行，令饬各省市筹设科学馆。科学馆之任务有四：一、著及民众科学知识；二、补助学校科学教育；三、解答社会上关于科学之疑问；四、致力于自然科学上之研究。自教部令饬各省举办后，计先后成立者，有山西省立科学馆与福建省立科学馆等若干所。"⑦ 具体来说，政府主要从以下方面来推进

---

① 中等学校理科教员暑期讲习班.申报,上海书店,1985,1934 - 06 - 30:904
② 市教局派员调查中小学理科教员概况.申报,上海书店,1985,1934 - 09 - 11:496
③ 各省市实施电影教育办法.申报,上海书店,1985,1936 - 08 - 25:619
④ 中国教学电影开始映演.申报,上海书店,1985,1936 - 04 - 14:348
⑤ 教部利用电影推动.申报,上海书店,1985,1946 - 09 - 13:166
⑥ 民国教育年鉴（第二次）.台北:宗青图书公司,1991.1129
⑦ 同⑥

民众科学教育。

1）编辑科学小丛书，试制科学教育玩具、教具：为促进科学知识的传播，国民政府教育部于民国三十一年（1942 年）编辑科学丛书，作为民众读物之一。共分甲乙两类，甲类为科学文库，内分科学常识，科学故事及科学奇谭等三项；乙类为科学图表，分科学照片、图案等。这些小册子的文稿来源均为登报公开征求，后经国立编译馆审查，并由该馆编印。据当时统计，"已经出版者有八十五种，均经转发具有基本教育程度之民众阅读。"①

教育部在认识到我国科学玩具制造使用较少的基础上，1942 年向中央科学教育玩具厂订购玩具，然后分发至地方的民众教育馆、教育厅、社会局等进行陈列展览。1944 年后，向当时的燕京大学订购营养、卫生及食物等小挂图各 100 份分发至边疆学校、教育机关使用。另外，向教育部博物馆标本制造所定购生物标本 10 套，分发给各省立科学馆及民众教育馆陈列展览。1946年，又向教育部科学仪器制造所定购通俗科学教具 10 套，分发各地民众教育馆陈列展览。②

2）督导各级学校及社会教育机关推进民众科学教育，训练民众科学教育实用人才：教育部督导各级学校及各种社会教育机关推行民众科学教育，命令全国各级学校及各种社会教育机关于每年 3 月 29 日（国民政府时的青年节）起至 4 月 4 日（国民政府时的儿童节）止，举行青年科学运动宣传，还在"双十节"举行国防科学运动，扩大宣传。在训练民众科学教育实用人才方面，主要是由国立社会教育学院开展，着眼于拟定训练民众科学教育实用人才，传习各项简易科学技术，然后再指导民众，增进生产能力。

以上诸种措施，教育部在实践中竭力推行。为保障推行的实效，教育部又在订立省市科学馆规程基础上，责令各地方教育局筹设科学馆。关于这一点，《民国教育年鉴》中有这样的说明："然以上各项，若无专门机构之推动，则易成具文，难见实效，故最主要者仍为科学馆之广事创设。"③ 由此可见，把以上措施落实到专门的组织机构，这可看作是科普活动体制化的表现，有助于民众科学教育收到实效。

（二）近代留学教育与科学人才队伍的形成

近代中国留学教育的兴起是近代中国政治、经济、文化等方面发展的必然结果，对近代中国产生了深刻的影响。它也是中国近代开明知识分子谋求进步、振兴民族的重要体现，极大地推动了中国近代化进程。它所培养的人

---

① 民国教育年鉴(第二次).台北:宗青图书公司,1991.1129

② 同①

③ 同①,第 1130 页

才对中国近代的政治、经济、军事、外交方面在走向近代化过程中所起的推动作用，如近代教育家舒新城所说："戊戌以后的中国政治，无时不与留学生发生关系，尤以军事、教育、外交为甚。"① 此外，它也培养了大量的科学人才，在他们归国后，对中国的科学教育、科学思想、文化事业起了巨大的推动作用。这些科学人才是中国近代科学事业的发起者和推进者，无论在科学思想上还是在科学研究、科技进步上，他们都建立了不可磨灭的功勋。舒新城在论及留学生对近代中国的影响时说："留学生在近世中国文化上确有不可磨灭的贡献。最大者为科学，次为文学，次为哲学。"②

中华民国以前的留学教育在理科人才方面的培养显然受到一定的限制。关于这一段时间科学人才的培养，舒新城说："鸦片战后，国人虽怵于外患而思自强，但并无科学的观念，不过泛言洋务而已。曾国藩派遣幼童赴美，即曾言及数理，李鸿章派闽厂学生去英法，更可随意肄业矿学，化学；光绪二十九年（1903 年）而后，去日之学生虽多学习政法师范，但编辑理科讲义却能介绍初步的科学知识于国人。"③ 可见，公费留学生在学科上要受政府的约束，主要在人才短缺的门类，这是公费留学生的一个重要特点，也是政府关于留学的指导思想之一，它也促进了理科学生的培养。对于这一点，舒新城在论著中提到："光绪三十四年（1908 年）七月，御史俾寿奏请选派学生赴各国习工艺，学部与农工商部、邮传部会奏于斯年起，以后所有出洋学生均令习实业。……自此后，自费生虽无一定之限制，但官费生则照此奏议办理。即宣统元年美国退还庚子赔款派遣留美，亦限定以十分之八习农工商矿等科，以十分之二习法政理财师范诸学。此案定后，民国承之。民国五年（1916年）东西洋官费生留学之科别统计，理工学生占百分之八十三，文法科学生只占百分之十七，可知理工者之多。"④

进入中华民国以后，政府对留学生派遣更是十分重视。对于官费生除了中央派遣外，各地方也都有公费设置，还有各庚款机关也照常办理公费生考试；"至于自费生之出国者，逐年增加为数更多"⑤，而留学生学习科目门类众多，包括文、理、法、商、医、农、工、师范等等。1921 年至 1925 年，欧洲官自费生学习科目表如下：

---

① 舒新城. 近代中国留学史. 上海：上海文化出版社，1989，影印本：212
② 同①
③ 同①
④ 同①，第 203、205 页
⑤ 民国教育年鉴（第二次）. 台北：宗青图书公司，1991.879

1921 年至 1925 年欧洲官自费生学习科目表①

	1921 年	1922 年	1923 年	1924 年	1925 年	各科总数	约占百分比	等第
哲学	1	2	2	4	2	11	0.93	12
宗教	2	1	2	2		7	0.59	13
心理学		1		2	3	6	0.50	15
社会科	3	5	4	5	2	19	1.61	11
法政经济	21	29	33	57	45	185	15.56	3
教育	10	20	14	6	8	58	4.80	6
文科	2	2	8	7	11	30	2.52	9
新闻学	2	3	1		1	7	0.59	14
图书馆学			1			1	0.08	17
理科	8	16	18	34	23	99	8.32	5
工科	44	45	47	57	44	237	19.93	2
农科	8	4	12	11	15	50	4.12	8
商科	27	21	17	11	24	100	8.43	4
医科	13	10	10	11	9	53	4.36	7
外交			2			2	0.17	16
军事	10	3	2		10	25	2.11	10
艺术	3	1	5	17	4	30	2.52	9
未详	27	118	35	45	44	269	22.81	1
总计	181	281	212	270	245	1189	100.00	

　　由上表，我们可以看到理工科的学生数量从 1921 年至 1924 年均呈增长趋势，1925 年虽稍有回落但与 1921 年比仍有较大增长。科目中，以理工科学生为最多，除去未知的数量，仍然占据第一。理工科学生所占百分比为 28.25%，接近总数的 1/3，与社会科、文科、心理学等人文社会科学的总数 29.62% 大体相当。

　　不论是官费生还是自费生，他们当中大多以学理工科为主，这一现象产生的原因是多方面的。它是社会上理科特别是工科人才短缺的反映；同时，也与当时许多留学生怀抱"科学救国"、"实业救国"的爱国热情，学成为国的努力分不开。理工科的留学生学成回国后，大多成为中国近代科学事业发展的中坚力量。比如"叶企孙（物理）、吴有训（物理）、胡刚复（物理）、

　　① 舒新城.近代中国留学史.上海:上海文化出版社,1989 年影印本,第 232 页。原表中数据有微小错误。原表中文科、艺术所占百分比分别为 3.51%,2.51%,但总数均为 30 人,故为计算错误或印刷误。本文文科、艺术所占百分比为计算核对后的数据。

赵忠尧（物理）、胡明复（数学）、施汝为（物理）、秉志（生物）、梅贻琦（电机）、何杰（地质）、周仁（冶金）、高士其（生物）、周培源（物理）、竺可桢（地理、气象）、侯德榜（化学）、张钰哲（航空）、顾毓琇（电机）、杨石先（化学）、钱学森（航空）、钱伟长（力学）、梁思成（建筑）、张光斗（水利）……这是开拓中国现代科技事业的一代，很多人成了学科奠基人和学术栋梁，为中国基础科学和技术科学的建立奠定了基础，培养了人才。"①

归国留学生很多进入教育界，对中国教育事业产生了深刻的影响，也有力地促进了中国教育的近代化。舒新城根据中华民国十四年（1925年）东南大学、北京师大同学录研究得出："高等教育界之人员亦十分之九以上为留学生。""高等以上学校之科学教师，更无一非留学生，现在国内学校科学教师，科学用品与科学教科书者，亦莫不由留学生间接直接传衍而来"②，当代教育史家田正平认为："民国以后，历任教育总长，次长，各省教育司（厅）长，各省教育会长、副会长，全国性的著名文化教育机构的领导核心以及大学，专科以上学校的校长，甚至一些稍有名气的中学，师范学校的校长，大都为归国留学生所担任。"③ 他们在欧美日各国学习到新的思想、文化，归国后介绍到中国，形成了20世纪初期国内教育思想界的浪潮，是职业教育思潮、实用主义教育思潮、科学教育思潮等的弄潮儿。他们思想敏锐，视野开阔，富有朝气和时代精神，面对国内科学，尤其是科学教育的落后现状，其变革与发展的热情极为高涨，他们构成了国民政府时期科学教育思想的人才基础，是中坚力量。

除了在教育界的巨大影响外，他们面对当时科学落后的境况积极地为传播科学知识、推进科学研究、发展国家的科学事业、救治贫弱的中国而努力。中国历史上第一个以"联络同志，研究学术，共图中国科学之发达"为宗旨的综合性科学团体——中国科学社，1914年6月成立于美国康乃尔大学。其社刊《科学》杂志从1915年创刊到1950年停刊，共出刊32卷400多期。1922年中国科学社在南京成立生物研究所，1933年该社又创办《科学画报》，发行量曾达两万以上。这样一个成绩卓著、影响深远的科学机构，其创立者均是留学生。社长任鸿隽先在康乃尔大学，后在哈佛大学、麻省理工学院和哥伦比亚大学的化学工程系就读，获化学硕士学位。书记赵元任先后在康奈尔大学、哈佛大学就读，会计胡明复先入康奈尔大学，后又获得哈佛大学博

---

① 宋健. 百年接力留学潮. 中国科学院，http://www.cas.ac.cn/html/Dir/2003/02/15/7140.htm, 2003-02-15

② 舒新城. 近代中国留学史. 上海：上海文化出版社，1989，影印本：212、213

③ 田正平. 留学生与中国教育近代化. 广州：广东教育出版社，1996.461

士学位，是该校中国留学生的第一位博士。编辑部长杨杏佛先在康奈尔大学攻读机械工程，后又在哈佛大学读工商管理和经济。董事会成员除任鸿隽、赵元任、胡明复外，还有秉志，是康奈尔大学哲学博士，也是著名生物学家，周仁也是康奈尔大学留学生。

其后，产生了一系列科学团体，创立者大多为留学生。中国农学会于1917年在上海成立，由丁颖（东京帝国大学毕业）、邹秉文（1915年美国康奈尔大学毕业）、蔡邦华（日本鹿儿岛农学校、德国柏林大学毕业）等发起；中国地质学会于1922年成立，由丁文江（1906年留英）、章鸿钊（日本京都大学、东京帝国大学留学生）、翁文灏（留学比利时）和袁复礼（美哥伦比亚大学留学生）等人发起；中国数学会1935年成立于上海，董事会、理事会与评议会主要成员有：胡敦复（美国哈佛大学留学生）、冯祖荀（日本留学生）、姜立夫（美国哈佛大学留学生）、熊庆来（法国留学生）、陈建功（日、美留学生）、苏步青（日本帝国大学留学生）、江泽涵（美国哈佛大学留学生）、钱宝琮（英国留学生）等；中国天文学会1922年建立于北京，第一任会长高鲁（布鲁塞尔大学留学生）、副会长秦汾（美、英、德留学生）。

1928年南京政府建立中央研究院，首任院长蔡元培曾三次留学德国，深受德国大学精神影响。中国自己设计的第一座越江大桥——钱塘江大桥于1937年建成通车，总设计师茅以升1921年留美。1948年选举产生81位院士，数理组26人和生物组25人全为归国学者。人文组28人，除国学、中医、出版专业等5人外，都是归国学者。

科学家群体的形成为这一时期科学思想发展的重要推动力，他们在科学教育、科普理论方面都发挥着重要作用。实际上随着科学教育的推进以及新的形势发展，新的留学生力军开始加入，尤其是抗日战争爆发后，在爱国思想的驱使下，"大批留学生纷纷辍学归国，掀起了中国近代留学史上一次规模空前的回国热潮"[1]。这些学有所成的学子们归来后，他们中的很多人充实到科学事业之中，进一步壮大了科学人才队伍，"新一代科普工作者以崭新的姿态加入了这一潮流之中，尤其40年代生力军更有所加强，诸如戴文赛（1940年获英国剑桥大学博士学位，著名天文学家）等即在此时开始了自己的科普事业生涯。"[2] 随着科学教育的不断推进，留学教育培养的人才不断成熟，越来越多的人加入到科学教育的队伍中来，因此从事科学事业的队伍是不断壮大的，也进一步促进了科学思想的"百花齐放"。

---

① 李喜所主编.留学生与中外文化.天津:南开大学出版社,2005.276
② 王炳照,阎国华主编.中国教育思想通史(第七卷).长沙:湖南教育出版社,1994.223

二、科学与科学教育的内涵、内容及价值认识

"五四"新文化运动时期，新兴的知识分子们高举"科学"与"民主"两面旗帜号召人们接受科学，接受科学的世界观，抛弃传统的世界观，科学的介绍与传播风起云涌。大量杂志的发行，如当时的《新青年》、《学艺》、《新潮》等杂志，"这类出版物数量极多，有人估计当时在书市能得到的有400种。"① 因而有力地传播着科学思想。由中国留学生发起成立的中国科学社 1918 年迁回中国，它的宗旨就是为科学的增长和进步传播科学知识与精神，并能达到工业的进步。中国科学社以《科学》为刊物，刊载文章阐释"科学的精神"、"科学的方法"、"科学与人生观"等等，把科学的传播引向深入。随着科学世界观的传播，传统世界观受到威胁，1923 年在科学与人生观的问题上引发了一场激烈的论争——科玄论战，最终科学论者取得了胜利。"1923 年的这场论战实际上是为科学做广告"②，科学作为一种强势话语体系，已经登上历史舞台，以致如胡适所说："这三十年来，有一个名词在国内几乎做到了无上尊严的地位；无论懂与不懂的人，无论守旧和维新的人，都不敢公然对他表示轻视或戏侮的态度。那个名词就是'科学'。"③

科学思想、科学精神、科学方法的传播，使中国近代意义上的科学观得到确立。新的世界观改变了近代以来中国人视科学为制造器用的技术或为一种新型的社会哲学的片面认识。科学也开始影响和支配人们的世界观与人生观，"在相当程度上，科学已超越了学术领域而被视为一种普遍的价值——信仰体系。"④ 在文化学术领域里，在 20 世纪 30~40 年代，"科学已不必再为自身而战了"，这一时期"关于历史、社会及西化模式的争论，所有这些争论在根本上都是用科学的术语展开的。"⑤

国民政府时期，人们对科学的认识更加深刻、成熟，科学方面的专著也开始出现，比如任鸿隽著有《科学概论》（上下篇 1926~1927 年版）、王星拱著有《科学概论》（1929 年版）、郑太朴著有《科学概论》（1929 年版）、竺可桢著有《科学概论新篇》（1948 年版）等；此外，科学期刊杂志更是如雨后春笋，到 20 世纪 40 年代出现"两种值得兴奋的现象，一种是通俗科学讲

---

① [美]郭颖颐.中国现代思想中的唯科学主义(1900~1950).雷颐译.南京:江苏人民出版社,1990.11

② 同①,第 13 页

③ 张君劢等.科学与人生观.沈阳:辽宁教育出版社,1998.2

④ 刘德华.科学教育的人文价值.成都:四川教育出版社,2003.167

⑤ 同①,第 13 页

演的日渐推行，另一种是通俗科学期刊的风起云涌。"① 专门著作与期刊的"风起云涌"是科学发展程度的反映，同时这些著作与期刊也是传播科学的"法宝"，是将科学与科学教育思想发展引向深入的阵地。在这块阵地上，科学界的知识分子们就科学的问题展开了比较深入的探究，形成了本时期重要的科学与科学教育思想。此处着重从科学的内涵与价值、科学教育的内容与价值等方面来分析科学界知识分子们对科学与科学教育的认识。

（一）对科学的内涵与价值认识的深化

"科学是什么"的问题属于科学观的范畴，是对科学本身的追问。科学研究、科学教育都要以对科学与科学本质的认识为基础。科学观决定科学教育的内容，对科学教育概念的认识，对科学教育的课程设置、政策理论，都要以科学的认识为前提。因而探讨科学教育思想就不能不谈对科学的认识。

1. 对科学概念的认识

国民政府时期，随着科学人才的增多、科学传播速度的加快以及传播范围的增广，人们对科学的认识也趋向深入。五四时期，国人对科学还存在偏见和误解，认为"科学是玩把戏"，"科学没有什么实际作用"，"科学这个东西，就是物质主义和功利主义"，到 20 年代还形成了声势浩大的"科玄论战"。这些都说明，五四时期，人们对科学的理解还是初步的，像李泽厚所说的是"科学的启蒙"阶段。到国民政府时期，科学下嫁运动的开展、科学化运动的推广都推动着科普事业的发展，科学得以迅速传播并得到人们的广泛认同，"科学已不必再为自身而战了"②。

接触科学、认识了解科学以及研究科学不可回避的首要问题就是"科学是什么"的问题，这一认识也是从事科学事业的起点。当时科学界的知识分子在面对这一问题时，从不同的角度提出对科学内涵的看法，认识有了深入。

（1）科学是科学方法基础上的系统化、理论化的知识　早在 1915 年，我国近代科学的先驱者任鸿隽就在《科学》杂志的创刊号上发表文章（该文后收入 1934 年中国科学社《科学通论》）说："科学者，智识而有统系者之大名。就广义言之，凡智识之分别部居，以类相从，井然独绎一事物者，皆得谓之科学，自狭义言之，则智识之关于某一现象，其推理重实验，其察物有条贯，而又能分别关联抽举其大例者谓之科学。"③ 在这里，任鸿隽首先把科学看作是一种知识体系，而且是一种分类的知识体系，但是他并没有到此为

① 一个好的开始. 科学时代月刊社. 科学时代,1947,2(3)

② ［美］郭颖颐. 中国现代思想中的唯科学主义(1900～1950). 雷颐译. 南京:江苏人民出版社, 1990. 12

③ 任鸿隽. 说中国无科学之原因. 任鸿隽. 樊洪业, 张久春选编. 科学救国之梦任鸿隽文存. 上海:上海科技教育出版社,2002. 19

止，进一步讨论并不是分类的有系统的知识就是科学，而是知识的获得是要经过推理，更要经过实验、观察而得到。1926 至 1927 年任鸿隽在其《科学概论》里提到："科学是根据于自然现象，依论理方法的研究，发见其关系法则的有统系的智识。"[①] 在给出定义后，任鸿隽同样又给出注意之点，以作补充说明：科学是依一定方法研究出来的结果，不是偶然的发现。郑太朴在《科学概论》中认为"用严密方法对现象界所作的判断，能融贯成为整个系统的，即谓之科学"[②]，"整个系统的"就是体系化的知识。当时，科学界的知名知识分子叶青在谈到什么叫做科学的时候，他从科学的对象、科学的方法、科学的理论三个角度来阐释，主张"科学是实证的，以事实为主"，科学的对象是"自然、社会、思维"，相应地，科学的理论也就是科学的知识，也分为"一为自然科学，说明自然现象，如数学、物理学、化学、天文学、地理学、矿物学、植物学、动物学、心理学等。二为社会科学，说明社会现象，如经济学、社会学、政治学、法律学、教育学、道德学、艺术学、宗教学、风俗学、历史学等。三为思维科学，说明思维现象已成立者，为关于思维工具的语言学和关于思维法则的论理学等。"[③] 虽然叶青在这里没有给出明确的定义，但他同样认为科学是建立在科学方法基础上的科学知识。胡刚复在此问题上也指出："科学的本身不外是格物致知，即是利用各种学问去了解自然，再进一步去运用自然，所谓学问即是利用各种学问去了解自然，再进一步去运用自然，所谓学问即是一种有系统的经验，经过有系统的整理后，得到的一种知识及法则，而后依照合理的方法应用之，如此则谓之为科学。"[④] 胡刚复也把科学看作是一种知识及法则或是学问。1935 年顾毓琇发表《中国科学化的意义》一文，认为："'科学'是根据于自然现象而发见其关系法则的；科学是为知识的，求真理的；"[⑤] 40 年代，张申府在论述什么是科学时说："科学就是用科学法而得的成套的话，或一系之辞。"[⑥]

由以上论述可以看到，当时科学界的先锋对科学的阐释已经达到相当深刻的程度，认识到科学应该是一种关于对象的知识体系，这种知识系统又是分类的，比如自然科学、社会科学与思维科学，这种知识系统又是建立在严密的方法基础上的。强调这种严密的方法意指科学知识的获得不是臆造的产

① 任鸿隽.科学的定义.任鸿隽著.樊洪业,张久春选编.科学救国之梦任鸿隽文存.上海:上海科技教育出版社,2002.323

② 郑太朴.科学概论.上海:商务印书馆,1929.2

③ 叶青.思维科学的必然.中山文化教育馆季刊,1934,创刊号

④ 胡刚复.科学研究与建设.科学,1935,19(11)

⑤ 顾毓琇.中国科学化的意义.中山文化教育馆季刊,1935,2(2)

⑥ 张申府.科学方法与科学组织.(上),北京:北平世界科学社,科学时报,1948－01－15:15(1)

物，而是所谓科学的方法的产物。在肯定科学是知识的同时又强调这种知识是科学方法基础上得来的，这实际上就强调了科学的知识与其他一切知识的不同之处。随之，如何认识科学的方法，这些方法又包括哪些内容，与科学本身的关系怎样等问题也成为时人讨论的重要方面。

（2）科学方法的分析　科学方法对于科学的重要性，用当时科学界知识分子的话说："在科学上最重要的，乃是科学方法，而不是科学结果……科学方法的重要，在近日也许已是人人要知的普通常识了。……科学是由科学方法来的，而不是由科学结果得科学结果。"① 这里强调了科学方法在获取知识（科学结果）上的重要性。郑太朴在1929年《科学概论》第三章科学方法中开头就提到："我们可以说，科学的特征，科学之所以值得我们宝重，就在他的方法；离开了这方法，科学便不能说比上所述的空想等可靠。"② 1935年5月，国立中央研究院总干事丁文江在中央广播电台作题为《科学化的建设》的演讲，在谈到对科学的认识时说："知识界里科学无所不包，所谓'科学'与'非科学'是方法问题，不是材料问题。凡是世界上的现象与事实都是科学的材料，只要用的方法不错，都可以认为科学。"③

什么是科学方法？科学的方法包括哪些？早在1919年任鸿隽在《科学方法讲义》中，从西方哲学的形式逻辑论证到归纳逻辑，认为"归纳逻辑虽不能包括科学方法，但总是科学方法根本所在"，进一步说明了观察、试验是搜集事实的方法，在掌握事实的基础上，还要用分类、分析、归纳、假设的方法来对事实进行研究，以得出学说或定律。进入国民政府时期以后，针对科学的方法，生物学家秉志说："科学为格物致知之学，其功效性可以利用后生，科学之方法有六：（一）曰观察，谓研究之初步，首宜就自然之现象，作彻底之查勘。（二）曰实验，谓于观察之后，复用种种方法，以作考验，如普通科学实验室中各种工作，或分析，或测定等等，由因以求果，或由果以求因。（三）曰比较，各种现象或同或异，彼此较量，可得其性质之范围。（四）曰分类，既得各种现象之异同，更从而类别品定之，使明晰而不相混。（五）曰演绎，论理学之一半，即讲此法，几何纯用此法，由甲以求乙，由乙以求丙，甲若等于乙，乙复等于丙，则甲与丙必相等，此其浅显易见者。（六）曰证实，既得其结果，复往返推求，以证明是否详确。此六者，乃科学必不可少者。"④ 丁文江认为："所谓科学方法是用理论的方法把一种现象或

① 张申府.科学方法与科学组织.（上）,北京:北平世界科学社,科学时报,1948－01－15:15(1)
② 郑太朴.科学概论.上海:商务印书馆,1929.35
③ 丁文江.科学化的建议.独立评论,1935,151
④ 秉志.科学与民族复兴.科学,1935,19(3)

是事实来做有系统的分类，然后了解它们相互的关系，求得他们普遍的原则，预料他们未来的结果。"① 当时的科学界知名学者李晓舫提出："总括起来说，科学方法是事实现象之搜集，整理，归纳，求律，寻源，演绎，推阐，预测与实证。"②

综上所述，科学的方法体现在对有关研究对象材料的搜集、分析过程中，这些方法包括演绎、归纳、观察、实验、分类、分析、比较等。在科学的方法基础上形成的知识，方为科学知识，而加以理论化、系统化，成为"有统系"的知识就成为科学。五四时期，科学家们在认识科学上也尤为重视科学方法，比如当时胡明复就说："盖科学必有所以为科学之特性在，然后能不以取材分。此特性为何？即在科学方法也。"③ 也就是说科学之所以成为科学关键在其科学方法。对具体的科学方法五四先哲们又有所侧重，比如任鸿隽就重视归纳法，他说："归纳逻辑虽不能包括科学方法，但总是科学方法根本所在"④，而赵元任等人又比较侧重演绎法。总之，与"五四"时期相比，在对科学是什么的问题上，国民政府时期知识分子对科学的认识与之有一脉相承的关系。他们都共同重视从科学内部即科学的方法来审视科学，失去科学方法，科学便失去本真意义。

（3）科学作为一种文化　如果说从科学知识、科学方法来认识科学是从科学的内部展开的，那么对科学文化的认识则是从科学的外部来认识。可以这样来理解科学文化："科学文化具有思想和实践两方面的意义。对科学文化的理解固然可以不同，但是与会学者一致认为：需要从思想层面（包括人文的和科学的角度）和社会实践层面对科学和技术的文化意义进行反思；需要发展多角度、多层面的科学文化，包括传统科普（知识性科普）、'二阶的'人文科普、科学文化研究（如吸收社会建构论、SSK 等有关成果）。""科学所渗入到人类一般思想之中的部分，表现在人类基本生存方式中的部分，就是

---

① 丁文江.科学化的建议.独立评论,1935,151
② 李晓舫.科学与治事精神.科学,1939,23(10)
③ 胡明复.科学方法论.科学,1916,2(7)
④ 任鸿隽.科学方法讲义.科学,1918,4(1)

我们所要讨论的科学文化。"① 科学作为一种文化,就要超越具体的科学知识,进入广大民众的思想深处,从而让科学成为大众的一般思想。在传播上来说,就是要通过大众传媒成为大众话语体系。

科学文化反映了科学在社会中的生成、发展的程度,是在更大范围内对科学的理解。把科学视为一种文化始于国民政府以前的时期:"以中国科学社等科学共同体的成立及其专业性的学术期刊的出现为标志,民国时代的文化领域出现了科学文化与人文文化的明确区分。"② 科学文化需要有良好的生成发展土壤。国民政府时期,广大的知识分子进一步就科学文化的土壤及如何建设科学文化,发表了深刻的见解。近代著名林学家、林业教育家梁希在比较了封建社会与资本主义社会的特征后提出:"民主是科学的土壤;民主是科学的肥料;民主是科学的温床。"③ 也有些学者认识到:"使科学运动与民主政治的社会制度完全连贯起来,科学才会全面迅速的发达,科学文化水准才会被提高。"④ 他们从科学的外部环境来思考科学要生成发展须有民主自由的环境。在认识到中国必须建设科学文化的基础上,科学家卢于道认为要建设科学文化,科学家就要有"诚意",切不可沽名钓誉、谋利贪奢;要"知本",就是要知道环境与本国状况,切不可盲目模仿;要"分工合作"与"普化科学"⑤。

对科学文化的思考,反映了宏观与微观的统一,时人既认识到科学属于科学方法、科学知识,又认识到科学要生根需要建设起科学文化。因而,科学作为文化来建设,反映了知识分子科学认识视野的宽广。从某种意义上这也可以看作是民众科学教育、科普实施的理论基础。

(4)科学的广义与狭义之分 在"五四"时期,人们在科学的分类上,有狭义与广义之分。狭义指的是自然科学,而广义则包括社会科学在内,发展到国民政府时期,这种观点又有新的发展变化。

---

① 首届"科学文化研讨会",由上海交通大学科学史系、上海交通大学出版社、《文汇读书周报》三家联合举办,于 2002 年 11 月 20~22 日在上海举行。会议主题为"科学文化及其与现代传媒之关系"。京沪两地从事科学文化研究的学者聚集一堂,就科学文化与科学传播的若干问题进行了热烈讨论,主要涉及以下诸方面:如何理解科学文化? 何为科学主义? 从不同层面反思了科学主义在历史上和现今所起的作用,讨论了科学传播诸问题(传播什么? 如何传播? 谁来传播?)。讨论产生了丰硕的思想成果。

柯文慧. 对科学文化的若干认识. 中华读书报: http://www.gmw.cn/01ds/2002 - 12/25/27 - F9DD6BA33EE8712748256C9A000953C5.htm

② 汪晖. 现代中国思想的兴起. 北京:生活·读书·新知三联书店,2004.1110
③ 梁希. 科学与政治. 科学工作者,1948.11,创刊号
④ 方骥. 科学与社会. 科学时代,1946.3,3
⑤ 卢于道. 科学的文化建设. 科学,1935,19(5)

如叶青就认为由于研究对象的不同，科学就相应地分为自然科学、社会科学、思维科学。对于三者的地位，叶青认为"在科学中，自然科学先发达。它是最早出的科学，也是最成熟的科学。其他的科学都为它所诱导，同时又依存于它，在一般意义的用语上，科学二字常为它所独占。"① 这一论述回答了人们日常用语当中科学所指为何。但是叶青并不排斥其他科学，比如社会科学与思维科学。1949 年 8 月，我国著名科学家茅以升在中国科学社作讲座，他讲到科学是什么时说："狭义的讲，科学可以分为自然科学和应用科学。其实都是用的同样的方法，同样的精神，只不过研究的对象不同而已。……至于广义的讲，如果研究是以社会为对象的，便是社会科学；甚至如果将科学方法应用到文艺、艺术方面去，也可以称为人文科学。"② 由上可知科学在广义上除了自然科学外，还应包括思维科学、人文科学及社会科学，即用科学方法获得的系统化的理论，当然在狭义上则应指自然科学。

2. 科学之价值

理解科学的概念是了解、认识科学的基础。提倡科学则需要人们除了对科学的内涵作深刻认识外，还要对科学的价值有理性的见解。只有形成对科学价值的深刻认识，人们才会去利用它、倡导它。提倡科学教育是基于科学的价值，通过培养科学的人才来发挥科学的价值。

自西方国家工业革命以来，世人对工业革命赖以生存的科学及其附属物——技术刮目相看。进入 20 世纪后，鉴于科学发明与发现不断涌现，科学在推动社会生产力方面的作用日益突出，甚至有人将 20 世纪称为"科学的世纪"。所有这些，都毫无例外地证明科学的伟大、科学之价值所在。科学所带给世界的翻天覆地的变化遍及全球，也影响到中国。在科学的力量面前，科学家们思考、认识、讨论科学之价值，从而形成了具有时代特色的科学价值观。

（1）科学的生产力价值取向　对于科学知识，人们认为似乎可以救治中国的一切，因而强调"人人有相当之（科学）知识，可以自立"、"（被选举者）非有科学知识者，不为合格"、"人民之衣食住行，皆不能与他国比，然人民以缺乏科学知识之故"③。1936 年，《天津益世报》刊发题为《七科学团体联合年会的意义与使命》（又被《科学时代》杂志转引）的文章，文中提到："在科学上，在理论方面，我们有新的发现与成就，固佳。不然，倘我们真能把别人已有的发明都因地制宜地在中国应用起来，又何不是济急办法。

---

① 叶青. 思维科学的必然. 中山文化教育馆季刊,1934,创刊号:641
② 茅以升. 新时代的科学教育. 科学,1949.8,31(8)
③ 秉志. 科学与国力. 科学,1932,16(7)

……实用他人已有的科学知识较自己发明与创造更为重要。"① 基于科学知识的价值，面对科学知识的困境，号召人们引入西方的科学理论与知识。面对日本的入侵以及战场力量的对比，科学家们提出了"目前国家战争，已是科学智识的战争，不徒气力的战争。中国之弱，弱在人力有余，而科学智识不足罢了"② 的观点，认为："现代战争纯为科学战争，而战争科学，乃应用自然科学，尤其物理科学之声，光，化，电各科门之最新发明，以巧妙匠工，制成杀人利器……"，③ 充分认识到科学知识及其技术给战争带来的力量。抗战结束后，在如何建国问题上，"我们都知道不外心理建设，伦理建设，社会建设，政治建设和经济建设五端。……这五种建设的精华和核心，可概括的说是'科学建设'。"④ 实际上，当时国人对科学价值的认识，程度虽然不一，但是谈到科学价值时，都无一例外地强调其必要。他们认为科学可以促进国家经济发展，提高军事上的战争能力，而这靠的就是科学知识以及建立在科学知识、理论基础上的科学技术、科学发明。就是运用科学的理论，进行发明创造，来提高生产力。国人对科学的生产力价值的强调实质上是对科学知识、科学理论转化为科学发明、科学技术价值的强调。

（2）科学的精神价值取向 有人将科学的理论称为"正确的，可信的"的理论，科学的理论为何正确可信？就在于获得科学知识的方法。"就科学的结果而论，固然科学可给我们许多新奇的智识，别处所得不到。但是，除开了一部分而外，这些智识是否可靠，亦难相信，我们所以视之为可靠者，亦无非因其来源合理而已；所以科学上之结果可靠，亦离不了科学方法为之保证。"⑤ 科学方法正确，则科学的知识、理论才能正确，因而用科学的方法探求正确的可靠的知识（或规律或真理）就代表着一种精神，一种理性的精神，即为科学的精神。"表现科学精神的又是什么？一句话讲，就是科学方法"⑥。我国著名科学家竺可桢把科学精神理解为"只问是非"，同时他也进一步阐明了科学精神："目的是求真理，是要认识大自然的真面目，这是近代科学的精神。"1939 年 2 月，竺可桢把科学精神具体化为"求是"，并把它定为浙江大学的校训。

人们已经看到了科学知识、科学方法与科学精神三者之间的深刻内在关系，那就是科学知识离不开科学方法，离开了就不能保证科学知识为真的性

---

① 七科学团体联合年会的意义与使命.科学时报,1936,3(6)
② 中国科学发展的前途.科学时报,1936,3(6)（转引自《天津大公报》）
③ 刘咸.科学战争与战争科学.科学,1936,20(7)
④ 梁骧.科学与建设.四川省立科学馆.科学月刊,1947,14
⑤ 郑太朴.科学概论.上海:商务印书馆,1929.36
⑥ 郑太朴.科学概论.北京:商务印书馆,1929.36

质，同时，人们在探索真理过程中，当运用科学方法所训练的这种理性思维得到内化形成稳定的思想特征时，就成为指导人们行为的一种精神，它就是科学的精神，理性的精神。当科学的精神一经形成，它就改变着人们对世界的看法、观点与态度，从而使人们认为世界可知，更加利用一种理性的态度对待世界。1930年《科学月刊》在其《周年独白》中写到："今日中国之所需，不是科学结果的介绍，是在科学精神的灌输，与科学态度的传播；科学的结果得之甚易。"① 科学的精神、科学的态度，对个人乃至民族来说是至关重要的。当时国立中央大学理学院的学者许应期说："有科学之宇宙观而后能有自强不息之精神。有科学的人生观而后能无视人生之一切贪恶爱欲。科学家能牺牲平常人之所为快乐，不惜埋首实验室中，……今日欲超拔吾迷惘堕落之民族，舍提倡科学化其谁由哉！"② 强调的就是科学的理性精神，这一点与"五四"时期对科学的价值认识是一致的。在"五四"时期，以丁文江为代表的"科学派"认为"科学方法是万能的"，这一论调虽然导致了科学与玄学的大讨论，并在某种程度上会衍化成科学主义，却体现了人们对科学方法及理性精神的充分肯定。科学派的代表们高举科学的大旗向专制迷信宣战，主张用科学的精神去实现社会思想观念的转变，用科学改造社会、变革思想观念，这或许可看作国民政府时期人们对科学精神认识的先导，这中间有着内在的统一。

国民政府时期，人们对科学是什么的问题已经有了更清晰的认识，并达到一定的高度。科学先哲们主要强调了从科学方法、科学精神与科学知识的关系来理解科学。虽然他们对科学的认识远没有达到科学建制等观点的高度，但是对科学精神、科学方法的强调和认识毕竟为理解科学教育的本真意义奠定了基础。正是认识到科学方法、科学精神是科学的本质，才会深刻认识到科学教育不应该是科学知识的背诵和传授，而是方法和精神的训练，科学教育离不开科学实验等等重要观点。这些都抓住了问题的本质，在今天依然有着极强的现实意义。

科学的功利价值总是通过科学理论、知识的转化形式——科学技术来实现，强调的是物化的、工具的层面，侧重的是科学在取得物质利益方面的价值；科学由于其逻辑性、实证性、合理性以及精密性的特点，使其又有着丰富的精神价值，比如科学认知价值、信念价值、解释价值、审美价值、预见

① 周年独白.科学月刊,1930,2(1)
② 许应期.科学与人生.科学的中国,1933,1(7)

价值等①，它强调科学对人的理性精神塑造。片面强调科学的功利价值将失去科学的本真意义，需要在科学的功利价值与精神价值间保持必要的张力。由于科学技术具有促进生产力发展的巨大作用，人们往往片面强调科学的功利价值，忽略科学的精神价值。人们在科学的价值取向上凸现了明显的时代烙印。科学随着救国救亡的思潮进入中国，因此科学的功利价值——生产力价值被提高到十分重要的地位，国民政府时期，国力依然落后于世界强国，且备受科技发达的日本侵凌，在这种社会形势下，人们更多关注的是从科学的功利价值："科学之功用，无论直接间接，皆足以增进国力也"②。同时科学先哲们也没有忽略科学对人的精神、理性的训练价值，侧重利用科学的精神价值祛除迷信、促进国民精神素质的提高，这些认识都达到了时代的高度，这也为充分认识科学教育、科学教育的价值、改良科学教育提供了理论基础。

（二）科学教育的内容

科学有极为重要的价值，在如何体现这一价值，如何发挥科学的作用这一问题上，时人不约而同地将目光聚焦到教育上。同时这也与科学化运动这一独特的背景有深刻的关系。

科学界的学者顾毓琇、张其昀、吴大钧等人有感于我国国民科学知识落后、科学不发达，特别是在"九·一八"事变爆发后的严峻国家形势，在经过一段时间的酝酿后，于1933年1月成立中国科学化运动协会（简称中科协）。中科协以《科学的中国》（半月刊）为会刊，以实现中国的科学化为目标，来推动中国科学事业的发展。所谓"科学化"，顾毓琇认为："凡利用科学以使科学与文化、社会、人类相关联的谓之科学化。"③ 在此倡导下，许多"科学化"的口号涌现出来，比如，"民众科学化"、"科学大众化"、"政治科学化"、"生活科学化"，到抗日战争时期，战场敌我力量的悬殊对比，使科学家们喊出了"军事科学化"的口号；抗战胜利后，"科学建国"也提出来。这些口号的出现反映了人们力图用科学来拯救中国的决心，在30年代前后，特别是30年代中期直到国民党统治结束，相当一部分科学界的人士对科学社会化、社会科学化进行了广泛的宣传，或著书立说，或刊载讨论形成了本时期的科学化运动。如果说科学大众化的观点主要批评了那些把科学当作"玄妙的东西"，当作"无聊时的消遣品"的观点，指明了科学发展的方向，那么民众、政治、生活、军事乃至民族达到科学化则是在此基础上的升华。

① 谭文华.试论科学的精神价值及其社会形成.中国农业大学学报（社会科学版）（总55期），2004,2

② 李正心，杨际贤主编.二十世纪中华百位教育家思想精粹.北京：中国盲文出版社,2001.186

③ 顾毓琇.中国科学化的意义.中山文化教育馆季刊,1935,2(2)

1941 年 8 月，《科学青年》创刊，包括任鸿隽在内的许多科学专家都献辞，其中朱元懋在发刊献辞中讲到："提倡科学之道有二：一为培植科学之专家；一为普及科学之教育。此二方法，且有相助相生之功能。惟有科学教育普及之社会，始能培育大量科学人才，而科学家众多之国家科学教育始能渐趋于普及，是以科学运动之专门化与社会化，当兼程并进也。"① 1947 年时任金陵大学理学院院长的李方训说："民国以来，国人渐知提倡科学应先从科学教育下手。"② 以上种种说明从 20 世纪 30 年代到 40 年代末人们对科学与科学教育之间关系已经形成比较清晰的认识，科学需要科学教育来发挥作用。

1935 年夏，物理学家胡刚复在南宁六学术团体联合年会上作公开演讲时强调"科学化"的目的是以科学促进社会建设，而建设成功的关键条件是"有确切的目标、科学的知识和忠诚的人才。"③ 任鸿隽说："吾国科学事业必须大量推进，科学人才必须大量养成，此非重量不重质之谓，盖唯其量多，始有美质从之而出也。"④ 发展科学事业需要更多的人才，以胡刚复、任鸿隽为代表的有识之士在思考如何培养科学人才问题时自然把着眼点放到教育上，因而，便有了"'科学虽好，还须教育扶持'这是现在人常说的"⑤ 说法，以科学教育培养科学人才，以科学人才去改造社会的政治、经济、军事，这已成为科学界知识分子们的理性选择。科学教育受到充分关注，著名化学家、中国化学会发起人之一的戴安邦在谈到这一点时提出"在近三、四年内，全国上下提倡科学教育"⑥ 的论断，就是国人对科学教育重视的明证。

1. 学校科学教育的内容

何为科学教育？在此时期，人们在论科学教育时，有何指？当时的学者吴镜兆指出，"用科学上的知识和应用灌输和训练于受教育的人，使适应于近日的社会环境，增进社会的效率成为社会中有益份子，具有这等作用和目的，称为科学教育"。⑦ 这一观点出自当时的《科学教育》这一较有影响力的专业期刊，因而是具有代表性的观点。根据上一节所述，科学在狭义上为自然科学，而在广义上还要包括社会科学，那么，学校科学教育是指广义上的科学内容的教育还是狭义上的自然科学教育？学校科学教育是不是理科教育？吴镜兆特别指出科学在分类上"有所谓纯粹科学（如物理化学生物算学等），有

① 朱元懋. 发刊献辞. 中国青年科学协会编辑 L《科学青年,1941 – 08 – 20,创刊号
② 李方训. 科学与中国. 中华自然科学社:科学世界.1947.5,16(4)
③ 胡刚复. 科学研究与建设. 科学,1935,19(11)
④ 任鸿隽. 中国科学之前瞻与回顾. 科学,1943,26(1)
⑤ 武可桓. 民众科学教育. 北京:商务印书馆,1948.1
⑥ 戴安邦. 学生实验之改进. 科学教育,1937.3,4(1)
⑦ 吴镜兆. 中国科学教育的过去和将来. 广州中华科学教育改进社:科学教育,1935.7,创刊号

所谓应用科学（如工程农业医药等），二者合称之为物质科学，与物质科学对立的为社会科学，本文所论及的仅限于物质科学"①，因而，社会科学不包括在科学教育内容里面。任鸿隽在1939年6月发表《科学教育与抗战建国》一文，对科学教育的内容作了较为明确的分析。他认为科学教育内容应该包括三种，前两种是学校里的科学教育。"第一种是普通理科教程，如数学、物理、化学、生物之类，这些是基本科学知识。每个学生，无论学政治、经济、文学、美术、史地、哲学，都应该学习的。尤其是中小学的理科教程，必须认真教授。"② "第二种是技术科目。这里包括农、工、医、水产、水利、蚕桑、交通、无线电等专门学校，以及医院所设之护士学校等言。……其他如工、矿、农、水产等，和医学一般，皆为科学教育之主要内容，非但不可片断中断，并得到要随时尽可能加以扩充。"③ 在专门学校里，培育专门人才的技术科目也是科学教育的内容。第三种是"社会教育中之科学宣传"。因而，任鸿隽把科学教育的内容归结为中小学的理科教育、专门学校的应用科学教育及"一般科学常识教育"的民众科学教育。从以上的分析来看，科学教育的内容应该包括普通学校里的理科教育、专门学校里的应用科学教育以及一般民众的科学常识教育，并不包括广义上的人文社会科学方面的教育。

2. 民众科学教育的内容

20世纪30年代兴起的科学化运动，一个很响亮的口号是"科学大众化"，其目标在科学的普及。科学家们认为："只有科学真正渗透了中国人民的生活里去，科学才能在中国文化里生根，才能呼吸那随以俱来的健康成份。而这些绝不仅是学校教育型的教育或学院式的研究所能成功，这有待于科学大众化。"④ 与之对应，民众科学教育得到充分重视。因而，在科学教育的分类上就有了学校科学教育与民众科学教育之分。"中国在过去的科学教育，可以分为社会方面和学校方面来说。"⑤ 虽然作者强调过去之说，但是并不表示科学教育这种分类是一时之势。事实上，在此后的时间它一直与学校科学教育并行不悖并互相作用。1943年12月，国民政府教育部公布《各级学校办理社会教育办法》，把大学、中学与小学各应所负之责做了明确说明，其中中学在推行通俗科学教育基础上，还有另外的规定事项。由此看来，两者不是完全平行，互不干涉。但是，这也不表明民众科学教育是学校科学教育的附属部分，只是在促进民众科学教育发展上，学校由于有自己的优势，因而应做

① 吴镜兆. 中国科学教育的过去和将来. 广州中华科学教育改进社: 科学教育, 1935.7, 创刊号
② 任鸿隽. 科学教育与抗战建国. 教育通讯, 1939 – 06 – 03, 2(22)
③ 同②
④ 一个好的开始(刊首语). 科学时代, 1947, 2(3)
⑤ 同①

相应的努力。

民众科学教育是社会教育的内容。它的对象是工、农、商等界的广大劳动者，与学校中的受教育者不同，他们有其自身的特点。近代中国备受欺凌，广大的劳动人民处于水深火热之中。到国民政府时期，人民的生存状况并没有多少改善。由于教育不发达，普及程度低，使社会上文盲非常多，当时兴起的"识字运动"便是迫于此种情形。经济不发达，使迷信在广大百姓中间盛行，尤其在地域偏僻的地方，这一现象更加严重。"今日我国的一般人民，其思想尚笼罩在迷信气氛中，打闪电，尚以为是雷公电母在主管，害病也认为是神鬼在作怪。"① 因而，生活贫困、思想愚昧、受教育程度极端低下是他们生活的真实写照。面对这样的受教育对象，如何落实民众科学教育的具体内容呢？任鸿隽在《科学教育与抗战救国》一文中强调："第三种是社会教育中之科学宣传。……我国文盲既多，教育普及程度远在他人之后，社会上一般人迷信过甚。……故对于似乎很浅显的一般科学常识教育，其需要应更甚于上述二项（第一种与第二种科学教育）。"很明显，任鸿隽认为民众科学教育内容重在科学常识宣传，是常识性的教育。任鸿隽并没有对这些具体的常识作说明。在1948年7月寿子野所著的《民众科学教育》一书中，对此有比较详细的讨论。他认为，民众科学教育材料（即实施过程中的内容）应该包括三大类：一是自然知识，具体包括日月和地球的运行、星的位置、地球的昼夜、四季的由来、天空中"电象"等等；二是生活需要类的，包括植物的生长和繁殖、稻麦虫害的防治、家畜的饲养和管理等；三是卫生知能类，包括食物的营养和成分、改进烹饪的方法、住的卫生和保健方法等。②

由此看来，民众科学教育表面上与学校科学教育存在迥然相异之处。它不像学校科学教育那样注重自然科学的学科知识分类以及传授，也不同于专门学校的技术科目，更不同于大学里科学的基础研究或应用研究，它是着眼于广大民众自身特点的与民众生活密切相关的常识性教育，使民众生活更趋科学合理。但是，也应看到，这些科学常识对于学校科学教育来说，又是各学科的基础，两者并无本质差别。

（三）科学教育的价值认识

1. 普及科学知识

传授知识是教育的丰富内涵之一，也是教育得以进行的重要载体与目的。因而教书、传授知识成为人们对教育的最通俗理解。民国时期人们对教育有

---

① 梁骧. 提倡科学与普及科学教育运动. 载四川省立科学馆发行：科学月刊,1946.12,4

② 寿子野. 民众科学教育. 北京：商务印书馆,1948

这样的定义："教育是教育者给被教育者以改善其生活所必需之知识。"① 说明了这一点。科学教育、理科教育与技术教育作为教育的下位概念也不例外。在科学知识缺乏的国民政府时期，科学家们对此有着深刻的认识。虽然发展科学教育的口号喊得很响，但是这并不表明这一时期科学教育在学校的发展程度很高。实际上，科学教育之所以得到重视，倒是与当时科学教育落后有着最直接的联系。学校科学教育困难重重，科学教材、实验、教员等方面都很欠缺（这方面具体内容将在其后论述）。学生在科学知识方面也是很匮乏的。曾在40年代任南京金陵大学理学院院长的魏学仁在文章中讲到他在某大学物理系主持新生入学实验口试：

问：气压计看见过么？

答：看过。

问：计内装的是什么液体？

答：不知道。

问：该液体柱高度如何？

答：七百六十厘米。

问：七百六十厘米有多高？

答：这样（言时用手比着约二十厘米的距离）。

问：不够。

答：这样（言时用手比着约三十厘米的距离）。

问：还不够。

答：这样（言时又放大一点，此次约五十厘米)②。

这种现象的出现既表明了学校实验训练水平的低下，又说明了学生对科学常识的严重缺乏。因而加强科学知识的训练成为人们对科学教育最普遍的认识。任鸿隽在谈到科学教育的意义时说："学生学了物理、化学、生物等科目，就可以得到自然界明白准确的知识。读过物理学，他们会知这自然界可怕的闪电，人们亦可以利用来装置电灯、电铃、电风扇、电话；所以闪电并不是鬼神的作祟。凡理化生物等科目所授予者，都是这一类知识。"③ 所以，"学校为灌输青年以科学知识之最重要组织"④。学校科学教育目的之一便是灌输青少年以科学知识。

就民众科学教育来说，这一时期的社会由于经济、政治的纷乱使人们生

---

① 何鲁.民族性与科学教育.科学画报,1934,2(8)

② 魏学仁.我国科学教育之概况.科学教育,1937,4(1)

③ 任鸿隽.科学教育与抗战救国.教育通讯,1939.6,2(22)

④ 张江树.学校科学教育之科学训练.科学的中国,1933.2,1(3)

活水平低下，迷信之风盛行，科学知识的缺乏更是显而易见，因而科学运动协会的科学专家们喊出了"民众科学化"的口号，要把科学知识送到民间。然而，一个很值得讨论的问题是，拯救国民为什么要用科学及科学教育呢？对广大国民来说，当他们整日为生存算计的时候还有没有兴趣来接受科学教育呢？在认识到广大民众处于"愚、弱、贫、私"的窘境，很多爱国志士为拯救国民于水火之中四处奔波，有主张在既有社会关系下以教育方式拯救国民的，比如梁漱溟的乡村建设、乡村教育运动，黄炎培的以解决个人生计问题的职业教育，陶行知的生活教育，也有与之对立的杨贤江的先革命、后教育的思想。民众科学教育思想与上述思想一样都是历史发展过程中的产物。在某种程度上，黄炎培职业教育思想与民众科学教育具有更紧密的关系，他强调"用科学来解决职业教育问题"①，认为职业教育应该遵循科学的原则，为此，他在中华职业教育社专门设立科学管理的研究机构，并亲自撰写科学管理论著。

就科学教育本身来说，教授广大民众以科学的常识，使他们的思想远离迷信，生产生活更加科学，同时提升他们的科学素质，这无可厚非，是值得赞赏的。因为科学代表进步，科学有促进社会生产力发展的重要价值。在实际开展过程中，民众对之也是欢迎的。在面向社会的科学活动中，1935 年 6 月在北平中山公园中山堂曾举行通俗科学展览会。在 9 天的展览中，参观者达 8 万人次。中国科学化运动协会北平分会所创办的第一、第二、第三、第四民众学校提供了学习日常生产、生活知识的机会，受到大众的欢迎。② 还有，宣传国防、自卫知识，也极大地促进了百姓科学素养的提高。

2. 科学教育的精神训练价值

所谓科学教育的精神训练价值，就是指科学教育对人的科学精神的培养所起的作用。时人对科学教育的这一价值，称法不一，有的学者称精神训练，有的学者称科学训练，说法虽有差异，但包含科学方法与科学精神及态度等的训练则是无疑的。科学精神的训练离不开科学知识，但是又要高于科学知识的获得。著名化学家、教育家张江树说："无科学智识，固无科学训练可言，无科学训练，科学智识亦无从致其用。若万不得已而须偏重，与其偏重科学知识，无宁偏重科学训练，偏重科学训练，学者入世之弊，犹如老农之种，假贷可疗，偏重科学知识之弊，有似纨绔经商，鲜不失败。"③ 同时，他

---

① 黄炎培. 我来整理整理职业教育的理论和方法. 黄炎培教育文选. 上海：上海教育出版社，1985. 168～169

② 彭光华. 中国科学化运动协会的创建、活动及其历史地位. 中国科技史料，1992，13(1)

③ 张江树. 学校科学教育之科学训练. 科学的中国，1933.2，1(3)

又强调，"灌输科学智识之际，又为实施科学训练之最佳机会，故理想之学校科学教育，当为科学知识与科学训练之调和并重。"张氏之言道出了科学知识获得与科学精神的训练之间的关系，科学知识的获得是科学精神训练的基础，科学精神的训练又使科学知识得以合理使用，这无疑是正确的。

这一时期的科学教育家们在论述科学教育的价值时，对科学教育在科学精神训练方面的优势有着不谋而合的共识。金陵大学化学家裘家奎说："我们把训练科学精神的使命放在科学教育身上，是因为科学教育最适宜把科学精神的特点显出来。"① 张江树也说，科学训练之实施在学校教育中为最宜。戴运轨也认为最适合思想训练的就是理科了。对国民来说，"要养成国民的思想与行为，能合于科学的思想方式，以应付现代的科学生存环境，当然要从科学教育做起。"② 这说明了科学家们对科学教育在培养学生、国民的科学精神及科学的态度方面有着深刻的认识。在区分科学知识、科学方法、精神与态度的基础上，充分认识到科学精神的获得要比科学知识的获得更加重要，这反映了人们对科学、科学教育的认识水平已经发展到更高的程度，是科学认识深化的表现。

科学教育何以适宜科学的精神训练，怎样实施科学的精神训练，这也成为科学专家们讨论的重要问题。那么是什么使科学教育适宜于科学的精神训练呢？就是科学方法。裘家奎认为科学精神最显著的就是"尊重事实"、"力求精确"、"注意微小事物和微渺地方"、"不轻易下断语"、"存疑"这五个特点，③ 而尊重事实则使科学家的研究要"采集事实"，要"由事实得出结论"，这是实事求是的方法的体现；科学家用仪器精确测量出数据，以定量的方法来研究，不根据感觉和经验的做法体现了力求精确的精神；做实验过程中要仔细观察并记录下微小的现象，这体现出注重精微的精神；不轻下断语的精神则是"考查他们的证据是否确凿可靠，然后定其是否可以确信"的体现；存疑则是在科学研究过程中，对科学的真理认识不能穷尽，"现在科学还没有发达到一种程度去解决许多问题"。基于以上分析，裘家奎得出了科学方法适宜于训练学生科学精神的结论。戴运轨则说："理科教授上采用科学的方法，是以严正公平之批评态度而观察、实验、分析、综合，进而为归纳演绎，或为合理的假定而运用最大胆的想象力，这都是思想训练的过程。"④ 张江树认为："学校科学教育中，最适宜于科学训练之实施，而又最易收取效力者，莫

---

① 裘家奎.科学教育与精神训练.金陵大学理学院:科学教育,1937.3,4(1)
② 张铨.今后我国科学教育的建设.科学月刊,1946,2
③ 同①
④ 戴运轨.科学教育与思想训练.金陵大学理学院:科学教育,1937.3,4(1)

若普通之科学实验。"① 实验的方法有利于充分地训练学生科学的思想。任鸿隽在谈到这一点时说："学生们既熟习了科学方法，于是凡事不轻信，不苟且，求准确，求证实，这就熏染了科学的精神。"② 1948 年 7 月 21 日，中国科学社邀请著名科学家茅以升做关于升学的讲座，他讲到"科学教育的目的就是养成求真的态度。这种求真的态度怎样才可以做到呢？就是要用科学方法。"③ 以上种种议论是科学家们对科学教育深入探索并形成统一认识的体现。他们充分说明了科学方法与科学精神相统一，科学精神通过科学方法来表现这样的结论，科学精神与科学方法又统一到科学教育，特别是理科教育中，从而实现对培养对象的科学训练。

如果说五四时期的科学先哲们对此问题的论述主要从科学的角度立论，那么，国民政府时期的科学家们则更加明确、广泛地提出了科学教育的精神价值。五四时期是"科学的启蒙"时期，在这一时期，人们更多的是关注科学是什么以及科学的价值，围绕这样的问题产生了热烈的讨论与论战，科学还需要为自身而战。到国民政府时期，"科学已不必再为自身而战了"④。反观科学教育的发展，"'五四'新文化运动时期，学校科学教育体制已基本形成。但科学教育体制在形态上的确立并不反映社会对科学教育价值的普遍认同，人们对待科学和科学教育的观念上还存在分歧甚至严重偏见。"⑤ 国民政府时期，科学教育尽管发展缓慢、存在不少问题，但从 1932 年教育部颁布《中小学课程正式标准》等举措证明科学教育已经发展到相对成熟的程度。可以说，"科学教育"观念已经深入人心，因而，对之的探讨也更为明确与广泛。

3. 科学教育的社会价值

国民政府时期，贫苦、落后以及遭受日本帝国主义的入侵成为国家社会的真实写照，也是这个时代的写照。在这样的背景下，国内的有识之士为救国救民辛劳奔走，尽心竭力，也因此使得国家各项事业打上了深刻的时代烙印。科学教育的发展从根本上来说，是服务社会，是为国家社会的发展做出应有的贡献。因而，这一时期，许多科学领域的专家们站在国家建设、社会发展以及发展国防事业的高度来认识科学教育的价值、讨论科学教育，从而使这一时期科学教育价值取向又有了明确的现实性。

---

① 张江树.学校科学教育之科学训练.科学的中国,1933.2,1(3)
② 任鸿隽.科学教育与抗战建国.教育通讯,1939.6,2(22)
③ 茅以升.新时代的科学教育.科学,1949.8,31(8)
④ [美]郭颖颐.中国现代思想中的唯科学主义(1900～1950).雷颐译.南京:江苏人民出版社,1990.12
⑤ 滁.军阀重轭之下的湖北教育.民国日报(副刊《觉悟》),1923-04-17

　　抗日战争以前的时期，各项事业面临着建设的问题。因是之故，把科学教育与建设联系起来，倡导发展科学教育就成为必然。而呼声尤高的是中国科学化运动协会，他们把科学、科学化以及中国的建设联系起来倡导科学教育。1933 年 8 月，科学化运动协会的会刊《科学的中国》发表了名为《建设与科学教育》[①] 的短评，颇能表现这种态度。文章首先分析了国内的环境："建设的重要渐成举国一致所公认的事了，中央方面已有'以建设求统一'的宣言，地方上秩序较好的几省也先后制定了五年或三年的建设计划。……国际方面之渴望我国建设亦甚急切。"在这样的背景下，"国家的建设事业不是几个技术专家就办得了的。必要各方面都有无数的技术人员，尤需要一般民众都有相当的科学知识，这种大事业才能推动起来。如农人便要有农业知识，工人便要有工业知识，一般人也要有相当的科学常识与训练以助建设的进行。换言之，即非整个民族的科学化不行。所以科学教育与建设必需同时并建。"可见其以科学教育来促进科学化的立场及欣赏科学教育的建设价值。

　　抗战爆发后，新的紧迫形势使科学教育增加了新的任务。"我国科学人本来太少而需要则太急，故必须以最小限度的经费和最经济的时间，来养成大队的科学军。在此非常期内，无论大小中学一切编制课程和教材，均须以生产为中心，尤须与国防有联系，……，大学及专科学校……除原有教授外，更由政府在统制人才之下，集中科学与技术人才，分配于各省，……，分配于各种生产和国防事业。"[②] 科学教育除了要为生产与建设提供必需的人才外，还要输送国防人才到国家的国防事业，为战争的胜利做出努力，从这种意义上说，科学教育又要为战争服务。

　　抗战结束后，对国民党政府来说，如何加快建设又提到日程上来，科学教育又继续担负起为建设培养科学人才的任务。由于科学教育特别是学校科学教育不仅包括中小学的理科教育，还包括大学以及专门学校里的理科教育及工科教育，所以科学教育的社会价值也是科学教育培养科学的应用型人才的价值。

三、推进科学教育发展的方法论

　　国民政府时期，科学界的知识分子对科学、科学教育的内涵、价值等方面，都有了深刻的认识，达到相当的水平。如果说"五四"时期人们对科学、科学教育处于初步认识与探索阶段的话，那么到了国民政府时期人们对其认识可以用"共识"来描述。人们对科学与科学教育的内涵及价值没有很大的

---

① 建设与科学教育.科学的中国,1933,2(3)
② 杨素述.在民族抗战中的科学工作.科学画报,1937,5(2)

分歧，更注重依据不同的标准对科学作不同分类。知识分子们用科学的话语来解释政治、经济、文化、军事等社会问题，科学话语同日常用语一样进入人们的思想深处。正如任鸿隽所说："'科学'二字在吾国一般人心目中已成普通常识。"[1] 在这样的基础上，国民政府时期科学界的知识分子们在面对科学教育的困境时将目光聚焦到谋求如何改变这种状况就显得顺理成章了。

由于我国近代意义上的科学起步较晚，加上"五四"运动以来所处的历史阶段也充斥着战争与经济的萧条，这使得科学教育发展的外部环境受到限制。因此，人们从各方面指出科学教育存在的问题，使如何促进科学教育发展这一问题的解决有了更加坚实的基础和针对性。科学界的知识分子在提出问题的基础上，更提出了解决问题的建设性方法，也指出了科学教育进一步发展的方向，从而形成了这时期的科学教育方法论。

（一）科学教育发展状况的评介

1. 学校科学教育

学校科学教育包括小学、中学、大学的科学教育。虽然它们在各自的阶段都有不同的特点与教育目的，但也存在着科学教育在内容、程度以及过程的连续性。就大学与中小学比较，两者在科学教育上存在明显的不同。"大学方面，那是在专门研究上去深造了"[2]；中小学科学教育则重在知识的传授与获得，科学兴趣的养成，科学基础的夯实等。因此，为避免引起论述上的混乱，在这里，将学校科学教育分为中小学科学教育与大学科学教育分别加以论述。

（1）关于中小学科学教育状况的评论

1）课程设置、教科书、课程标准：国民政府之初，在政府未颁布课程标准前，中小学科学课程设置混乱是主要特点。化学史研究和近代分析化学的开创者王琎曾做过专门的论述，他说在1922年学制后，在自然课程上采用混合制[3]教学，"吾国中等学校科学教学方法之参差不齐，似此情形殊非促进科学教育之道。例以化学言，有在高中授至分析化学与有机化学之大学学程，而对于生物等则完全未注意者，亦有在初中先授初中化学一次，在高中再授普通中学化学一次，再授英文课本之高等化学一次，如此重床叠架，他种科学必受其影响，而一种科学所授分量过重，入大学时又须重复学习，于学生之时间太不经济。"[4] 这说明，在国民政府成立之初，学校科学课程设置是比

---

① 任鸿隽. 中国科学之前瞻与回顾. 科学,1943.3,26(1)

② 陆景一. 今日中学自然科学教学的商榷. 教育杂志,1948,33(9)

③ 分为四段，一段以生物为主；二段以武力为主，三段以化学为主，四段以理化为主，其所包括者则为动植矿，物理，化学，天文，气象。（王琎语）

④ 王琎. 初级中学之混合自然科学教学问题. 科学,1928,13(8)

较混乱的，存在重叠倒置的现象。

这种不合理的课程设置也决定了教材选用的不一致。对此点，王琎论述到："近来吾国中学之科学教学方法，极不统一，初级中学或用混合自然科课本，或用初中之各分类教科书，如新学制初中化学教科书之类，或则一部分用混合自然科教科书，一部分用分类教科书，其结果每有重复偏枯之弊。"① 除了这种教科书选用上的不统一外，在内容上也存在不精确之处，"我们把现在小学里用的教科书翻出来检查一下，还可以看见不少无稽的史料，以及神怪的讲话，如蚂蚁和苍蝇谈话之类"②。

国民政府为了统一中小学的课程内容，使中小学课程设置有章可循、更加科学合理，因而设立中小学课程标准起草委员会，1928年开始着手准备编订中小学课程标准。此后，课程标准经过试行、修改，于1931年6月陆续公布。公布后的课程标准，对中小学课程设置、课程内容、各科学分设置等都有了较为详细的规定，各科分列纲目，介绍颇细，成为学校所持之依据，对规范学校课程设置起了一定作用。然而，科学领域的知识分子，对自然科学各科的课程标准还是提出了不同意见。当时生物学专家陆景一，就撰文对此提出了批评意见。他说：

"提起了自然科各科的标准，都具有共同的特点，就是依照各科把全部教材作全身体系的排列，无分轻重。这在学习材料的组织上，当然是尽善尽美。我们打开物理、化学、生物等科把各种纲目细细地一看，真是十分完全。可是试教的结果又怎样呢？教材要和学者的实际经验切合，要适应需要，更要顾到国情，那就相差较远了。我们不能每科举出具体的缺点来，但是科学教学的目的，我们也不可忽视。科学教授的目的：一、要使学生能略见科学之意义与价值；二要使学生培育得有科学精神；三、要依学生的年龄脑力训练之程度，使各得思维研究的方法。在这三个目的上去选择教材那才会合理。现在的课程标准似乎对各科本身科学体系的排列太认真，而忽略了这些学科的学习者。课程标准已经有了该科的途径，要是增加他的弹性，往往又被教科书约束住了。结果大家拿着教本，尽其所能去努力，一半是带着盲目的学习。我国科学教育的失败，或许这是基本原因。"③

陆景一指出自然科学各科课程标准过于注重学科内容体系的完备，忽略了对教学的影响，尤其是对学习者的影响，使教学缺少了弹性；同时也忽略了科学教育的目的，使学生"科学教科书的背诵或许还是免不了"。这种过分

① 王琎. 初级中学之混合自然科学教学问题. 科学, 1928, 13(8)
② 陈有丰. 中国科学化运动的进行方向和路径. 科学的中国, 1933, 2(5)
③ 陆景一. 今日中学自然科学教学的商榷. 教育杂志, 1948, 33(9)

注意学科内容体系的课程标准对实际教学来讲，起了束缚手脚的作用，使广大教师与学生过分局限于教材，失去了科学课程的本真意义。比如："中学博物和生物的标准，它的内容完全是大学生物系的学程表，希望学生样样都知道，形态、分类、解剖、遗传、进化什么也得懂一些，结果学生们什么也没兴趣"①。陆景一作为实践者②，根据自己在授课过程中的亲身体验，深刻地指出课程标准存在的问题，说明课程标准虽然在征集意见与修改的基础上推出，但仍然与实际有较大差距。这是学校科学教育落后的重要原因之一。

为了规范科学教科书，使教科书"与（教育）部颁课程标准一定是相符合的"③，教育部与国立编译馆严格审查教科书，待通过后才批准发行。这对规范教科书起到了应有的作用，但是"经过审定的教本固然和课程标准大体相同，不过把各个纲目详细阐发而已。高中方面那就各持一见，《实用化学》、《实用物理》、《大代数》这是最普遍的本子，有些用原本，有些译名不统一，不知引起了多少麻烦。有些好高骛远的艰深课本也出现在中学生的面前。"④因而，教科书即使有审查这样的程序，还是出现了良莠不齐的现象。为了真实了解中学教科书的状况，任鸿隽先生还做了专门的调查，著成《一个关于理科教科书的调查》一文，其调查范围是全国立案的高中，结论是："高中的八种学科（作者注：物理学、化学、生物学、代数、平面几何、立体几何、三角法、平面解析几何）之中，除了生物学一科外，无有一科外国教本不占百分之五十以外。……它是证明我们在大学高中教课的先生们，对于课材，只知辗转负贩，坐享成功，绝不曾自己打定主意，做出几本适合国情的教科书，为各种科学树立一个独立的基础。"⑤任鸿隽对高中多用外文教科书的状况表现出很深的忧虑，也反映出中学缺乏独立自主、适我所用的教科书。

2）实验教学：1929年《科学》杂志在科学教育专栏中专门论述了科学实验在科学教学中的作用。它提到："凡教授科学者，对于实验课程当视为研究种种现象之第一步，与研究课本上关于现象之呆板叙述绝然不同。在中等学校中，此教学方法之二方面自应并重而不偏废，盖研究科学而无实验室练习，鲜不失科学之价值也。"⑥因而"实验室工作为科学研究之中心"，进而又提出了"实验为思想之兴奋剂，思想之基本性"、"实验上所得知识之教学价值此绝非教科书或参考书中之说理所能致"、"实验室为测验学生能力之最

① 陈有丰. 中国科学化运动的进行方向和路径. 科学的中国, 1933, 2(5)
② 从其文章的行文来看，作者当时有10多年的教学生涯。
③ 魏学仁. 我国科学教育之概况. 科学教育, 1937, 4(1)
④ 陆景一. 今日中学自然科学教学的商榷. 教育杂志, 1948, 33(9)
⑤ 任鸿隽. 一个关于理科教科书的调查. 独立评论, 1933, 61
⑥ 实验课业在科学教学上之地位. 科学, 1929, 14(9)

好机会"、"用实验以引起趣味"等重要观点，进一步说明了实验课在学校科学教育中的重要作用。

虽然人们对科学实验课的作用有清醒的认识，但是学校实施状况并不与人们所期望的保持一致。1932 年国联教育考察团来华考察，历时三月，足迹遍经大江南北，形成了近 13 万字的国联教育考察团报告，名为《中国教育之改进》。在报告中，国际专家们对国内实验教学做了这样的评述："在中国除掉几个大学校而外，用实验室方法教授科学的是很稀少，只有极少数的中学校与师范学校以及有数的几个工业与农业学校，采用这种方法至相当的程度，但其中能充分应用这种方法而又用得适当的，为数更少。"[1]　"实际上，有讲授而无实验的中学校是常例，偶有的又多残缺自安"[2]，实验课在中学里并没有很好的开展。这是抗战前的状况，经过抗日战争，大量的学校被毁，学校实验设备被坏，这对实验课教学来说无疑雪上加霜。进入 40 年代，实验课教学并没有好转，科学界的专家们依然对之忧心忡忡。"办学者对于理科实验，很少人肯花大笔经费来充实它，所以一到理科教学，有头无尾"；"我们现在各小学的理科设备，中学的仪器设备如何呢？若果为国家今后的建设人才着急，为今后我国科学地位设想，不禁毛骨悚然！"[3]　实验课开展得极差。根据前面所述，实验课对于训练学生的动手能力，使学生进一步掌握科学的方法，养成科学的精神有其独一无二的作用，实验课无法开展或者开展得不好，实际上就失去了科学课程的本真意义。科学家们的忧虑也可以说是完全着眼于这方面的原因。

实验课进行得很不尽如人意，有着深刻的原因。戴安邦把这种科学实验室教学现状的原因归结为："（一）设备不足，学生人数又太多，教师难以管理，在实验室内有效的科学教学及训练固谈不到，即秩序不易维持。（二）教法不善。……（学生）依样画葫芦地看一段教程，做一步实验。若问其整个实验之目的，各步工作之意义，则茫无所知。……这种机械式的学生实验工作，极为普通，亦为难解决一问题。（三）优良的实验教程缺乏。……教程之取材不合，内容枯燥，编制呆板，则教法虽好，亦难维持学生作实验之兴趣。"[4]　也有人这样认为："学校中科学教育之无良好成绩表现，有两个重大的原因；第一是多数学校科学设备太差，中小学教师教授理化、矿物、生物、动植物等课时，只向学生讲了些名词定理，也不拿一点证据给他们看……第

---

①　戴安邦. 学生实验之改进. 科学教育，1937，4(1)

②　夏敬农. 科学之专研及其通俗——发展中国科学的两条途径. 科学月刊，1930. 1，3(1)

③　张铨. 今后我国科学教育的建设. 科学月刊，1946. 10，2

④　戴安邦. 学生实验之改进. 科学教育，1937，4(1)

二是少数中小学的理化教师，尤其是小学的自然科教师不善于利用已有的理化仪器去教导学生。我曾经看到过有几个学校里理化仪器没有全部分的应用。"① 由此可见，缺乏用于实验设备的经费，导致设备的缺乏，而即使仅有的设备又由于教师的水平限制而未全部利用，只重讲，不重实验，从而导致科学实验教学的水平低下。科学界的专家们对科学实验课的批评显然是深刻的，从教学方法、教学设备、教科书到教师素质，都能以比较现实的态度面对，这对改进当时的科学教育毫无疑问会起积极的作用。

3）教师：教师（国民政府时期多称教员）是教育教学得以进行的根本保证，其作用是不容置疑的。这一时期，科学教育专家们对科学教师的作用给予了充分重视。他们从科学教育的发展状况出发来说明科学教育领域里科学教师的素质、生活待遇等，来讨论科学教师所面临的问题以及对科学教学所造成的影响，反映了科学家们眼中的中学理科教师的情况。

科学课程需要科学教师来推行，然而，国民政府时期学校里科学教师并不是十分充足。1942 年，我国著名的化学家、教育家、中科院院士，当时曾是南京金陵大学教授的戴安邦在《科学世界》上发表论文——《为科学教员呼吁》就专门讨论到这个问题："及至抗战以后，大学毕业生到中学教书者等若晨星，各校因请不到教员而有将科学课程停顿者。或有以其他不合格之人员充数者，亦有科学教员一身兼数校的专任教师者，或兼营他业者。"② 当时的知名科学家、曾获美国霍普金斯大学生物学博士学位的彭光钦对学校里科学教育的状况曾这样描述："科学教员的缺乏，许多学校聘不到充分合格的教员，于是牛当马骑，勉强应付，学化学的人兼授物理、数学科目，学工程的人兼授理化科目，是常有现象。甚至体育教员或国文教员兼授生物学、矿物学的也有。这一类的教员，他们自己对于某一科目的知识和选练还嫌不够，所教出来的学生的程度，自然不能达到标准。"③ 可见，科学教师的缺乏是不争的事实，科学教师当中存在着一师多职、不分教师专业特长来进行教学的现象，这种现象对科学教育的质量带来的严重影响是不言而喻的，这是造成学校科学教育落后的重要原因之一。然而，是什么原因促成教师缺乏的现象？

戴安邦在论文中把原因归结为："近年来各地的物价激急高涨，而学校教员的待遇不能随之增加，以致一般的教员因感生活威胁而不能安于所业，现虽在抗战期中，而建国事业同时并进，需要科学人才尤为殷切，因此学校的科学教员所受外界的吸引力也较其他学科的教员为大。于是，不胜生活压迫

---

① 曹云程. 谈谈我国中小学里科学实验. 科学的中国, 1933.8, 2(4)
② 戴安邦. 为科学教员呼吁. 科学世界, 1942, 11(3)
③ 彭光钦. 学校中的科学训练. 科学, 1948, 30(8)

的科学教员皆纷纷改就他业，遗缺又无法遞捕。"① 待遇低下是科学教师境遇的真实写照，也是科学教育存在的重要问题，同时还是导致教师不能安心所教、教师流失的重要原因。也正因为科学教师的待遇低下，使得"大学毕业生到中学教书者等若晨星"，而这又进一步恶化了学校教师缺乏的现象。

学校教师所存在的另外一个问题，就是教师素质参差不齐。正如戴安邦所述，当学校因为科学教师缺乏的时候往往"有以不合格之人员充数"，"今日之科学教员，非只知教材而不谙教法（大中学毕业生），即只知教法而不谙教材（普通师范毕业生）。其能兼而知之者实占极少数，教员师资不良，难期学生有学习兴趣。"② 这样不合格的教师来进行科学教学，其效果可想而知。这证明中小学科学教师在素质、水平方面有限，使科学教育发展不能满足当时社会的需求，从而使科学教学显得相当薄弱。

4）教学方法：这一时期，科学界的专家们也对自然科学教学方法极为关注，有许多评论揭示了这时期科学教学方法的状况。1932年国联教育考察团所形成的报告，在对中国科学教育发展状况众多的批评中，对科学教学方法的批评尤甚。在小学方面，"学校之教授法，概以演讲出之，教师用此法以灌输与全级儿童，学生不过为接受知识之人而已。"③ 在中学方面，"许多中学之教学方法，应加以彻底的改革。以讲演为唯一的或最好的教学方法，吾等在论小学时已注意及之，此种观念在中学其流毒为尤甚。"④ 由此可见，中小学里自然科学教学采用讲授法是比较普遍的现象。虽然讲授法在传授知识方面有着一定的优势，但是自然科学教学如果仅仅把教科书的定理或定论直接讲给学生，缺少实验的辅助，这不能不说是科学教学的缺陷。在前面实验教学一节，科学家们对学校科学实验教学的阐述也从另外一个方面说明了，学校科学教育中缺乏实验教学，依旧是以讲授方式推进教学的状况并没有改变。实验设备的缺乏、中小学教师素质的参差不齐又造成了这种"照本宣科"的现象。

（2）关于大学科学教育的评论

1）科学教学：这一时期，大学里的科学教学也不尽如人意。在国联教育考察团的报告中，同样对大学的科学教学提出了诸多批评。在教学方法方面，"大学中之教师与学生，皆依讲授为主要之教育工具，且有视为惟一之教育工具者，半因偏重讲授之故，致学生之时间常受限制，不能自由支配"；在教科

---

① 戴安邦.为科学教员呼吁.科学世界,1942,11(3)

② 戴安邦.今后中国科学教育应注意之数点及问题.南京大学理学院.科学教育,1934,1(1)

③ 沈云龙主编.近代史料丛刊三编第十一辑.国际联盟教育考察团编.国际联盟教育考察团报告书.台北:文海出版社,1998.97

④ 同③,第97、117页

书方面，任鸿隽《一个关于理科教科书的调查》对全国公私立大学一年级理科书（包括普通物理学、普通化学、普通生物学、算学）做了调查，其结论是"大学第一年级的物理、化学、算学几乎完全是用的外国教本"①，之所以出现这种状况难道是当时没有中文教科书出版么？任鸿隽分析道："我们近年出版的大学高中的理科教科书的确不少，无如教者不愿采用，也就无可如何"，而原因在于："一是教者及学生们还不曾摆脱崇拜西方的心理，以为凡学科能用西文原书教授，便可以显得它的程度特别高深。……二是中文出版的书实在太差了，而且选择又少，不容易满足各个学校的特别需求，所以不得不取材于外域。"②而在所用的外文教科书中，又"凡大学高中所采用的西方教科书，都是美国出版品，绝无欧洲各国的出版教科书掺杂其中"。这种现象的出现反映了我国当时科学教育发展水平的落后：缺少独立开发、编审的适应我国国情的高水平教材以及"不曾摆脱崇拜西方的心理"。大量的西文原版教材，由于语言文字上的差异，使学生耗费大量时间、精力去读懂教材，教授也需要"把他们所有的时间精力，都消磨在课堂教室口讲指画之中"，严重影响了科学教学的质量。

2）科学研究：大学教育与中小学教育有所不同的是，大学里除了要进行科学内容的教学外，另外一个重要的功能是研究。"学校者，学术之府，而智识之源，研究之行于学校久矣。"③研究虽然不只是大学所独有的功能，但是大学在科学研究方面的作用却是十分巨大的。根据任鸿隽的观点，学校中的科学研究可以分为两类：一类是纯粹的科学研究，一类是工业上之研究④。纯粹科学研究注重科学知识的生产，是学术的研究，是理论纬度的研究。工业上之研究（在随后的科学家那里，称为应用研究）注重科学研究成果的应用，注重对实践的功用价值。围绕在研究中应该注重纯粹研究还是应用研究，两者关系如何，成为这一时期的一个热点问题。而对两者关系的错误认识，又影响了大学的科学教育，任鸿隽把它视为一种危机类认识："言至此，吾人不能不提及吾国科学眼前之重大危机。据近一二年来各大学招考新生之统计，投考学生以经济学、商科占最大多数，应用科学之各种工程次之，纯粹科学几有无人问津之感。"⑤

在当时的科学专家眼里，科学可以解决中国的诸多问题：

"……第二，科学可以改造人民生活上的享受，因为科学发达，物质建设

---

① 任鸿隽.一个关于理科教科书的调查.独立评论,1933,61
② 同①
③ 任鸿隽.发明与研究.科学,1918,4(1)
④ 同③
⑤ 任鸿隽.中国科学之前瞻与回顾.科学,1943,26(1)

当然完备，因此人民的生活也就可以得到改善，譬如从前我们走路都用步行，现在就有各种交通利器，……第三，科学是物质建设的基础，近代物质建设的进步，都是科学的结晶，所以要讲物质建设，有离不开科学的，因为有科学才不致废时失事，而能收事半功倍的效果，尤其是我国将来要谋物质建设的发达，更是需要多量的科学人才，用科学方法来计划推行的。第四，科学是建设国防的动力，要立国在世界上，国防自然是不可少的，但是要建设国防，又要靠科学做基础，现代各国的国防设备，日新月异，无非都是应用科学的结果，要是因陋就简，不在科学方面多用功夫，便不免有被淘汰的危险。"①

这样的观点反映出当时背景下人们对科学的价值期望，即科学的功利与实用价值。因而，科学研究的功利价值取向是比较盛行的。我国生物学研究的先驱者秉志对此曾说："中国人民知识之落后，既已不堪，知识阶级之不肯奋勉，又复如此，政府与社会欲提倡科学，以图转弱为强，岂非当务之亟，然为国难所迫，人人尽注意于实用之科学，对于根本计划，视为无足重轻，视纯粹科学，以为无所需要。唯知速求一术，以救贫弱，此与昔日之仅求治标之计者，相去几何，恐纷纭数十年，仍归无效而已。"② 可谓切中时弊。

科学领域的专家们对这种功利主义价值取向提出了批评，强调要正确认识和处理科学研究。秉志在提出上述批评后，认为不应该忽视纯粹科学研究，要两者并重。他说："（一）无论研求科学，与提倡科学，宜本末并顾也，纯粹科学与实用科学，二者并重，无纯粹科学为之根基，只求实用，难免落后，世界各国，研究科学者，车载斗量，不可胜数，其施之于实用者，尽由纯粹科学奠其基础，有纯粹科学，而后实用科学乃得发展，吾国今日对此二者，宜双管齐下，不能因急切需要实用科学，视纯粹科学若等闲，亦不能只知纯粹科学，而毫不注意于实用。"③ 对于纯粹科学与实用科学，应充分重视两者，不能偏废其一。著名科学家竺可桢对此谈到："我以为，只讲科学的应用，而不管科学的研究是错误的。"④ 任鸿隽以更加长远的眼光论到："科学事业不当偏重应用而忽略根本之纯粹科学。应用科学以易收切近之功效常易为人所重视，纯粹科学反之，故常易为人忽略。此在平时已然，在战时及战后为甚忧。实则自应用科学四字观之，已知必先有科学而后可谈应用，设科学先不存在，更何应用之有？"⑤ 在此，科学家们对忽略纯粹科学的观点给予了严厉

① 林主席.科学研究为建设国家的始基.科学,1937,21(1)
② 秉志.科学在中国之将来.科学,1934,18(3)
③ 同②
④ 竺可桢.科学研究的精神.科学,1934,18(1)
⑤ 任鸿隽.中国科学之前瞻与回顾.科学,1943.3,26(1)

的批判，强调两者协调发展，不可偏废其一。

2. 对民众科学教育发展状况的评论

如前所述，国人对民众科学教育的重视是建立在对科学认识深化基础上的，认识到科学不普及，只限制在少数人的科学对国家并不会带来多大好处。20 世纪 30 年代初科学大众化运动兴起，它号召中国的科学化、民众的科学化。旨在推动科学普及的中国科学化运动协会积极开展科普活动，编辑出版会刊，编印科学化运动宣传小册子，组织广播演讲，举办科学展览等，都收到了良好的成效，例如面向儿童的科学化玩具展览，"1935 年 2 月至 5 月分别在镇江、南京、上海等处巡回举办，三处观众达 20 余万人。"① 抗战爆发，国民政府鉴于科学教育之重要，提出"对自然科学，依据需要，迎头赶上"，注重对民众科学教育、科学化运动的推动。1941 年，国民政府教育部督导"中等以上学校暨社会教育机关于每年双十节举行科学化运动扩大宣传"，同年又制定《科学馆》规程，来推动民众科学教育，据民国教育年鉴统计，抗战结束后，全国十多省市设立科学馆，范围遍及全国。民众科学教育成为"急务"，民众科学教育得到了比较大的重视。

科学教育家们客观、全面地认识到民众科学教育的重要性，认为："科学教育也非各级学校的专利品。一切科学事业和大众生活是分不开的，科学不仅是与少数人有关系，和广大的社会群众也有密切的关系。我国科学晚兴，科学教育落后，尤其是大众的科学教育，所以急应提倡和推进。"② 要"改进科学教育，中学、小学、民众教育同时并重，不能偏废。"③ 要求科学工作者"不要再像从前一样，不管科学在社会上的用途，结果使科学为少数人造福利。"④ 因而，民众科学教育的重要性不容质疑，人们在此点的认可度上有广泛的统一性。

虽然民众科学教育在国民政府及科学化运动协会的推动下积极开展，但是发展的程度却不尽如人意。许多科学领域知识分子着眼于民众科学教育之重要性表达了对其发展状况不满的意见。有学者这样批评到："晚近，科学在我们每一个学校的课程中，较之其他文字学科，已是得到一个平衡的地位，而对于学校以外的一般的国民科学教育实在还没有动手。"⑤ "在最近数十年来政府的奖励科学与提倡科学，固为有目共睹的事实，例如研究院与研究所之创设，科学考察团与留学生之派遣，科学名词之厘定，都有相当成绩。然

① 彭光华.中国科学化运动协会的创建、活动及其历史地位.中国科技史料,1992,13(1)

② 王志稼.我国科学教育今后应具之方针.科学,1941,24(5)

③ 专题讨论二.改进我国科学教育之途径.科学,1946,29(10)

④ 中华自然科学社.社闻,1935－07－15

⑤ 刘明扬.科学与科学教育.四川省立科学馆.科学月刊,1946.9,创刊号

而凡此设施，都注重于专门人才的培植与高深学术的研究，但对于一般民众的科学教育，却并不曾作同样的努力。"① 政府虽有提倡，但实施力度上显然不强。武可桓在其《民众科学教育》一书中这样看待民众科学教育的发展："从上章我国科学教育实施情形看来，无论政府方面或民间科学运动团体，民国三十年以前，是均注意于高深的专门研究机构的设置，或致力于学校科学教育之改良，而忽略了民众科学教育的实施。"② 就这样的论述来看，虽然不一定精确（比如，如前所述中国科学化运动协会就为推动民众科学教育实施了一系列措施，包括讲演、展览等），但一定程度上反映了民众科学教育在实施过程中无论是力度还是程度上都是不够的。就历史的进程而论，民众科学教育从兴起到 20 世纪 40 年代已经有了较大发展，但是由于生产力水平低下和人口基数大且多为文盲等原因使民众科学教育的发展步履维艰。如何有效推进民众科学教育，如何提高其质量成为时人迫切需要解决的问题。

（二）改进学校科学教育的方法论

认识问题的所在是解决问题的前提。国民政府时期，当人们不断指出并批评科学教育存在的问题的时候，如何解决问题、克服困难，从而使科学教育的发展状况摆脱尴尬的窘境就成为顺理成章的事情。另一方面，深刻地认识科学教育的现状，了解科学教育存在的问题的真正价值就是为解决问题找到方向，否则，无论对问题认识有多宽广、多深刻，都仅仅是"空调子"而已。实际上，这一时期的科学教育家们正是为此做了不懈的努力，在批评学校科学教育存在问题的同时，又不断地找寻建设性的意见、措施，形成了关于科学教育改良、发展的方法论思想。

1. 关于探索学校科学教育发展方向的思想

（1）应注重纯粹科学的发展　随着国内形势的变化，国人对应用科学的重视与提倡似乎达到无以复加的地步。大学自是不必说，而政府对之也是推波助澜。1931 年，政府明令大学应注重自然科学与实用科学，并在 1934 年左右，教育部严禁添设文法等科，而使农工医得到充分发展。③ 同时，正如多位科学家们所呼吁的那样，纯粹科学与应用科学如同花与果实的关系，无花便无果，要想果实硕丰就应该注意浇灌果实之花。著名科学家戴安邦就注意到问题的严重性，因而提出："科学教育应注重科学本体之树立——换言之，即提倡科学，首要谋纯粹科学之发展……夫应用科学在今日之中国诚属重要，

---

① 顾均正.科学大众化运动.科学知识,1947.7,2(4)

② 武可桓.民众科学教育.上海:商务印书馆,1948.13

③ 戴安邦.今后中国科学教育应注意之数点及问题.南京大学理学院.科学教育,1934,1(1)

但为求科学中国之发展，纯粹科学之研究更不可忽略。"① 在他看来，科学教育的发展要注重纯粹科学的发展，同时不忽略应用科学，要正确处理好两者之间的关系，这对学校科学教育来说，尤为重要。过分注重应用科学而忽略纯粹科学无异于"杀鸡求卵"。

（2）应注意科学方法的训练、科学精神的养成 "学校之科学教授，当以使学生明了与运用科学方法为最重要之目标。现在的情形，似以灌输科学知识为科学教育之唯一任务，殊不知一人之记忆能力有限，纯粹的科学知识尤易忘却，若科学教育仅有灌输知识之效用，则殊不值得吾人提倡与努力。……科学方法，不仅为治学之正道，亦为解决人生各种问题之唯一有效方法。……余以为今后中国科学教育之最大问题，为如何养成科学思维的习惯……"② 戴安邦是基于科学教育发展的总体方向，以对科学方法的重要性认识为基础，以解决当时学校缺少科学方法训练的问题为目标，提出了科学教育发展的战略性认识。既体现科学认识的成熟，又体现寻找科学教育发展方向的清醒思路。

科学方法与科学精神的统一性，必然使得学校科学教育坚持两者并重，因而戴氏在论述了应注重科学方法后，又提出："科学教育应注意科学精神之养成。"而"多半学校皆缺少实验设备，教者全恃演讲，……高中科学教科书采用大学课本者竟达百分之五十以上，侥幸求进，功利心切，……甚至有实验未做，而报告已写成，标本未看，而图表已画出。教学之情形如此，实与科学精神之养成背道而驰。故今后言科学者应注意之又一问题，即如何改进今日之科学教育，使能养成国人之科学精神，不但以之治学，而且以之行事。"③ 可见，学校科学教育中缺少科学精神训练的现状，使科学教育重视对学生科学精神的培养成为必要，它成为科学教育发展的重要方向之一。

（3）科学教育的"一般化"与"生活化" 如前所述，20世纪40年代许多中学的科学教学是为升学，"现在的普通中学确是专为学生升学而设的"④，在课程上要么抄袭模仿大学，要么将大学的课程提前设置于中学。这种做法的弊端是显而易见的，课程设置要根据学生自身年龄以及教育程度的高低来实行，忽视课程设置规律就会严重影响科学教学的效果。著名植物学家王志稼对此论述到："我们以为这样的好高骛远，结果也许有少数天才学生成绩优良，但学校施教应以大多数学生为对象，更须顾到一般中学生的理解

---

① 戴安邦.今后中国科学教育应注意之数点及问题.南京大学理学院.科学教育,1934,1(1)
② 同①
③ 同①
④ 王志稼.我国今后科学教育今后应俱之方针.科学,1940,24(5)

力、学习兴趣和生活环境，面向适切的方向进行，所以在理论上，中学的科学教育不应'高深化'，而应注重'一般化'。"① 王志稼是针对学校不顾学生的程度，而一味根据升学需要设置课程，从而使中学课程偏向高深，为避免这种高深化的危害，就应注意一般化。同时我们也应看到，王志稼是针对具体问题，不是一味要求所有中学所有的课程都一般化，而是针对现状的一种纠偏。

同时，"中学毕业生能有机会升大学的，究有多少？据教育部近年的统计，每万人中约有中学生十二人，专科以上学生二人，从中可知中学生中有百分之十七的人可以升学，百分之八十的人都要失学，或入社会就业了。……，作者以为他们受了这些为升学预备的科学教育，现在要望拿来和他们的日常生活打成一片，恐怕不是一件容易的事。……所以中学校现阶段的科学教育——教材的选择和教学的方法——亟应加以改进，多多注重'生活化'。"② 王志稼强调科学教育的"生活化"方向，它同样基于学校科学教育的状况与问题，有其合理性。它力图解决学校科学教育完全脱离生活实际，不能照顾到那些多数不能升学的学生的问题，是有针对性的，也是比较现实的。

（4）科学教育的"中国化" 正如任鸿隽在其《一个关于理科教科书的调查》一文中的结论一样，王志稼也是深刻认识到了学校仅偏重西文教科书的不良现象，他对此批评到，只有用本国文字才容易了解，否则语言上的障碍会妨害科学教学，"洋八股"的教学，在教员水平参差不齐的情况下，其效果可想而知；当时有学校教科书不据本国国情，仅抄袭外国书本，也有学校在购买实验仪器、药品、图表、标本时非舶来品不用，其实本国也有类似产品。③ 所有这些，都是科学教育未能完全适应我国国情的明证，在王志稼眼里，这与"科学中国化"是完全矛盾的。而解决这些问题，就要靠走适合我国国情的、"中国化"的道路，在这意义上说，科学教育应该"中国化"。

以上是20世纪30年代到40年代，我国科学家在对学校科学教育的发展方向上所做的探索。前两者是从科学教育本身来寻找发展方向，后两种则是从课程、教科书、教学方法等出发来思考。这些思想都是在科学教育所存在问题基础上提出的，具有很强的针对性与现实性，体现了科学教育家们的深刻洞察力和远见卓识。

2. 关于发展学校科学教育在具体措施方面的思想

---

① 王志稼.我国今后科学教育今后应俱之方针.科学,1940,24(5)

② 同①

③ 同①

（1）改善实验教学

1）筹措实验设备经费：科学界的知识分子们对学校科学实验设备的缺乏及由此造成教学水平低下的批评之声在 20 世纪三、四十年代不绝于耳。如前所述，他们一方面了解学校中科学实验的状况与水平，寻找科学实验教学存在的问题；另一方面又不断地为科学实验教学的改进出谋划策，尽心尽力，并为此做出了有益的探索。

如前节所述，知识分子们认为实验设备的缺乏是自中小学到大学里科学教学陷入"洋八股"的一个重要原因，因而如何充实实验设备成为解决问题的重要突破口，比如"宜充实大学理科设备与经费"①，"中学应注意充实理科设备"。而充实实验设备最需要的还是经费。对于经费的筹措，有人提出"集资"的办法。"惟当此县财政拮据异常之际，关于充实中小学科学设备所需经费之筹措，笔者以为可采用各中小学筹集尊师米之办法办理之，集腋成裘，众撑易举。故如是则各校实验设备均可充实，而不影响各县财政也。"②这里的主张就是众人拾柴火焰高的道理。既然是"尊师米"，意即从学生手里集资，然而这种方法实行起来还要考虑学生的承受力，也并不是所有的学生都有能力来支付这笔支出的。也有人提出要政府来承担充实实验设备的经费，"请政府宽导教育经费，保障科学教员之生活并充实实验仪器设备"③；在1947 年四川省会中等学校举行学生科学讲演竞赛，题为"科学建国"，其中获得第五名的傅先慧同学在讲演中也提出了同样的观点："我国一般的学校中都因着图书仪器的缺乏，原因是没有经费，这是政府当局的忽略，……我们国家对于科学的设施费用太少，我们要以科学建国，以后我们必须督促政府增加科学实施费用，以供我们一般学习科学的实习。"④

由上可见，迫于抗战结束后的严峻形势，在如何筹集经费上，是一个迫切需要解决的现实问题。究其原因，抗日战争全面爆发以前，我国大中小学校实验设备也是比较薄弱的，但是各方面还是给了较大的支持："从二十三年（1934 年）度起，教育部每年拨款七十二万元为补助全国各优良私立大学添置设备与增设教席之用，在此项补助费的支配原则中也有理科补助额占全数百分之七十以上的规定。中华文化基金会与中英庚款基金会也特别拨款补助全国中学充实物理学学生实验的设备。各省市更努力充实中学理科设备。"抗日战争时期，中国处于亡国灭种的危急关头，相当数量的学校被日军占领、

---

① 张震东. 发展中国科学教育之意见. 科学时报,1946.10,12(10)
② 梁骧. 提倡科学与普及科学教育运动. 科学月刊,1946.12,4
③ 同②
④ 科学月刊,1947,9

炸毁，实验仪器销毁殆尽，使原本就缺乏实验设备的学校更是雪上加霜，因而，在抗战胜利后，充实实验设备变得更加迫切。

2）设立科学器材厂，自筹实验设备：在实验设备缺乏的条件下，提高自我生产与供给能力，也是一条改善实验教学条件的重要思路。戴安邦就提出了要设立科学器材厂的思想："设立科学器材厂，以供应抗战期间各校科学实验所需之器材，并奠定中国科学仪器药品制造工厂之基础，而不以盈利为主要目的。"① 他既从现实出发，又有长远考虑，既注重提高自身供应实验标本、器材的能力，又强调为科学仪器制造厂奠定基础。也有人提出，在实验设备缺乏的情况下，可以用"自制"的办法："自制的方法：（1）和研究的问题相辅而行，例如在春天研究青蛙时就可指导儿童采集青蛙的卵和蝌蚪等作青蛙的发育顺序标本……（2）和劳作教师联络，凡是在自然课里研究的，请他在劳作课程里指导儿童制作……（3）和校外铁匠、木匠等联络，或训练能力较强的校工，以利用他们的特长，减少自己的精力。（4）多举行科学成绩展览会，以鼓励制作的兴趣。"② 这是在小学科学教育中实验设备不足的情况下提出的对策，也是比较切实可行的。

3）接近自然，增加理科教学的兴趣：20世纪30年代学校科学教学重文字方面教授而轻科学实验，为了增加学生们学习理科知识的兴趣，一种力图改变这一状况的新观点应需而生：接近自然，研究自然。有人提出："儿童的天性本来喜欢同自然界接近。一虫一鱼一草一石都可当作他们的伴侣。遇看新奇的东西更能引动他的兴趣而寝食不忘，他们不仅喜欢听，喜欢看，还喜欢亲手去做。教师如能善于利用他们这种天性来灌输科学知识，养成研究自然的兴趣，这是很好的机会了。"③ 也有人认为："设注重初中之'自然'与'工厂实习'增加实验钟点，并须作野外旅行以资采集标本与观察天文气象，则初中学生对于科学之兴趣自增，殆入高中时习理科者必多……"④ 强调注意利用儿童身心发展的规律，注重对学生科学兴趣的培养。中小学科学教育重要价值之一就是培养学生对科学的兴趣，就此而言，这一措施的意义不仅在于提出了改进问题的方法，更强调了中小学科学教育目的。

（2）改善教员待遇，端正教员思想认识　社会对科学人才不能给予充分的重视，该方面的人才不能享受很好的待遇，这影响了大学理科毕业生从业志愿，使得中小学科学教员水平参差不齐、素质不高。当时科学界老前辈、

---

① 戴安邦. 为科学教员呼吁. 科学世界, 1942, 11 (3)
② 徐允昭. 小学里的科学教育. 四川教育, 1947, 1 (4)
③ 短评. 中小学的科学教育. 科学的中国, 1933, 7 (9)
④ 胡甯生. 我国中等学校理科学程一部分. 科学的中国, 1934, 4 (1)

中央研究院物理研究所的负责人丁燮林曾说："在可怕的师资低落声中，我们反更听到师荒，特别是中学里的数理化教师的缺乏。显然的，一半还是由于技术人员和教员间待遇的不平衡。"① 制约科学人员特别是科学教学人员发展的重要因素就是待遇问题，许多人因此发出了改善教员与科学家待遇的呼声：

"现在大中小学的科学教员，薪金待遇同别科教员一样，这是不对的，若是说学问之道，各有所专，别类分门，不能加以轩轾，但是为了想实现科学救国，要实行这个救国的政策，少不得一般为人类中华民族而学问的学者，让步一下，将科学教员的薪金特别提高，教员是学生最接近的人，学生看见科学教员们能以得到社会上优遇，他们自然就发奋学科学了，若果学科学的多了，科学自然就可以被提倡起来了。……

经过政府严格的考试而得到学位的科学家，在政治上，法律上，都应加以特别的保障，如有伟大的论著和发明，国家当分别授以勋章，或加以纪念……"②

一方面是从外部物质待遇方面来改善教师生存环境，另一方面从内部要求科学教师端正思想认识，不"唯利是图"，提高职业道德和操守："现任科学教师，不为贫贱移，不为富贵淫，始终尽忠职守，认定做一个优良的科学教师，是中国科学家对于国家最大的贡献。"③ 在1947年中国科学社的一次专题为"改进我国科学教育之途径"讨论中，也有学者提出："要求做教员的，不把个人的利益放在前面，应该先争取设备。"④ 这些都可以看作是科学界的专家们对科学教员在自身修养以及职业道德方面提出的要求。

（3）突出课程标准在各阶段的程度与实施上的灵活性　课程标准虽然是在专家、各方意见的一致努力下颁布的，但颁布后的课程标准还是存在不少问题。因而，围绕课程标准，许多人特别是中小学老师提出了疑问与改进意见。由于这些教师来自实践第一线，根据国民政府教育部颁布的课程标准及其教科书授课，因而体会最深刻，观察也比较到位。

课程标准要注意课程程度。1936年，一位中学老师说："教材大纲中最重要是程度的规定，不可只提应教的项目而忽略程度。……不可只写一个名词。如水、空气、电流、电灯等，只是教科书中的目录，不是教材的标准。因为中学中讲水，讲空气，讲电流，在小学及大学中，亦何尝不讲水不讲空气。"⑤

---

① 辛石.记丁燮林先生谈:科学教育——物理学会桂林区年会散记.科学知识社.科学知识,1944,2(6)

② 周群贤.提倡科学与改造中国学制.河南中山大学理科.河南中山大学理科季刊,1929.12,1(1)

③ 戴安邦.为科学教员呼籲.科学世界,1942,11(3)

④ 专题讨论.改进我国科学教育之途径.科学,1947,29(10)

⑤ 施伯侯.初中理化课程标准私拟.浙江教育月刊,1936,1(7)

这位教师针对一些中学忽略教学程度的问题，认为这容易把中学变成大学的预备学校。因而，必须在课程标准上有明确的规定。他同时提出，课程标准应该依据教育宗旨、学生年龄特征以及学习的程度来制定或修改①，这样做就会很好的避免教材内容忽略学生年龄程度的弱点，只求高深的弊病，这种看法无疑是符合科学性的。

课程标准不应过分注重知识体系的整齐划一。有人提出，由于课程标准过于注重学科知识体系的完整与统一，使得各学校在实行中，只能按照课程标准制定教学进度，严重束缚了科学教学，使得教学失去了灵活性，禁锢了教学②。因而，课程标准需要富有弹性，给教学留出足够的活动空间，以更富于灵活性。

（4）教材选择要切合国情与各地、各校实际　任鸿隽在《一个关于理科教科书的调查》一文中，已经深刻地揭示了20世纪30年代国内在教科书选择上存在普遍多用外国教科书的现象③。即要么直接用外国教科书、要么多抄袭外国的教科书从而使内容严重脱离了中国的国情，沦为"洋八股"误区。任鸿隽这篇文章的深刻用意就是要改变这种状况，开发适合我国国情的教材。在教材方面存在的另一重要问题就是不少学校照搬课程标准。其实各地有自身的特点，这种全国整齐划一的做法忽略了各地的实际，尤其是各地在自然环境与物质条件等方面的差异："现今所需要的教育为生产，为职业，为复兴民族。故课程的编制尤其是中等课程的编制，要以适合环境的需要为目的。……因为各地有各地的特性，环境不同，需要亦异。适于甲地的不必适于乙地。故课程的规定，似亦不宜呆板沿用。"④ 课程标准的呆板也会造成教材选择上灵活性的缺失。因而针对这种状况提出："大部分的教材由教厅规定，其余部分可让各地依自然环境和需要自行选择应用。这样似乎比较适当一点，和部颁自然科所定作业分别与教学要点也更觉切合。再就我国目前大都市和乡村论，除了乡村有山林田野和城市有显著区别外，一切物质建设也相差很大，应该把二方面教材分别规定才对。"⑤ 这种注意各地实际情况及教材选择上的灵活性的建议与今天教育改革中"校本课程"开发的思想可谓异曲同工。

关于课程内容安排要切合实际，有人针对小学科学教学，提出科学教材的选择要适合生活环境，因而在教材选择上宜"从下列几方面产生教材：（1）个人生活——如身体构造，生理作用，衣食住行等生活需要；（2）学校生活

① 施伯侯.初中理化课程标准私拟.浙江教育月刊,1936,1(7)
② 陆景一.今日中学自然科学教学的商榷.教育杂志,1948,33(9)
③ 见本章第一节。
④ 吴镜开.中国科学教育的过去和将来.科学教育,1935.7,发刊号
⑤ 张镐.中学科学教学及生产教育.浙江教育月刊,1936,1(2)

——如由谈话，劳作，游戏，远足，环境布置各科联络所产生的种种科学问题；（3）乡土调查——如本地的天象，气候，工农业生产状况等；（4）报纸记载和传闻：如各地天气预报，水灾，旱灾或虫灾的调查，科学家的新发明……"① 虽然这些内容要完全适合小学教学，还要考虑具体形式等，但这一思想对改变脱离小学实际的情况，提高学生对科学的兴趣来说，有着重要的作用。

（三）推进民众科学教育的方法论

民众科学教育作为社会教育的一部分，与学校科学教育一样在教育的发展中有着重要的地位。20 世纪 30 年代初，旨在推动科学下嫁、科学普及的科学化运动兴起；同时，作为在中国科普史上有重要历史地位的一个较早的科普组织——中国科学运动协会成立，在科普方面开展了比较多的活动，为推进我国科学知识、科学精神与科学方法的普及做出了重要贡献。然而，我国科学普及毕竟兴起较晚、起点较低、基础较差，虽然经过科学运动协会的努力，民众科学教育有一定的发展，但推进依然缓慢。在 1947 年七科学团体联合年会（主题为"改进我国科学教育之途径"）的专题讨论会上，就有人提出："我国目前的民众教育，只有几张报纸可看，在科学教育方面的设备等于虚设。欧美人一般都是具备相当的科学常识，尤其是汽车，无线电等实际的知识，在这方面，我国人民的科学常识是太贫乏了。所以普及民众的通俗科学亟须提倡。"② 就国民政府这一时期来说，如何普及推广科学，探索更加丰富、有效的方法成为发展特征。与学校科学教育相比，如果说，学校正在进一步探索质的提高的话，那么，民众科学教育仍处于量的发展阶段。

30 年代的科学化运动为科学普及探索了一些有益的方法。1948 年两本民众科学教育方面的专著——《民众科学教育》③，对民众科学教育的实施原则、方法做了系统的阐述，所涉及的方法范围包括了科学运动协会所做的尝试，可谓民众科学教育方法的集大成者，因而，书中关于民众科学教育发展的方法论是最有体系与代表性的。

1. 民众科学教育的方法论

（1）举行展览　展览，顾名思义就是将展览品在某一地点按一定的顺序或类别进行展示。对于展览的作用，寿子野说："展览的作用，在以现实事物的罗列，使人们由直觉的观察，以引起对于事物的认识和注意，以培养爱好

---

① 徐允昭. 小学里的科学教育. 四川教育,1947,1(4)
② 改进我国科学教育之途径——七科学团体联合年会专题讨论摘记.科学画报,1947,13(11)
③ 寿子野、武可桓分别编著，书名均为《民众科学教育》。

事物和研究事物的兴趣。"① 由于实物具有具体生动性，便于观察的特点，因而对于许多识字都困难的民众来说，这无疑是非常好的进行教育的途径。而展览的物品主要有这样几类：一是关于自然现象方面，比如四季变迁图、月球表面望远镜观察图、防霜方法的说明图等；二是关于生活需要类，比如花的受粉图、蔬菜害虫的标本或挂图等；三是关于卫生知能方面，比如各种生理挂图或模型、各种救急挂图、各种病菌图等。② 由此可见，展出以挂图、图片、模型等为主。对于展览品的来源，寿子野没有做过多的描述，只称其为"材料以自制或搜集为主"，而这方面，武可桓则做了详细介绍，他认为物品可通过采集、制造、选购、交换、赠品、借品获得，同时在获得过程中注意谨慎选择、经济等原则，此外还注意对展览品的管理，要进行登记、编著目录、编号分类、标注标签说明等。③

武可桓还将展览分为固定展览、中心展览、流动展览与临时展览。对于中心展览，他认为："为使一般民众对于某一种科学，获有系统的全盘的认识与了解，应举办各科中心展览，如国防科学展览，卫生展览，科学生产展览及科学现象图说展览等。"④ 这种中心展览实际上是专题展览，就某一主题进行系统展览。还有流动展览，流动展览就是在固定展览与中心展览基础上，将全部展览品运送到施教区内各乡镇举行流动展览。临时展览，其目的"在将某种特殊知识灌输于观众"，"每次展览物品仅限于一小范围内。如自然界某件大事（日食、地震等），科学界某种原理或事实……"⑤ 因而，临时展览或者是自然现象，或者是科学界的新发明等具有一定针对性的展览。

由以上思想可以看出，该时期对展览这一重要手段已经形成了比较成熟、完备的方法论。在论述这一方法时，对如何操作都有比较具体的介绍，不是停留在泛泛而谈的层面上，因而具有较强的现实意义。这一方法在20世纪30年代，科学运动协会就积极推广之，"1935年6月在北平中山公园堂举行通俗科学展览会。展览物品共有4000余种，分理化、医药、土木工程、光盘、电机、高压、地质、无线电8组，……。在9天的展览中，参观者达80000人次"，⑥ 说明这一方法具有很强的实效性。

（2）利用实验的方法　利用实验来开展民众科学教育有其必要性。寿子野认为："科学教育，重在真理的显示，故有些材料，非展览或演讲所能达到

①　寿子野.民众科学教育.上海：商务印书馆，1948.124
②　同①
③　武可桓.民众科学教育.上海：商务印书馆，1948.48
④　同③，第56页
⑤　同③，第57页
⑥　彭光华.中国科学化运动协会的创建、活动及其历史地位.中国科技史料，1992，13（1）

目的，必须用实验的方法，印证事实，使民众获得深刻的印象，浓厚的兴趣，以启发其创造力。"① 进行实验是科学教育本身的特点之一，同时由于其直观的优势又可以给民众以深刻的印象、激发起浓厚兴趣，培养观察力、创造力等，因而是一种有效的方法。武可桓主张在实施民众科学教育的机关②设置实验室，包括物理实验室、化学实验室以及生物实验室等，以供民众和学生之用。对于实验设备，应与中学实验设备一致，进行实验时由"研究部职员或学校教员担任实验指导"。③ 在这些实验室中，也要陈列一些物理、化学等学科的挂图、生物标本等。所进行的实验主要包括各理科实验，如植物根吸取水分实验，肥料的渗透作用实验，热空气上升实验，获取氧气的"大放光明"实验等。④

在重视实验方法合理性和有效性的同时，也注重从中学实验中吸取经验，按中学实验设备配备仪器，让中学教员参与到实验指导中，也面向学生开放，对学生来说，这无疑会弥补中学实验不足的状况，有利于改善中学的科学教育。

（3）集中教育、学习的方法　此方法主要是采用科学讲演、科学训练班、民众学校等形式来进行民众科学教育。它主要是把受教育者集中到一定地点来进行，人员相对固定。

1）科学讲演：关于科学讲演及目的，武可桓认为："民众科学教育事实机关，应设置讲演室，定期举行通俗科学讲演，用浅近的语言，向民众讲解或说明日常生活上之科学知识。科学讲演的目的有三：（一）使一般民众彻底了解生活上必具的科学常识和科学上应用的技术。（二）改变一般民众的乐天知命不合理的观念，而培植出合理的人生观。（三）铲除抱残守缺愚而好自用，有病请巫婆信符法的一切陋习。"⑤ 武可桓将科学讲演的实施者、实施对象、实施内容以及实施目的均做了说明。他还将讲演按实施上的不同，分为定期讲演，即按季节规定每周讲演若干次；临时讲演，即不规定日期，按事

① 寿子野. 民众科学教育. 上海：商务印书馆，1948.134
② 科学馆是实施民众科学教育的主要机关。在 1941 年 2 月，国民政府教育部制定《省立科学馆规程》，8 月复订定《科学馆工作大纲》，1946 年《省立科学馆规程》修改为《科学馆规则》，省立科学馆工作大纲修改为《科学馆工作实施办法》，先后颁布实施。国民政府教育部也令限于 1942 年各省市至少应设置省立科学馆一所。在科学馆成立以前，比如故宫博物院、古物陈列所、历史博物馆可以看作是实施民众教育的重要机构，但是入场券较贵，限制了其作用的效度。各地后来也有通俗教育馆，民众学校，民众教育馆，及中心国民学校等，均把科学教育列为工作之一，但无统一规定，成绩一般。（见武可桓著《民众科学教育》，商务印书馆 1948 年版，第 25 页）。
③ 同①，第 61 ~ 63 页
④ 同①，第 134 ~ 135 页
⑤ 武可桓. 民众科学教育. 上海：商务印书馆，1948.74

实的需要，在临时地点举行；固定讲演，即固定在某地举行讲演；巡回讲演，即组织巡回讲演队分赴各地举行讲演；室内讲演，即在房屋以内的讲演；露天讲演，即在旷野中举行的讲演；化妆讲演，即把所讲的内容用演员化妆各种人物，以戏剧的形式、表演的态度去讲给民众听。由于这种通俗讲演的形式不受文字的限制，对大多数是文盲的民众来说，无疑是一种很好的形式。

2）举办科学训练班：科学训练班主要是由实施民众科学教育的机关举办，以培养民众或者学生初步的科学常识。比如可以举办"标本制作班"、"无线电班"、"科学游戏班"、"养蚕班"等等。个人可以自由选择，每班要有有经验的教师负责指导，各班按每学期展览，择优奖励。①

3）办理民众学校：民众学校是实施社会教育的重要机构。因而，对民众进行科学教育就可以利用民众学校来开展。主要方式是用科学材料作为施教的内容，以起到科学教育的效果。不过科学材料的选择要经过预先准备，材料要同实际生活相联系。演讲所用的语言要平实、通俗易懂，做到深入浅出，必要时要利用图画来辅助说明。②

（4）利用传媒的方法　即利用科学电影、科学幻灯片、科学广播、科学画报、科学刊物等传播媒介来开展民众科学教育。这一方法，在 20 世纪 30 年代就已成为较常用的手段，有良好的实践基础，例如"（中国科学化运动协会）总会从 1933 年 7 月到 1936 年 7 月（以后因电台方面的原因计划未能继续）陆续在中央广播电台举行科学化广播演讲"③。

1）科学电影、幻灯及科学广播：科学电影与幻灯的有趣性，可以调动民众的积极性。寿子野引用教育家舒新城的话说："在幻灯及电影方面，我们预期可能引起观众的兴趣，因为从心理上的分析，凡属动的东西均能吸引人，而活动能直接予人以具体的观感，同时又与生活经验相接近，则更能引人注意。幻灯所反映的虽属静片，但片中内容为灌输极平常的卫生常识、注音符号等，有图画，又有浅近的说明文字，均易为一般民众所了解，故大家看来都感兴趣，而且无形中受了许多教育。而电影方面，我们自制的影片，是专为教不识字的民众用的，……"④ 可见，利用电影和幻灯开展科学教育是比较有效的。武可桓也认为这是不受文字限制并且施教范围广大的一种好方法。

科学广播就是利用广播的特点，"把民众的听觉范围扩大，它是扩张科学宣传的最有效工具。"⑤ 采用民众科学教育机关同当地电台联络合作的模式，

---

① 武可桓.民众科学教育.上海:商务印书馆,1948.76

② 同①,第 78 页

③ 彭光华.中国科学化运动协会的创建、活动及其历史地位.中国科技史料,1992,13(1)

④ 寿子野.民众科学教育.上海:商务印书馆,1948.145

⑤ 同④,第 80 页

定期做科学广播，其内容比较广泛，也可以鼓励民众到科学馆参观。

2）张贴科学画报，发行通俗科学刊物：张贴科学画报的方法也是根据广大民众的特点来实行的。武可桓认为，民众中不识字人口太多，因此文字在民间宣传的效力远不及图画，所以推广民众科学教育可以利用图画来推行。至于推行的方式，他认为画报的材料选择要适当，图画要线条简单，为提高兴趣还可以加上色彩，要在民众时常聚集的地方按期张贴①。

对于民众科学通俗刊物，武氏认为，它也是灌输知识的重要工具之一，是大众的精神食粮。过去的民众通俗读物许多是描写鬼怪迷信、升官发财、个人享乐、荒诞无聊的东西，读了令人颓废。教育当局应该对之加以取缔，而推广科学通俗读物，能养成民众科学的思想②。对于刊物的内容，寿子野认为首先要做到了解民众的文化程度、心理以及需要；其次刊物的内容须有教育意义，写科学读物的人尤其要避免崇洋媚外，"长他人志气，灭自己威风"，要具有自强的精神③。

（5）注重施教人员素质的培养与提高 民众科学教育需要相应的人才来推进。"（民众科学教育）不是任何人都可以来滥竽充数的。同一科学教育机关，得其人则事并举，不得其人，则终年亦无所事事，所以民众科学教育的根本推行和不断的改进之责任，完全在从事民众科学教育人员身上。"④ 人才素质的高低影响到民众科学教育的成败。

实施民众科学教育的人才应该具有哪些素质呢？武可桓认为：首先是身心方面素质，要有强健的身体、不倦的精神、和蔼的态度和科学的习惯，无不良习惯，有进取心；其次是学识方面，于科学原理与教育方法要有深澈的研究；对于成人及儿童的心理学与生理学要有深澈的研究；再次是要有起码的科学知识⑤。但是，"我国科学教育专门人才训练机关甚少"，因而就很有必要通过培训方式满足需要。武氏主张科学馆是推行民众科学教育的主要机关，应协助教育行政机关办理民众科学教育人员进修与训练工作，培养民众科学教育实用人才，传习民众科学教育实施方法与科学技能，完成普及民众科学教育之任务⑥。

2. 民众科学教育方法论的特点

（1）有较强的实践基础 科学教育方法论思想是应实际需要而产生的。

---

① 武可桓.民众科学教育.上海:商务印书馆,1948.78~79

② 同①,第72~73页

③ 寿子野.民众科学教育.上海:商务印书馆,1948.

④ 同①,第85页

⑤ 同①,第87页

⑥ 同①,第86~87页

20世纪30年代，科学大众化运动轰轰烈烈地开展，在科学界知识分子们对科学应该下嫁、科学应该普及的问题上形成了共识后，如何将科学下嫁，如何将科学真正落实到实践中去便成为一个现实而又紧迫的问题。同时，由于民众科学教育发展得极为缓慢，"仅有几份报纸而已"，在这种条件下开展民众科学教育，就更需要探索合适的方法。可以说上述思想既是应需要产生，又是对实践的总结。比如科学演讲、科学展览、科学教育电影、科学广播、民众学校等，在30年代科学大众化运动中不断经受实践的检验。"1934年3月至1936年7月北平分会约请北平市各大学教职员及各机关专门学者，担任通俗科学讲演，共113次"、"1935年6月在北平中山公园堂举行通俗科学展览会。……。在9天的展览中，参观者达80000人次"、"1933年7月到1936年7月陆续在中央广播电台举行科学化广播演讲"等等，均证明了此类方法的成功。

（2）注重从广大民众的心理以及民众科学教育的实际出发　寿子野在民众科学教育的实施要则中提到："要适合民众心理和从实际事业上施教。科学教育负有改善民众生活的责任，一般民众，思想是最现实的，若与他们无关的事业，或平淡空洞的理论，大概难以使他们来受教的。一定要适合心理和从实际生活上有关的事业上施教，才能达到科学教育的目的。"[1] 强调民众有其心理特征与实际状况，对他们进行教育就要符合其心理需要及从他们关心的事业入手。方法中也体现了这样的思想。例如电影、画报、广播等都是能引起广大民众兴趣的手段，而施教内容又比较切合实际，从民众关心的事业入手，比如如何防治病虫害、如何讲究卫生等，避免空洞的说教。这些都体现了从民众实际出发的特点。

（3）重视直观、通俗　这一时期的方法论思想，比较注意从听、看上来灌输，比如，广播讲演重在听，而展览、电影、画报、幻灯则重在看，方式比较单一，是典型的灌输式的。一方面，社会发展阶段的生产力水平比较低，科学技术发展水平低，经济落后，决定了这一时期科普手段发展的特点。另一方面的原因就是当时民众的特点。如前所述，民众当中存在大部分的文盲，知识水平低，也迫使在面向他们进行科学宣传时尽量保持宣传手段的直观与通俗，以更好地达到科普的效果。此种直观、通俗的科普手段将趣味性和科普的有效性结合起来，将科普内容深入浅出、形象的展现，使科普对象在耳濡目染中受到熏陶教育，在当时社会条件下无疑会产生积极的作用。由于其传播的有效性与广泛性，此种科普手段在当时来讲其合理性毋庸置疑，即使在今天依然有重要价值。

---

① 寿子野.民众科学教育.上海:商务印书馆,1948.123

四、国民政府时期科学教育思想的特点

与"五四"时期相比，国民政府时期同样有着丰富的科学教育思想，同时又在历史发展过程中呈现出自身的鲜明特点。

（一）与"五四"时期相比，对科学、科学教育方法论的探索是这一时期科学教育思想的主要特点

从1915年开始的新文化运动到1927年国民政府成立以前的这段时间，如果说科学教育思想是以科学思想的启蒙、传播与对科学教育价值认识为主要特点的话，那么国民政府时期则重在科学、科学教育方法论的探索。"五四"新文化运动一开始，就提出了科学的口号，就是要用科学改变愚昧、改变旧思想，达到科学的启蒙。尽管1919年前后，新文化运动倡导者大力提倡"德先生"与"赛先生"，但是"国人乃至上流社会对科学了解之可怜令人咋舌"①，许多人对科学持怀疑态度，1923年发展为围绕科学能否解决人生观问题的大讨论。在"科玄论战"中，正如李醒民所讲的那样："玄学派之所以站在反科学的立场上，主要还是对科学的精神价值的文化底蕴一无所知或缺乏了解。"② 这些说明国人对科学了解还非常少，所以科学的传播成为当时科学界的先知先觉者担负的重要任务，而此时的"科学教育才开始在各级学校落脚③。虽然"到'五四'新文化运动时期，学校科学教育体制已基本形成。但科学教育体制在形态上的确立并不反映社会对科学教育价值的普遍认同，人们对待科学和科学教育的观念上还存在分歧甚至严重偏见。"④ 在科学教育的价值认识问题上，人们没有达到统一的程度，许多人还对科学教育持排斥的态度，"如1923年吴佩孚曾这样对武昌的教师训话："你们办学校，应当教忠教孝，怎么样说适应现代的潮流？中国的教育与外国的教育，原来不同。外国的教育，就是声光化电；中国的教育，就是礼义廉耻。高等师范理化都不应当要。不读经书，学这些事情，有什么用？不过在乡间去变把戏，或者制些药品害人罢了。"⑤ 但是更多人还是对科学教育持肯定态度，尤其如任鸿隽等科学家。随着科学的传播，人们对科学的了解增多，对科学教育的价值认识也逐步改变，科学教育的观念渐入人心。

随着科学的传播，进入国民政府时期，人们对科学的认识逐步深入。人们对科学宣传与认识达到相当程度的标志性事件当为30年代兴起的科学化运

① 李醒民.科玄论战的主旋律、插曲及其当代回响.北京行政学院学报,2004,1
② 同①
③ 同①
④ 滁.军阀重轭之下的湖北教育.民国日报(副刊《觉悟》),1923－04－17
⑤ 同④

动。旨在以达到"文化、社会和人类"科学化的运动全面展开，使"科学与国民经济建设的关系密切并不可分割的道理已逐步为各阶层人士所接受，他们自觉地、有目的地学习有关的科学知识，并积极地在本系统中推广运用所学到的知识。"① 其使命为：以科学的方法整理中国固有的文化；以科学的知识充实中国现在的社会；以科学的精神广大中国未来的生命。这样的使命表明了人们对科学认识的高度。因而，与"五四"时期相比，类似"科玄论战"式的针对科学的讨论在国民政府时期再也没出现过，"科学已不必再为自身而战了"，② 代之而起的是科学化运动，"科学化"的口号。这种对科学价值认识上的提升，使新的使命摆在他们面前，那就是如何发展科学、应用科学。科学的作用又终归落实到科学教育所培养的人才上来发挥。科学教育在实际开展中却步履沉重：学校科学教育中教师整体素质很低，教材质量较差且不适合本国国情，实验设备匮乏导致实验课几乎没有开展，教法陈旧、落后，课程标准呆板等问题存在；民众科学教育则起步晚，发展缓慢。上述问题迫使科学教育专家们考虑寻找解决问题的方法，提出了比较系统的方法论，例如，学校科学教育应改善教师待遇，开发"校本课程"，注重因材施教，扩充设备，保障实验教学；民众科学教育则有较成熟的成果——《民众科学教育》，详细阐发了方法论思想。而方法论思想在五四时期几乎"无人问津"，这就使国民政府时期的科学教育方法论思想俞显突出，成为其发展的特点。

（二）民众科学教育思想的兴起、发展是这一时期科学教育思想发展的另一新的主线

如果把学校科学教育方面的思想发展看作一条主线的话，那么民众科学教育则是与之并行的另外一条主线。学校科学教育的思想发端于"五四"新文化运动时期，特别是 20 年代充分发展起来，一直延续到国民政府时期，成为科学教育思想的主要组成部分。国民政府以前的历史时期，虽然社会教育已经兴起，但是社会的民众科学教育并没有发展起来。究其原因，是科学教育兴起较晚，而民众科学教育又落后于学校科学教育，并且刚兴起的"科学教育只限于门墙之内，未能普及一般民众，促进科学大众化"③，使民众科学教育思想相应落后于学校科学教育思想。因而在"五四"时期的科学教育思想中，关于民众科学教育方面的观点、论述是几乎看不到的。

民众科学教育思想是伴随着 20 世纪 30 年代科学化运动而兴起的。科学

---

① 刘新铭.关于中国科学化运动.中国科技史料，1987，8(2)

② [美]郭颖颐.中国现代思想中的唯科学主义(1900～1950).雷颐译.南京：江苏人民出版社，1990.12

③ 民国教育年鉴(第二次).台北：宗青图书公司，1991

化运动的目的就是要达到科学社会化和社会科学化，就是要使科学知识社会化和普及化，改变那种科学仅仅局限于少数人的状况，用科学的知识武装民众，从而达到科学知识的应用，用实事求是的科学精神去改变落后愚昧的思想，用科学的方法去改进生产与生活，达到事半功倍的效果。因此，"一批科学家、教育家和技术专家们在二、三十年代的中国社会中首先喊出'中国的社会需要科学，需要科学化'的口号并为之付诸实际行动"①。民众科学教育虽已兴起，但发展缓慢。进到 40 年代末，有人对民众科学教育的效果这样描述："这种科学运动自提倡以来，迄今二十余年，而我国民众的科学知识和科学基础，仍旧是贫乏和脆弱，没有达到理想中应有的科学程度。"② 可以说，民众科学教育还处于量的积累阶段。正是这种民众科学教育发展步履维艰的境地，促进了民众科学教育思想的激荡，民众科学教育思想围绕如何发展民众科学教育这一核心命题积极展开，到 1948 年以两部《民众科学教育》专著出版标志着民众科学教育思想发展到相对完善的阶段。

（三）科学教育的社会救亡价值再次得到强调，一度达到"救亡压倒启蒙"

洋务运动时期，在对科学的理解，对科学教育的价值认识问题上，顽固派与洋务派有严重分歧，"顽固派否认科学教育在社会救亡意义上的工具价值，而洋务派则认同科学教育的这一工具价值取向"③。国民政府时期，在对科学价值认识问题上，也突出了科学教育的社会救亡的工具价值。这与其历史背景有莫大关系。20 世纪初，特别是"五四"新文化运动时期，科学的启蒙与传播使科学教育"从单一纬度的价值取向到多元纬度的价值取向"④，知识分子们除了认同科学教育的社会救亡价值外，也认同科学教育对人们思想的启蒙，特别是科学教育在驱除迷信，改造个人生活方面的价值得到强调。可以说，人们对科学的讨论与对科学教育的讨论更多的是关注科学教育的精神价值取向。

进入国民政府时期到 30 年代初，日本发动的侵华战争使中国处于亡国的关头。为挽救国家危亡，知识分子们喊出了"科学救国"、科学教育救国的口号⑤，刘咸说："现代战争纯为科学战争，而战争科学，乃应用自然科学，尤其物理科学中之声，光，化，电各科门之最新发明，以巧妙之工匠制成杀人

---

① 刘新铭. 关于中国科学化运动. 中国科技史料,1987,8(2)

② 赵曾珏. 科学与技术. 上海:中华书局,1948

③ 刘德华.20 世纪前后我国科学教育的价值取向. 教育评论,2003,1

④ 同③

⑤ 刘咸. 科学与国难. 科学,1935,19(2)

利器，用以向不人道之途径，发挥其伟大威力。"[①] "1936 年以后，科普教育思潮转入新的演进时期。……从思潮演进目的看，这一时期科普教育，无论理论建设和实践推进，全以服务民族战争为其中心"。[②] 利用科学、科学教育来救亡又成为急迫的任务，新的特定历史背景下"旧"的价值取向的再度被突出，正如当代思想史家李泽厚所说："救亡压倒启蒙"[③]。与洋务运动时期相比，这一时期人们对科学教育的价值认识更加深刻，不再局限于单一的工具价值，只是在国家危亡的时候，这种多元价值取向中的救亡价值取向又凸显出来。

① 刘咸. 科学战争与战争科学. 科学,1936,20(7)
② 王炳照、阎国华主编. 中国教育思想通史.（第七卷）,长沙:湖南教育出版社,1994.223
③ 李泽厚. 中国现代思想史论. 天津:天津社会科学院出版社,2003.9

结　语

从鸦片战争到中华人民共和国建立，前后历时百余年，在学习西方、风气渐开的过程中，中国近代科学技术教育从无到有，科学教育思想也从破土萌芽渐趋向自身的完善并为科学教育思潮铺下基础。反思该时期科学教育思想的发展，受启良多。

（一）科学教育思想离不开其承载者——人

人，既是科学和科学教育思想的传播者，又是科学和科学教育思想的接受者。"思想"的产生和发展离不开人的因素，《汉语大词典》中关于"思想"词条的解释之一就是："客观存在反映在人的意识中经过思维活动而产生的结果或形成的观点"[①]。可见，科学和科学教育的主张必须被人接受，并经过人的大脑思维活动，内化成为自身的观点才可称其为这个（种）人的思想。当持有某种共同思想的人的数量达到一定社会规模时，这种思想就会发展成为一种社会思潮——"在一定时期内反映一定数量人的社会政治愿望的思想潮流"[②]。

清末科学教育思想的发展与持有和主张科学教育思想的人的数量增加是密不可分的。中日甲午战争以前，接受和传播近代科学的新知识分子群体在人数和力量上十分有限。根据桑兵在《晚清学堂学生与社会变迁》中所作统计：到中日甲午战争，中国人开设的新学堂不过 25 处[③]。即使我们把西方传教士在中国开设的教会学校包括进去，其数量也极其有限：到 1890 年，全国基督教会学校学生数达 16836 人[④]；到 1900 年义和团运动前，天主教会学校学生约在一万一千余人，多为小学程度，且多分布在沿海七省[⑤]。相比较之下，传统知识分子的数量和实力要强大许多，按照康有为的算法，"吾国凡为县千五百，大县童生数千，小县亦复数百，但每县通以七百计之，几近百万

---

①　汉语大词典编辑委员会汉语大词典编纂处编. 汉语大词典（第 7 卷）. 上海：汉语大词典出版社，1991. 444

②　同①，第 445 页

③　桑兵. 晚清学堂学生与社会变迁. 上海：学林出版社，1995. 2

④　熊月之. 西学东渐与晚清社会. 上海：上海教育出版社，1994. 291

⑤　陈景磐. 中国近代教育史. 北京：人民教育出版社，1983. 66

人矣"①。由此可见，两股相对力量的实力之悬殊，难怪费正清感叹："甚至在十九世纪六十年代动乱的十年中，深信需要西方技术的士大夫毕竟不多，而传统的文化准则的控制力量仍像过去那样强大"②。

而在整个清末科学教育思想发展过程中，新旧知识分子的人数比例是在不断变化的，新式知识分子数量不断增加，旧式知识分子人数不断减少，尤其在科举制度被废除以后，新式学校教育得到空前发展，传统旧学教育不断萎缩，到1909年，光是新式学堂在校学生的数量就已经达到1639641人③，这也体现了两个群体在力量对比上的转化。这种人员力量的对比转化，为科学教育思想在民国后汇聚成潮打下了基础。

（二）思想的变化离不开知识基础的变化

当代历史学者葛兆光认为："知识的储备是思想接收的前提，知识的变动又是思想变动的先兆"④。笔者也很赞同这种观点，因为知识背景的变化往往是时代思想变化的源泉，而不同时代的思想话语又往往表述着不同时代人们所掌握的宇宙和社会的知识。

不同时期的知识分子所具有的关于近代科学知识的储备情况，外显为不同时期具有这种知识储备的知识分子的数量和科学知识的质量。鸦片战争期间的龚自珍、林则徐、魏源等人与洋务运动时期的曾国藩、左宗棠、李鸿章等人以及维新时期的康有为、梁启超、严复，他们有关近代科学的知识储备，无论从结构上还是质量上显然都大有不同，这体现在科学教育思想上，当然就表现为他们的主张各有其时代特点：从注重技艺的学习到主张较为全面的学习近代科学；从只注重培养应时济世的洋务人才到以"开民智"为要旨；从只重视知识学习到讲求科学教育方法等等。

可见，科学教育思想的演变离不开科学知识的变革这一基础，研究百年科学教育思想的发展也必然与该时期科学的发展密不可分。

（三）科学教育思想应以培养学生的创造精神为核心

求新、创造是科学的特征之一。中国传统的教育中一方面主要以伦理道德为着眼点，主要强调自我的学习和修身，一贯主张向古人学习，缺乏近代意义上的科学知识内容和重视科学创新的传统；另一方面由于明清以后八股取士在结构和内容上的程式化和空疏无用，导致中国传统教育必然忽视学生的创造性培养。所以中国学生年幼时活泼、好奇等天性，随着年龄成长，接

① 康有为"请废八股试帖楷法试士改用策论折"，陈学恂主编.中国近代教育文选.北京：人民教育出版社，2001.104

② ［美］费正清编.剑桥中国晚清史（上卷）.北京：中国社会科学出版社，1985.543

③ 陈景磐.中国近代教育史.北京：人民教育出版社，1983.271

④ 葛兆光.知识史与思想史.读书，1998，2：134

受学堂教育以后反而逐渐被扼杀了。

这些情况显然与社会需要和科学教育的要求相去甚远，也直接影响到科学教育所培养出来的学生是否真能造福于社会和国家。如前文中引文所述，当时一直有人批评学校中的这种现象：

"今之为教师者，教授生徒，率主朝读与暗记。夫教育之要旨，固不重法式而重活泼儿童之性情，使之多增趣味也。反复之练习过多，往往因一二学生未能理会，屡为无用之说明；一生朗读，他生不得不静以待之，空费时间；生徒转无自行研究之余暇，徒令教师木立于上，成为听诵之人而已。"①

近代著名教育家马相伯更是特别重视儿童创造力的保护和发展，他指出，为了培养中国科学建国的人才，必须爱护"儿童的好奇心和好动的倾向，以及时时发问的兴趣"，要"十分小心地培养儿童的幻想力，利用他们这种幻想力发展他们创造的天才"；因为"富于幻想力的儿童便是他的天才之萌芽!"②

（四）科学教育的发展需要有一定的制度保障

科学教育的发展是受制度因素制约的。"科学必须受到现存政治社会体制的尊重和鼓励，亦即现存的政治社会体制必须能够把大量的聪明才智吸引到科学事业上来"③。

清末科学教育的发展明显地体现了这一状况。早期，中国传统的文化心态还没有根本改变，世人大多对从西方而来的近代科学持鄙夷或仇视心态，更谈不上科学教育了。科学教育事业没有制度保障，举步维艰、蹒跚前行，全靠朝廷当权者审度当时情势和自己一时的心意而定，比如19世纪60年代中期同文馆的争论以及70年代撤回留美学生的事件，都是极好的体现。当20世纪初中国的教育出现制度化趋势，颁布现代化的学制并最终废除了科举考试制度以后，科学教育和科学教育思想的发展步伐明显加快，接受、认同、学习科学已成为社会常态，学校科学教育与前期相比成效显然。

（五）科学教育的价值包括实用价值和精神价值

为巩固科学教育在近代整个教育系统中的合法地位，"五四"先哲在宣传科学教育的功能时凸显了科学教育两种价值。一方面是科学的实用价值，认为科学知识具有发展生产、满足人们生活需要的作用，而且这种作用会越来越大。另一方面是科学的精神价值，他们意识到科学教育能激发人的情感和想象，在心智的培养上，既可以训练人的独立判断思考能力，又可以促进良好个性品质的形成与发展，影响到人生观。这是"五四"先哲对科学教育化

① 小学教育之评论(再续).申报,1910－6－16.上海书店,1983,影印版,106.748
② 杨际贤,李正心主编.二十世纪中华百位教育家思想精粹.北京:中国盲文出版社,2001.20
③ 何兆武.文化漫谈.北京:中国人民大学出版社,2004.74

所做的努力，对今天如何宣传科学教育仍有借鉴意义。

当前，科学教育的社会生产力价值日益凸显，但是目前科学教育的发展还不能适应社会现代化建设的需要。例如有人指出我国中小学课程设置的总体方案："严重脱离中国各地经济文化发展极不平衡的实际，极不适用社会主义建设，特别是农村经济发展的需要。"一些主要学科如数学、物理、化学等科的教学大纲虽几经调整，"但仍然一直存在内容偏多、偏难、偏深，教学要求偏高等问题。……一些学科的内容比较满，许多适应现代科技发展和现代化建设所需的知识难以再吸收进来。""数学、物理、化学等学科的理论偏深，难度偏大，适应性较差，知识面偏窄。"[①] 从中可见，中小学科学教育过分重视符号世界而轻视学生的生活世界；偏离了社会生活实际，不能达到学有所用；知识的更新速度缓慢，无法跟上科技的发展步伐。除此以外，在科学教育的过程中，科学精神的培养和科学态度的养成长期被人们所忽视。直到今天，在我国中小学教育中，科学教育事实上也仍然只是科学知识教育，在内容上以知识为主，相应地"在方法上是以传授、灌输为主，在对教与学的质量评价上，是以学生掌握和积累知识的多少为标准"[②]。

当前科学教育中存在的问题是有其深刻的历史原因和文化背景的。一方面，功利性的价值取向导致了人们对科学教育的片面性认识。长期以来，科学教育地位的提升是与科学及其现代技术所产生的巨大经济效益相关联，科学从教育的边缘走向教育的中心，其主要推动力在于科学的功利性价值。作为科学成果的表现形式——科学知识成为科学教育传授和学习的重心，而科学活动中所内含的理性精神、求真意识、批判精神、创新意识等精神价值在巨大的功利性价值光环映射之下被人们忽视。另一方面，人们对待科学的非科学态度也是科学教育的精神资源长期被隐蔽的原因之一。近代科学在中国起初是遭到无知的拒斥，被贬为"奇技淫巧"，继而被急功近利地接纳和学习，到了新文化运动前后，在对传统体制及文化的全面批判中，科学又被过度尊崇，甚至被错误地奉为信仰。科学精神所蕴涵的怀疑意识和批判理性就这样在科学艰难的发展过程中一次又一次的失落，非但没有树立起科学理性的权威，反而形成对科学的盲目信仰，致使我国的科学教育在相当长的一段时间里一直是用非科学的态度来对待科学及科学教育，"对标准答案的一味追求、对群体一致性的盲目崇尚以及对个性和创新精神的压抑等等，都是科学

---

① 马立.中国中小学的课程设置和改革.中国教育国际交流协会等单位主编.课程发展与社会进步——国际研讨会文献.北京:人民教育出版社,1992.8

② 曲铁华,梁清.我国普通中学课程近代化与科学教育反思.教育理论与实践,2005,6

教育中客观存在的非科学因素"①。诚如德国哲学家、教育家雅斯贝尔斯所说：科学精神被遮蔽的深层原因，那就是"对科学的盲目信仰和普遍的迷信"。"目前整个世界上弥漫着对科学的错误看法。科学享受着过分的尊重，由于现实生活秩序只有通过技术才得以治理，而技术则通过科学才成为可能，所以，在这个时代里人们产生了对科学技术的信仰。但是，科学的本真意义被遮蔽，人们仅仅钦佩科学的成就，并不明白科学的奥义。因此这种盲目的信仰只能变成迷信。"② 美国教育家杜威也深刻地指出："科学已经改造了外在的生活，但却几乎没有触及人类活生生的思维和个性。"③ 学生学习科学主要是为了谋得生存的技能，教育者的目光也不再停留在促进儿童身心的全面发展，而是为了让儿童成为一个储存知识的容器。

中国共产党的十六届三中全会提出了"坚持以人为本，树立全面、协调、可持续的发展观，促进经济社会和人的全面发展"的科学发展观。科学发展观的提出决不仅仅针对经济发展中的问题，教育领域的问题也包括在内。教育既有为社会建设服务的义务，也有促进学生身心健康发展的责任。因此，科学教育的改革既要考虑到社会的生产发展的需要，也要重视学生精神世界的发展，这是科学教育改革的必然趋势。

（六）科学教育要在科学探究活动中培养学生的科学精神、科学方法

针对清末"新教育"有科学课程而无科学精神、科学态度及科学方法之弊端，"五四"先哲提倡多维度的科学教育，将科学知识、科学方法、科学精神视为科学教育的三位一体，尤其重视科学精神与科学方法的培养。科学教育的目的除了提供系统的知识以外，还应有效地传授过去和将来用以探索及检验这种知识的方法。《学会生存》一书指出："如果学生不了解知识是怎样获得的，如果学生不能够以某种方式亲自参加科学发现的过程，就绝对无法使他充分了解现有科学知识的全貌。""掌握科学思想和科学语言，像掌握其他思想与表达思想的手段一样，对一般人来讲，已成为必不可少的了。但我们不能把这一点理解为积累一堆知识，而应理解为掌握基本的科学方法。"④ 同时，不把握科学精神就不会知道科学的本真意义，科学内在的精神资源是科学的生命活力。因此，即使学生将来不从事专门的科学研究，但掌握科学的探索方法，在日常生活中坚持科学的态度都是必须的。

科学教育的一个显著特点在于它具有探索性。科学教育不能光靠读几本

---

① 曲铁华，梁清. 我国普通中学课程近代化与科学教育反思. 教育理论与实践,2005,6
② ［德］雅斯贝尔斯. 什么是教育. 邹进译. 北京：三联书店,1991.142
③ ［美］杜威. 新旧个人主义：杜威文选. 孙有中，等译. 上海：上海社会科学院出版社,1997.169
④ 联合国教科文组织国际教育发展委员会编. 学会生存. 北京：教育科学出版社,1996.185

书、记几个概念、背几条定律就可以学好的，它需要学生的亲身参与、动手去做，从做中学，这样才有可能达到理想的学习效果。在当今的教学实践中，长期受到"特殊认识论"的局限：认为学生的学习离不开教师的指导；学生学习的对象是间接经验，学生不是科学研究者，不必像科学家那样去亲自探索而直接获取经验；学生的学习活动应该是有目的、有步骤、有组织地进行，教师为此要制定详细周密的计划方案，整个科学教育活动应该按部就班；学生在学习科学的过程中要尽量避免少走科学探索过程中的弯路，让学生在尽可能少的时间里学到更多的科学知识，达到某一领域的最高认识水平。这看似美好的"愿望"，却是以牺牲学生主动探索科学的乐趣、失去培养学生科学精神和科学方法的机会为代价的。"科学知识是科学研究活动的结果，在科学课程中是显性的，而科学方法和科学精神在科学课程中是隐性的，它们只有在科学探究活动的过程中才展现出来。当科学教育过分强调从科学研究世界获取结论性知识，并在'教育学'的指导下，将科学结论以绝对正确的、完美的知识形态通过教师的传授呈现给学生时，科学方法与科学精神方面的教育资源就不容易转化为学生的精神财富。"[①] 只有在科学的探索活动中，学生才有可能真正学会如何运用科学方法，真正体验什么是科学精神，"科学研究世界是科学方法和科学精神活化和显现的场所，对科学研究世界的遗忘，也就是忽视了科学方法和科学精神维度的教育及其对人的发展价值。"[②] 因此，我们要多方面多途径地从科学的探究活动中去获取科学知识以外的教育资源，包括科学思想、科学方法和科学精神。

（七）超越传统的教学观念，探索新的教学原则

随着科学教育的目的、内容的改变，科学教育的教学观念也应随之改变。在此，我们并不是全盘否定过去指导性、间接性、计划性、节约性的教学原则，科学教育当然要传授科学知识，教师也需要以教材为依据。但科学知识的传授已经不是科学教育的唯一目的，因此我们需要超越传统的教学观念，去探索新的教学原则，在相互对立的教学观念中求得一种动态的平衡。"五四"先哲提出的改进教学方法的思想尽管有其特定的历史背景，但依然有值得今人借鉴的地方。

在科学教育活动中，学生在教师的指导下学习间接的经验知识，确实可以帮助学生在有限的时间内获得最丰富的科学知识，这可以大大节约学生的时间和精力。但如果只是为了避免时间的浪费，而采取单一的注入式的教学方式向学生灌输现有的知识结论，不仅剥夺了学生自动探究的积极性，科学

---

① 刘德华.科学教育的人文价值.成都：四川教育出版社，2004.194

② 同①，第195页

的研究方法和在研究过程中形成的科学精神、科学态度也不可能被学生体验和吸收，这实际上是一种变相的"浪费"。《学会生存》一书指出："传统的科学教学很少致力于把课堂知识和科学实践联系起来，在教学中不是传授假说而是检验假说，不是学习定律而是寻找定律。这种旧的课程计划很难启发科学活动中的创造性、直观、想象、激动与怀疑的态度，而观察、搜集证据、归类以及证明结论的能力都不应看成只是科学家的任务。科学的非神秘性和科学实践的通俗化不应看成是一种倒退，而应看成是走向正确方向的一个步骤。"① 因此，教师应当立足于学生的现实生活，从问题出发，激发学生思考的兴趣。在时间的安排上，要给予学生足够的时间去发现问题，提出假设，构思出实验的程序，去试验自己的新想法。在指导学生实验的过程中，要注重培养学生的观察力、判断力，突破单一的传授、灌输式教学模式，尝试着把实验室体验变成有意义的探索的一部分。在教育资源有限的情况下，要善于利用课堂以外的科学资源，如社会科研人员对科学教育的参谋和指导作用；广泛利用校外自然界的资源，去做实地的研究，了解科学应用的实际，因为校内的科学资源是永远满足不了学生探索自然界奥秘的需要；通过多媒体获取必要的信息资源。在教学程序的设计上要遵守计划性与非计划性相结合的原则，德国教育家克拉夫斯基指出："衡量一个教学计划是否具有教学论质量的标准，不是看到实际进行的教学是否能够尽可能与计划一致，而是看这个计划是否能使教师在教学中采取教学论上可以论证的、灵活的行动，使学生创造性地学习，借以为发展他们的自觉能力做出贡献——即使是有限的贡献。"②

　　当前，科学教育的改革对教师提出了更高的要求，要想成为一名合格的科学教师，就必须具有研究的精神，不仅研究本学科的知识内容，还应研究如何将科学知识、科学方法、科学精神三个维度的内容关联到一起。正如德国教育家雅斯贝尔斯所说："最好的研究者才是最优良的教师。只有这样的研究者才能带领人们接触真正的求知过程，乃至于科学精神。只有他才是活学问的本身，跟他来往之后，科学的本来面目才得以呈现。通过他的循循善诱，在学生心中引发出同样的动机。只有自己从事研究的人才有东西教别人，而一般教书匠只能传授僵硬的东西。"③

　　"五四"新文化运动时期的科学教育思想为我国科学教育事业的建立和发展打下了重要的基础。它不仅冲破了传统的儒家经学体系，使科学进一步作

① 联合国教科文组织国际教育发展委员会编.学会生存.北京:教育科学出版社,1996.94
② 瞿葆奎主编,徐勋,施良方选编.教育学文集·教学(上册).北京:人民教育出版社,1988.778
③ [德]雅斯贝尔斯.什么是教育.邹进译.北京:三联书店,1991.152

为知识层面上的"真"被人们接受，从而建立了现代知识体系；而且还冲破了以往所谓"华夷之辨"及视科技为"奇巧淫技"的旧观念，使科学的观念开始深入人心。正如胡适在 1923 年所说："这三十年来，有一个名词在国内几乎做到了无上尊严的地位，无论懂与不懂的人，无论守旧和维新的人，都不敢公然地表示轻视和戏侮的态度。那个名词就是'科学'。"① 不仅如此，"五四"新文化运动时期科学教育思想启蒙的更大的历史意义，并不在于提供了多少具体的科学知识，而在于促进人们思维模式的转换，提供了新的运思方式。"这种思维方式常常又被称为科学精神，后者的基本之点，不外乎求是的态度和理性的观念。求是（如实地把握对象）意味着将目光转向事实界，理性的观念则是要求悬置独断的教条。……随着以权威为准则的经学传统的终结，确立新的思维方式已逐渐成为时代的问题，科学精神的倡导，无疑在这方面表现为一种建设性的努力。"② 从此以后，中国文化开始溶进了科学的求真精神、理性精神、实证精神，推动着中国社会由传统走向现代。

（八）正确的科学教育价值观是以人的科学精神、科学态度与科学方法的培养为取向

国民政府时期的科学教育思想，以科学界知识分子对科学教育存在问题的批评与评介是整个科学教育思想中最闪亮的部分之一。这一思想代表着当时国人对科学教育的认识水平。无论是对教学方法、教科书还是对实验教学存在问题的切中肯綮的批评，从根本上来说是指出了自然科学教学中存在严重的忽略对学生科学精神、科学态度与科学方法培养的现象。这是问题的实质。实际上，在国民政府以前的时期，在 20 年代初就有人指出了这些存在的问题。

1921 年美国著名教育家孟禄应实际教育调查社聘请，来华进行了为期四个多月的大规模教育调查与讲学。在考察后，他指出："中国中学科学教学之不良，一个原因就是令学生背名词，重分类。殊不知科学的目的，在于使学生应用。科学的教学最重要的就是实验。中国中学之科学，教学不给学生实验的机会。"1923 年，美国科学教学专家推士来华查看后说："在科学教学方面，教师缺乏训练，不谙教学方法者占大多数，讲演法几乎是唯一的方法。虽在小学校内，上课时全由教师讲演，学生极少反应。即使在高级学校内，科学课程由学生实验的也是极少数。各级教学皆无专家视察与指导，设备差，

① 胡适.《科学与人生观》序.科学与人生观.沈阳:辽宁教育出版社,1998
② 彭明.五四运动与二十世纪的中国.欧阳哲生主编.五四运动与二十世纪的中国.北京:社会科学文献出版社,2001.23

实验器材缺乏，合适的教室更是少见。"① 因而，可以说这种忽略对学生科学精神培养的弊病成为20世纪20年代到40年代科学教学的"顽疾"。而造成这一顽疾的原因，当代有学者认为是近代科学在引进过程中，国人"仅从工具价值的角度认识科学的意义"，把科学作为一种富国强兵的工具是"科学精神缺失的直接缘由"②。诚然，科学在近代中国的引入，国人首先关注的是科学与技术的实用价值，但是从维新运动时期开始，许多知识分子比如严复除了在认识到科学的救亡价值外，已经认识到科学在对人的思想方面的塑造价值，至"五四"时期一直到国民政府时期，也有人对科学的精神价值已经深信不疑，达到信仰的地步。其实，中国近代科学教育进程中科学精神缺失的直接原因是真正实施科学教育的客观条件达不到，而深层次原因则是只注重科学教育的工具价值取向，而忽略了科学教育对人精神的培养。国民政府时期，学校科学教学中存在严重缺乏实验设备的现象，实验教学无法开展；同时许多教师科学素质不高，存在一师任教多科的现象；教科书内容过于高深，多引用外文，使科学教育成为名副其实的"洋八股"教学。这些都使得科学教育困难重重。从根本上来说，为达到快出科学人才，以满足现实需要，单纯传授知识便成为"捷径"，这自然会忽略对学生科学精神的训练与培养。

然而，令人遗憾的是，历史似乎有着惊人的一致。"邵斌在2000年6月15日《大众科技报》撰文介绍，路甬祥最近在一次报告中直接点击了中国科学教育存在的弱点：中国科学教育的弱点，在于过分注重于知识的灌输，忽视科学精神、科学方法的培养。"③ 面对这样的问题，我们有什么理由不去反思历史呢？科学教育要有正确的科学教育价值观，只有真正把科学教育的价值放到培养人的上面去，而不把科学教育仅当作一种功利性价值取向的工具，才能真正使科学教育对受教育者科学精神、科学态度与科学方法的训练起良好作用，这一点，历史已经清楚地告诫了我们。

（九）必须保证学校开展科学教育所需要的实验设备

科学教育的进行必须有科学实验教学所需要的设备，包括实验室、实验仪器仪表、挂图、标本等。没有实验教学所需要的设备，科学教育在很大程度上就沦为纯粹的靠老师讲授、学生背诵的以传授知识为主的教学，失去了科学教育应有之意。国民政府时期，科学教育存在的弊端之一是实验设备缺乏，"学校中科学教育之无良好成绩表现，有两个重大的原因；第一是多数学校科学设备太差，中小学教师教授理化，矿物、生物、动植物等课时，只向

---

① 杨根.徐寿和中国近代化学史.北京:科学技术文献出版社,1986.248
② 王冬凌.对中国近代科学教育的回顾与反思.大连教育学院学报,2004,20(2)
③ 论点信息摘编.武汉科技大学学报,(社会科学版),2000,3

学生讲了些名词定理，也不拿一点证据给他们看。"① 导致实验设备缺乏的原因是多方面的，比如，由于工业不够发达，设备生产能力差，不能满足自身的需求；战争造成的破坏使本来就薄弱的实验设备更是雪上加霜；政府投入不力，学校缺乏足够的资金购买设备，所有这些都造成了学校不能很好地开展实验教学。由于不能进行实验教学，使科学教育沦为"洋八股"式教学，这就失去了实验对培养学生科学态度、科学方法进而科学精神的意义。"科学教育"不能成为真正意义上的科学教育。

反观今天我国的科学教育，很多学校，尤其是中西部的学校，连最基本的上课所需的桌椅都缺少，而学校危房改造一度成了人们关注的热点话题，在此条件下，怎能保障科学教育很好的开展？这不能不引起人们的反思与警觉。国家应该加大对科学教育的投入，保证科学教学所需要的仪器设备，使学校科学教育顺利开展。

（十）科学普及需要树立以普及对象为主体，动员各方力量积极参与的观念

观念是行动的先导，观念是否正确影响行动的成败。科学普及是面向社会广大民众的事业，它需要科学的观念作导引。那么应该树立怎样的观念呢？国民政府时期的民众科学教育思想给了我们这方面比较深刻的启示。

从科普的内容来说，国民政府时期民众科学教育在内容上比较注重与实际的联系，所教内容不是脱离生活的实际。例如注重卫生教育、自然常识、农业生产等，这些内容贴近民众生活，容易唤起民众的兴趣，发挥民众的积极性，有利于科普的开展。同时将一些高深的科普内容转换为通俗易懂。地质学家杨钟健说："有许多东西，固然很专门，但也可以使它普通化。如化学上的许多浅近知识与常说的元素名称，如气象学上的许多现象及连带的名词，都是一般人应当知道的。"尽管国民文化程度低，但只要坚持这样宣传、介绍，"10 年 20 年后，这个专门的东西，会成为很普遍的东西，成为很普遍的读物"。② 这说明，当时的人们十分注重根据科普对象的需要来设计科学教育的内容，体现了以民众为中心的思想。从科普的方法来说。在武可桓与寿子野的著作里，就谈到"一定要适合心理和从实际生活上有关的事业上施教，才能达到科学教育的目的"，同时还根据民众的心理设计趣味性的电影、广播及画报等来进行宣传，这都体现了科学普及要围绕受教育者来进行的特点。这一点不禁让我们联想到今天的科普现状。据 2005 年 4 月 28 日《京华时报》消息，当今许多天文馆、科技馆门票高得惊人，使许多人望而却步。在对北

---

① 曹云程.谈谈我国中小学里科学实验.科学的中国,1933.8,2(4)
② 杨钟健.大公报,1936－10－03

京 27 家景点进行的服务与环境质量测评获得的排名中，天文馆倒数第一。科普性质的场馆设备却成为了赚取利润的工具，如何来开展科普？如何唤起民众对科普事业的热情？科普事业一定要树立一切为了民众的观念。

科普面向社会大众，范围广大，因而难度比较大，是一项需要长期不懈努力的事业。在这种情况下，就迫切需要广泛动员，联合各界人士共同努力。国民政府时期的科学家们已经充分意识到了这一点，他们关于动员社会力量，接受社会各方在实验设备特别是标本方面的捐赠用于展览；加强同学校科学教育的联系，充分利用学校科学教育的资源；联合传播媒介进行广播、电影、画报、宣传等手段多方位开展的思想，充分体现了这种大动员、大合作的精神与观念。这一思想即使在今天仍需要我们加以充分重视，只有这样，科普才有成效，才能更好发展。

参考文献

1　申报.上海:上海书店,1983～1985,影印版

2　白吉庵,刘燕云.胡适教育论著选.北京:人民教育出版社,1994

3　陈汉才.中国古代教育诗选注.济南:山东教育出版社,1985

4　陈学恂.中国近代教育文选.北京:人民教育出版社,2001

5　樊洪业,张久春.科学救国之梦:任鸿隽文存.上海:上海科技教育出版社,2002

6　冯桂芬.校邠庐抗议.郑州:中州古籍出版社,1998

7　高时良.中国近代教育史资料汇编·洋务运动时期教育.上海:上海教育出版社,1992

8　高叔平.蔡元培教育论集.长沙:湖南教育出版社,1987

9　故宫博物院明清档案部.清末筹备立宪档案史料(下册).北京:中华书局,1979

10　汉语大词典编辑委员会汉语大词典编纂处.汉语大词典.上海:汉语大词典出版社,1989～1991

11　黄炎培.黄炎培教育文选.上海:上海教育出版社,1985

12　姜义华.胡适学术文集·教育.北京:中华书局,1998

13　梁启超.清代学术概论.上海:东方出版社,1996

14　梁启超.饮冰室合集文集(第11卷).上海:中华书局,1941

15　鲁迅.鲁迅全集(第一卷).北京:人民文学出版社,1981

16　牛仰山.天演之声——严复文选.天津:百花文艺出版社,2002

17　戚谢美,劭祖德.陈独秀教育论著选.北京:人民教育出版社,1995

18　沈云龙.近代史料丛刊三编第十一辑.国际联盟教育考察团编.国际联盟教育考察团报告书.中国台北:文海出版社,1998

19　舒新城.近代中国留学史.上海:上海文化出版社,1989,影印本

20　舒新城.中国近代教育史资料(中册).北京:人民教育出版社,1961

21　宋恩荣,章咸.中国民国教育法规选编(1912～1949).南京:江苏教育出版社,1990

22　王栻.严复集(一).北京:中华书局,1986

23　魏源.魏源集.北京:中华书局,1976

24　夏东元.郑观应集(上册).上海:上海人民出版社,1982

25　杨际贤,李正心.二十世纪中华百位教育家思想精粹.北京:中国盲文出版社,2001

26　苑书义,孙华峰,李秉新.张之洞全集(第一册).石家庄:河北人民出版社,1998

27　郑振铎.晚清文选(卷上·卷中,卷下).北京:中国社会科学出版社,2002

28　中国第二历史档案馆编.中华民国史档案资料汇编.南京:江苏教育出版社,1979

29　中国社会科学院近代史研究所.中国社会科学院近代史研究所青年学术论坛2002年卷.北京:社会科学文献出版社,2004

30　中国社会科学院近代史研究所.中国社会科学院近代史研究所青年学术论坛2003年卷.北京:社会科学文献出版社,2005

31　中国史学会.戊戌变法(1~4).上海:上海人民出版社,上海书店出版社,2000

32　中国史学会.洋务运动(1~8).上海:上海人民出版社,1961

33　朱有瓛.中国近代学制史料(1~4).上海:华东师范大学出版社,1983~1993

34　报刊文摘,2007-3-21

35　大公报,1936-10-3

36　独立评论,1933,61、199

37　河南中山大学理科季刊,河南中山大学理科编印,1929.12,1(1)

38　教育通讯,1939-6-3,2(22)

39　教育杂志.商务印书馆,7(1)(1915年1号)~19(12)(1927年第12号),33(1948年第9号)

40　科学.中国科学社,1915~1949

41　科学的中国.1933~1934

42　科学工作者.1948.11,创刊号

43　科学画报.1933~1947

44　科学教育.广州中华科学教育改进社,1935.7,创刊号

45　科学教育.金陵大学理学院,1934~1937

46　科学青年.中国青年科学协会,1941.8,20,创刊号

47　科学时报.1936~1948

48　科学时代.1946~1947

49　科学世界.1942~1947

50　科学月刊.1930～1947

51　科学知识.科学知识社,1944.1,2(6)

52　时务报.(第51册),1898-2-11

53　四川教育.1947,1(4)

54　万国公报(月刊).(第83册),1895.10

55　新教育.新教育共进社,1(1)(1919年2月)～11(3)(1925年10月)

56　新民丛报.1902,10～14

57　浙江教育月刊.1936,1(2、7)

58　中华教育界.中华书局,5(3)(1916年)～16(12)(1927年)

59　中山文化教育馆季刊.1934,创刊号、1935,2(2)

60　[澳]W·F·康内尔.二十世纪世界教育史.张法琨,等译.北京:人民教育出版社,1990

61　[美]丁韪良.花甲记忆——一位美国传教士眼中的晚清帝国.沈弘,恽文捷,郝田虎译.桂林:广西师范大学出版社,2004

62　[美]费侠莉.丁文江:科学与中国新文化.北京:新星出版社,2006

63　[美]费正清,费维恺.剑桥中华民国史.上海:上海人民出版社,1994

64　[美]费正清.剑桥中国晚清史(上、下卷).北京:中国社会科学出版社,1985

65　[美]郭颖颐.中国现代思想中的唯科学主义(1900～1950)》.雷颐,译.南京:江苏人民出版社,1990

66　[美]罗伯特·金·默顿.十七世纪英格兰的科学、技术与社会.范岱年等译.北京:商务印书馆,2000

67　[美]乔纳森·斯潘塞.改变中国.曹德骏,等译.北京:中华书局,1990

68　[美]托马斯·库恩.科学革命的结构.金吾伦,胡新和译.北京:北京大学出版社,2003

69　[美]J·D·贝尔纳.科学的社会功能.陈体芳译.桂林:广西师范大学出版社,2003

70　[美]马凌诺夫斯基.文化论.费孝通译.北京:华夏出版社,2001

71　[美]托马斯·亨利·赫胥黎.科学与教育.北京:人民出版社,1990

72　Buck Peter. American science and modern China 1876～1936. Cambrige, England:Cambrige University press,1980

73　Edward Victor &Richard D. Kellough. Science for the Elementary and Middle School(Eighth Edition). Merrill of Practice Hall,1997

74　白寿彝.中国通史.上海:上海人民出版社,2004

75　陈景磐.中国近代教育史.北京:人民教育出版社,1983

76 陈景磐. 中国近现代教育家传. 北京:北京师范大学出版社,1987

77 陈向阳. 晚清京师同文馆组织研究. 广州:广东高等教育出版社,2004

78 陈旭麓. 近代中国社会的新陈代谢. 上海:上海人民出版社,1992

79 丁邦平. 国际科学教育导论. 太原:山西教育出版社,2002

80 董宝良,周洪宇. 中国近现代教育思潮与流派. 北京:人民教育出版社,1997

81 杜成宪,丁钢. 20 世纪中国教育的现代化研究. 上海:上海教育出版社,2004

82 段治文. 中国现代科学文化的兴起 1919~1936. 上海:上海人民出版社,2001

83 樊洪业,王扬宗. 西学东渐:科学在中国的传播. 长沙:湖南科学技术出版社,2000

84 傅永聚,韩钟文主编. 儒学与实学. 北京:中华书局,2003

85 郭保章,等. 中国化学教育史话. 南昌:江西教育出版社,1993

86 郭金彬. 中国科学百年风云——中国近现代科学思想史论. 福州:福建教育出版社,1991

87 郝斌,欧阳哲生. 五四运动与二十世纪的中国. 北京:社会科学文献出版社,2001

88 何兆武. 文化漫谈. 北京:中国人民大学出版社,2004

89 黄玉顺. 超越知识与价值的紧张. 成都:四川人民出版社,2002

90 霍益萍. 近代中国的高等教育. 上海:华东师范大学出版社,1999

91 民国教育年鉴(第二次). 中国台北:宗青图书公司印行,1991

92 李华兴. 民国教育史. 上海:上海教育出版社,1997

93 李醒民. 中国现代科学思潮. 北京:科学出版社,2004

94 李约瑟. 中国科学技术史(第二卷)《科学思想史》. 北京:科学出版社;上海:上海古籍出版社,1990

95 李泽厚. 中国现代思想史论. 天津:天津社会科学院出版社,2003

96 栗洪武. 西学东渐与中国近代教育思潮. 北京:高等教育出版社,2002

97 刘德华. 科学教育的人文价值. 成都:四川教育出版社,2003

98 刘佛年. 回顾与探索——论若干教育理论问题. 上海:华东师范大学出版社,1991

99 露丝·海霍(许美德). 中国和工业化世界之间教育关系的历史和现状. 中外比较教育史. 上海:上海人民出版社,1990

100 路甬祥等. 科学之旅. 沈阳:辽宁教育出版社,2005

101 罗素. 论历史. 北京:三联书店,1991

102　骆炳贤,等.中国物理教育简史.北京:人民教育出版社,1987

103　邱若宏.传播与启蒙——中国近代科学思潮研究.长沙:湖南人民出版社,2004

104　桑兵.清末新知识界的社团与活动.北京:生活·读书·新知三联书店,1995

105　桑兵.晚清学堂学生与社会变迁.上海:学林出版社,1995

106　寿子野.民众科学教育.上海:商务印书馆,1948

107　宋荐戈.中华近世通鉴·教育专卷.北京:中国广播电视出版社,2000

108　苏中立,苏晖.执中鉴西的经世致用与近代社会转型.北京:中华书局,2004

109　孙可平,邓小丽编.理科教育展望.上海:华东师范大学出版社,2002

110　孙培青.中国教育史.上海:华东师范大学出版社,2000

111　孙小礼.文理交融——奔向21世纪的科学潮流.北京:北京大学出版社,2003

112　田正平.留学生与中国教育近代化.广州:广东教育出版社,1996

113　汪晖.现代中国思想的兴起.北京:生活·读书·新知三联书店,2004

114　王炳照,阎国华.中国教育思想通史(第六卷,第七卷).长沙:湖南教育出版社,1994

115　王德昭.清代科举制度研究.北京:中华书局,1984

116　王济民.晚晴民初的科学思潮和文学的科学批评.北京:中国社会科学出版社,2004

117　王伦信.清末民国时期中学教育研究.上海:华东师范大学出版社,2002

118　魏庚人.中国中学数学教育史.北京:人民教育出版社,1987

119　吴洪成.中国近代教育思潮研究.重庆:西南师范大学出版社,1993

120　武可桓.民众科学教育.上海:商务印书馆,1948

121　忻平.王韬评传.上海:华东师范大学出版社,1990

122　熊贤君.近代中国科教兴国启示录.北京:社会科学文献出版社,2005

123　熊月之.西学东渐与晚清社会.上海:上海人民出版社,1994

124　杨根.徐寿和中国近代化学史.北京:科学技术文献出版社,1986

125　杨国荣.科学的形上之维——中国近代科学主义的形成与衍化.上海:上海人民出版社,1999

126　于语和,庚良辰.近代中西文化交流史论.北京:商务印书馆,1997

127　袁运开,蔡铁权.科学课程与教学论.杭州:浙江教育出版社,2003

128　苑书义.李鸿章传.北京:人民出版社,1995

129 张惠芬,金忠明.中国教育简史.上海:华东师范大学出版社,2001

130 张君劢,等.科学与人生观.沈阳:辽宁教育出版社,1998

131 张力.国际合作在中国——国际联盟角色的考察,1919～1946.台北:中央研究院近代史研究所,1999

132 张星烺.欧化东渐史.北京:商务印书馆,2000

133 张之沧.科学哲学导论.北京:人民出版社,2004

134 赵曾珏.科学与技术.上海:中华书局,1948

135 郑太朴.科学概论.上海:商务印书馆,1929

136 中国科学技术协会、中国公众科学素养调查课题组.2003年中国公众科学素养调查报告.北京:科学普及出版社,2004

137 中国科学院《自然辩证法通讯》杂志社.科学传统与文化——中国近代科学落后的原因.西安:陕西科学技术出版社,1983

138 钟叔河.走向世界——近代中国知识分子考察西方的历史.北京:中华书局,1985

139 周谷平.近代西方教育理论在中国的传播.广州:广东教育出版社,1996

140 邹振环.影响中国近代社会的一百种译作.北京:中国对外翻译出版公司,1996

141 左玉河.从四部之学到七科之学——学术分科与近代中国知识系统之创建.上海:上海书店出版社,2004

142 安宇.留学生与晚清西学东渐刍议.徐州师范大学学报(哲学社会科学版),2000,4

143 [法]巴斯蒂.京师大学堂的科学教育.历史研究,1998,5

144 陈敏.清末士绅在新式教育领域内的活动.安庆师范学院学报(社会科学版),2003,6

145 陈琴,庞丽娟.论科学的本质与科学教育.北京大学教育评论,2005,2

146 陈友良,林鸿生.略论严复的科学教育思想.福建师范大学福清分校学报,2002,1

147 戴建平.王韬科学形象初探.江西社会科学,1999,11

148 邓爱英.洋务运动与中国科技教育近代化.沧桑,2004,3

149 丁邦平.科学教育学:一个新兴的教育研究领域.外国教育研究,2000,5

150 丁邦平.西方科学教育的历史考察.清华大学教育研究,2000,2

151 董得福.梁启超与胡适关于"科学"的对话及其意义.中州学刊,2001,9

152 樊洪业.从科举到科学:中国本世纪初的教育革命.自然辩证法研究,

1998,1

153　樊洪业.任鸿隽:中国现代科学事业的拓荒者.自然辩证法通讯,
1993,4

154　樊洪业."赛先生"与新文化运动.历史研究,1989,3

155　范安平.鲁迅科学教育思想论略.江西教育科研,1996,5

156　冯夏根.丁文江与近代中国的科学事业.商丘师范学院学报,2004,1

157　高力克.科玄之争与近代科学思潮.史学月刊,1986,6

158　葛兆光.知识史与思想史.读书,1998,2

159　龚郭清.戊戌维新派的"学会"思想探析.社会科学辑刊,2003,4

160　郭汉民,张力军.关于科玄论战的几个问题.广西社会科学,1999,1

161　韩小林.洋务派与近代科学技术的传播.广州大学学报(社会科学版),2002,12

162　郝晏荣."中体西用":从洋务运动到戊戌变法.河北学刊,1999,3

163　郝雨."西学东渐"的传播学研究.南通师范学院学报(哲学社会科学版),2002,2

164　何旭艳.试论洋务派教育观的局限性.温州师范学院学报(哲学社会科学版),1998,2

165　和震."中体西用"与中国教育近代化.焦作大学学报(综合版),1994,1

166　侯怀银.20世纪上半叶中国教育学科学化思潮述评.教育理论与实践,2003,9

167　胡旭华,邱若宏.陈独秀的科学思想探析.安庆师范学院学报(社会科学版),2000,3

168　黄加文,曾绍东.论清末"新政"时期的教育改革及其影响.江西师范大学学报(哲学社会科学版),2002,1

169　江琼."科玄论战"的历史回顾与当代反思.党史研究与教学,2003,4

170　李素平.《海国图志》和师夷之长技以制夷.北京印刷学院学报,2001,3

171　李醒民.科玄论战的主旋律、插曲及当代回响.北京行政学院学报,2004,2

172　李双玲,孙铭钟.中国近现代科学教育的改革历程及思考.杭州师范学院学(社会科学版),2005,1

173　李松丽.蒋梦麟科学教育思想述评.河北建筑科技学院学报(社科版),2005,2

174　林素川.从历史到现实:科学技术的进步与教育的变革.教育理论与实践,1992,1

175 刘虹,井世洁.试论洋务学堂教育与"中体西用"模式.河北师范大学学报(教育科学版),1998,1

176 刘红霞.略论晚清"经世致用"思潮.山东省青年管理干部学院学报,2003,3

177 刘纪荣.近代中国科学思潮的历史轨迹.株洲师范高等专科学校学报,1999,4

178 刘韧.鸦片战争后经世致用思潮对巾国近代化的消极影响.四川理工学院学报(社会科学版),2005,1

179 刘铁芳.科学教育:过去、现在和未来.河北师范大学学报(教育科学版),2000,3

180 刘学礼.中国近代生物学是如何走上独立发展道路的.自然辩证法通讯,1992,8

181 刘新铭.关于中国科学化运动.中国科技史料,1987,2

182 刘德华.20世纪前后我国科学教育的价值取向.教育评论,2003,1

183 闫小波.变法维新时期学会、社团补遗.史学月刊,1995,6

184 刘彦波.留日学生与清末教育变革.武汉交通职业学院学报,2005,1

185 路甬祥.中国近现代科学的回顾与展望.自然辩证法研究,2002,8

186 论点信息摘编.武汉科技大学学报(社会科学版),2000,3

187 南江波.论科学救国理论的体系结构及其价值.学术交流,2004,7

188 彭光华.中国科学化运动协会的创建、活动及其历史地位.中国科技史料,1992,1

189 戚其章.从"中本西末"到"中体西用".中国社会科学,1995,1

190 戚其章.《南京条约》与中国近代化的启动.民国档案,1997,2

191 秦静良.任鸿隽"科学救国"理念与实践述略.河南师范大学学报(社科版),2004,6

192 邱若宏.论五四科学思潮的进步意义及历史局限性.郴州师范高等专科学校学报,2002,4

193 曲铁华,王健.中国近现代科学教育发展嬗变及启示.东北师大学报(哲学社会科学版),2000,6

194 曲铁华,李娟.洋务运动时期的科学教育及其主要特征.东北师大学报(哲学社会科学版),2003,6

195 曲铁华,梁清.论蔡元培科学教育思想的内涵及现代价值.河北师范大学学报(教育科学版),2004,1

196 曲铁华,佟雅囡.维新运动时期科学教育论略.沈阳师范大学学报(社会科学版),2004,5

197　曲铁华,梁清.我国普通中学课程近代化与科学教育反思.教育理论与实践,2005,6

198　桑东华.五四时期知识分子对教育发展的贡献.北京师范大学学报(人文社科版),2001,3

199　施若谷.必须全面理解科学教育的内涵.集美大学教育学报,2001,1

200　谭文华.试论科学的精神价值及其社会形成.中国农业大学学报(社会科学版),2004,2

201　汪灏、冯剑峰.中国近代科技教育的滥觞.上海师范大学学报(教育版),1999,2

202　王冬凌.科学教育在我国近代新式学堂的最早发端辨析.教育科学,2003,5

203　王冬凌.试论洋务运动时期新式学堂中的科学教育.辽宁师范大学学报(社会科学版),2003,6

204　王冬凌.试论中国近代科学教育产生的动因与背景.清华大学教育研究,2004,1

205　王冬凌.中国近代科学教育的文化审视.大连理工大学学报(社会科学版),2004,1

206　王冬凌.论中国近代科学教育发展的社会制约性.沈阳师范大学学报(社会科学版),2004,2

207　王冬凌.对中国近代科学教育的几点思考.大连大学学报,2004,2

208　王冬凌.对中国近代科学教育的回顾与反思.大连教育学院学报,2004,2

209　王凤玉.京师同文馆与中国近代科学教育.沈阳师范学院学报(社会科学版),1999,6

210　王建辉.知识分子群体与近代报刊.华中师范大学学报(人文社会科学版),1999,3

211　王建军.评清末义务教育的课程设置.课程·教材·教法,1998,6

212　王骁勇.京师同文馆的创立与中国早期的自然科学教育.涪陵师范学院学报,2002,5

213　王学谦.科学理性的生命观照——论鲁迅早期的科学思想.齐鲁学刊,2004,2

214　王志华,周其厚.晚清洋务派学技不学政原因新探.荷泽师专学报,1998,1

215　吴冬梅.浅析中国近代科学教育中科学精神缺失之原因.济南大学学报,2002,3

216　吴洪成,彭泽平.试论五四时期的科学教育思潮.西南师范大学学报,1993,3

217　吴悦.清末教育新政与士阶层的转型.兰州教育学院学报,2004,3

218　肖朗.王国维与西方教育学理论的导入.浙江大学学报(人文社会科学版),2000,6

219　肖朗,叶志坚.王国维与赫尔巴特教育学说的导入.华东师范大学学报(教育科学版),2004,4

220　夏安.胡明复的生平及科学救国道路.自然辩证法通讯,1991,4

221　熊剑峰.第一次"西学东渐"的演变与清政府的闭关锁国政策.郴州师范高等专科学校学报.2003,3

222　徐奉臻.西学东渐冲击下中国的现代化思潮——兼论近代中国的技术文化观.哈尔滨工业大学学报(社会科学版),2002,3

223　徐稳.科学教育和人文教育整合的历史反思:评胡适的科学教育价值观.山东师范大学学报,2003,5

224　晏路.光绪皇帝·戊戌变法·西学东渐.满族研究,1997,2

225　严万跃.我国科学教育的困境与出路.高等理科教育,1999,4

226　杨国荣.技与道之间——近代科学观念的早期变迁.中国哲学史,1998,3

227　杨国荣.作为普遍之道的科学——晚清思想家对科学的理解.科学·经济·社会,1998,4

228　杨国荣.近代中国的科学方法与科学思潮.教学与研究,1999,6

229　姚启和,张碧晖.科学发展和科学教育.自然辩证学习通讯,1979,3

230　叶祖森.论严复科技伦理思想.福建师范大学学报(哲学社会科学版),2002,3

231　叶哲铭.我国近代科学教育思潮与教育实验运动.教育研究与实验,1998,2

232　虞和平.西学东渐与中国现代社团的兴起——以戊戌学会为中心.社会学研究,1997,3

233　余子侠.晚清经世致用教育思潮论析.学习与探索,1997,6

234　张凤岐.抗战时期国民政府科技发展战略与政策述评.抗日战争研究,2003,2

235　张林.重论1840年鸦片战争对中国的影响.阿坝师范高等专科学校学报,1999,2

236　张汝.清末新政的新式学堂与教育近代化.乐山师范学院学报,2002,1

237　张小莉.试析清政府"新政"时期教育政策的调整.河北师范大学学报

（教育科学版）,2003,2

238　张晓丽.李鸿章的科技思想及实践初探.合肥工业大学学报（社会科学版）,2004,1

239　张亚群.废科举与学术转型——论清末科学教育的发展.东南学术,2005,4

240　张彦.科学启蒙:一个百年的主题.江苏社会科学,1999,3

241　张振助.庚款留美学生与中国近代教育科学化运动.高等师范教育研究,1997,5

242　赵燕玲.试论近代中国留学生与西学东渐.求索,2002,2

243　周积明.晚清西化（欧化）思潮析论.天津社会科学,2002,1

244　周强,东流.第二次"西学东渐":背景和过程.齐齐哈尔师范学院学报,1998,1

245　朱义禄.西方自然科学与维新思潮——论康有为、严复、谭嗣同的变革思想.学习与探索,1999,2

246　朱宇.洋务运动·自然科学·传教士.江苏教育学院学报（社会科学版）,2000,3

247　朱耀垠.科学教育与人文教育:五四前后的论争.高校理论战线,2003,11

248　樊洪业."科学"概念与《科学》杂志.科学社网:http://www.kexuemag.com/artdetail.asp? name=79,2005-2-10

249　金观涛,刘青峰.从"格物致知"到"科学"、"生产力"——知识体系和文化关系的思想史研究.世纪中国网:www.cc.org.cn,2005-1-20

250　柯文慧.对科学文化的若干认识.http://www.gmw.cn/01ds/2002-12/25/27-F9DD6BA33EE8712748256C9A000953C5.htm,2002-12-25

251　宋健.百年接力留学潮.http://www.cas.ac.cn/html/Dir/2003/02/15/7140.htm,2003-2-15

252　王国维学术简谱.国学论坛:http://bbs.guoxue.com/viewtopic.php? t=40108&start=0,2004-8-26

后　记

　　中国近代科学教育思想研究系"中国近代科普教育"的子课题，从立项至完成前后约四年时间，廖军和、张燕、代洪臣的硕士论文分别就该课题的某一时段作为研究重点。作者通过查阅大量原始文献和深入研究，始完成各自的学位论文，并在此基础上，数易其稿，提炼成书。本书的撰写分工是：绪论（金忠明）、第一部分（廖军和）、第二部分（张燕）、第三部分（代洪臣）、结语和附录（金忠明、廖军和）。廖军和协助统稿，金忠明审核、校改并定稿。

　　本课题研究，得到中国科学技术普及协会的资助，得到华东师范大学教育学系主任杜成宪教授的关心帮助，得到丛书主编霍益萍教授的指导，谨致深切的谢忱！

作者

2007 年 5 月 1 日于沪上